机械设计基础

少学时

莫海军　李昱　主编

华南理工大学出版社
SOUTH CHINA UNIVERSITY OF TECHNOLOGY PRESS
·广州·

内 容 简 介

本书是面向职业教育和继续教育的机械类或近机械类专业编写的教材，内容是根据职业教育的生源状况和生源水平编写的，以“少学时、宽内容”为原则，以拓宽知识面为基本要求，强调基本知识、基本概念，减少过多的理论推导，突出实用性。全书共分10章，图文并茂，每章后面都安排了题型多样的、内容丰富的习题，如填空题、判断题、选择题和分析计算题。最后还安排了两套模拟试题，并附有相应的答案，便于学生进行复习。

本书计划学时为32～48学时。对于要求学时不多的机械类和近机械类专业的专科生和本科生非常适用，也可作为相关工程技术人员的参考用书。

图书在版编目（CIP）数据

机械设计基础：少学时/莫海军，李旻主编.—广州：华南理工大学出版社，2014.8
ISBN 978-7-5623-4309-7

Ⅰ.①机… Ⅱ.①莫… ②李… Ⅲ.①机械设计-高等学校-教材 Ⅳ.①TH122

中国版本图书馆CIP数据核字（2014）第151204号

机械设计基础（少学时）
莫海军　李　旻　主编

出 版 人：韩中伟
出版发行：华南理工大学出版社
（广州五山华南理工大学17号楼，邮编510640）
http://www.scutpress.com.cn　E-mail：scutc13@scut.edu.cn
营销部电话：020-87113487　22236386　87111048（传真）
责任编辑：朱彩翩
印 刷 者：佛山市浩文彩色印刷有限公司
开　　本：787mm×1092mm　1/16　印张：14.25　字数：365千
版　　次：2014年8月第1版　2014年8月第1次印刷
印　　数：1～1000册
定　　价：30.00元

前　言

本书是多年从事职业教育和继续教育教学工作的一线教师编写的。教材主要面向职业教育和继续教育的机械类或近机械类专业的本科或专科教学，适用32～48学时，实际学时可根据具体专业而定。

本书主要体现以下内容和特色：

(1) 在指导思想上，根据国家对职业教育“少学时、宽内容”的要求，按照“以讲清概念、强化应用为教学重点”的原则，以拓宽知识面为根本，强调基本概念、基本要求，减少过多的理论推导，突出实用性。

(2) 在编写方法上采用大量实物图片，用简练的语言、简单的例子和图表，深刻、形象、生动地表述课程内容。

(3) 每章后面都安排有学习要点，强调重点、难点和基本知识，使学生明白哪些内容是必须要掌握的，那些内容是可以大致了解的。

(4) 在习题安排上采用多样化题目类型，主要包括填空题、选择题、判断题、问答题、分析题、作图题和计算题等，可以更全面地考查学生的知识面，使学生对基本知识的掌握更牢固。

(5) 在教材最后安排有难度适中的模拟题，内容涵盖了本教材的全部内容及基本要求等。通过模拟试题，学生可以很好地把握本书的重点和难点，获得更好的学习效果。

本书由莫海军、李旻担任主编。参加本书编写工作的其他人员有：陈松茂、鲁忠臣、陈毓莉、徐忠阳、杨林丰、李宇玲，在此对他们辛勤的工作表示衷心的感谢。

在编写过程中，为保证教材的编写质量，编者对书稿内容反复进行评议和修改，但不足之处在所难免，欢迎广大同行及读者提出宝贵意见。

编　者

2014年8月于华南理工大学

目 录

第一章 绪 论

1.1 机械的组成

1.1.1 机器和机构

人类为了满足生产和生活的需要，设计和制造了类型繁多、功能各异的机器。机器是执行机械运动的装置，如我们常见的缝纫机、内燃机、电动机、洗衣机、机床、汽车、起重机等各种机器。机器的种类很多，它们的用途、性能、构造、工作原理各不相同，但具有三个共同的特征：

(1)它们都是人为的实物组合；

(2)它们的各组成部分之间具有确定的相对运动；

(3)能代替或减轻人类劳动，完成有用的机械功或转换机械能。

图1-1为单缸内燃机。内燃机是一部机器，它由气缸体、曲轴、连杆、齿轮、凸轮等组成。当燃气推动活塞做往复运动时通过连杆使曲轴做旋转运动，从而将热能转换成曲轴的机械能。

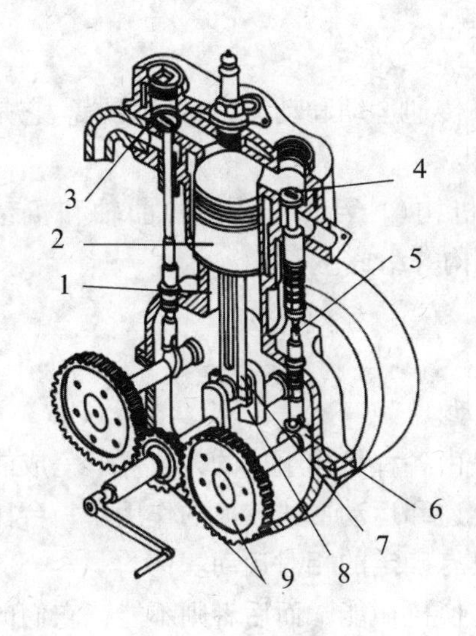

图1-1 单缸内燃机

1—气缸体；2—活塞；3—进气阀；4—排气阀；5—推杆；6—凸轮；7—连杆；8—曲轴；9—齿轮

图1-2 牛头刨床

1—电动机；2—工作台；3—刀架；4—床身；5—滑枕

又如图 1－2 为一台牛头刨床，它是由电动机 1 通过带传动和齿轮传动装置，又通过摆动导杆机构改变运动形式，将电动机的旋转运动变成滑枕 5 和刀架 3 的直线往复运动，从而实现刨削运动。

通常一台完整的机器包括三个基本部分：

(1)原动部分：机械动力的来源，又称原动机。动力部分的功用是将非机械能转换为机械能并为机器提供动力。最常见的动力源是电动机、内燃机。

(2)传动部分：介于原动部分和执行部分之间，传动部分的功用是将原动机提供的机械能以动力或运动的形式传递给工作部分。传动部分的形式多种多样，例如齿轮传动、带传动等。

(3)工作部分(或执行部分)：处于整个传动路线的终端，完成机械预期的动作。其功能是利用机械能去变换或传递能量、物料、信号，如发电机把机械能变换成为电能，轧钢机变换物料的外形等。

为了使三个基本部分协调工作，并准确、可靠地实现整体功能，除了以上三部分以外，还必须有控制部分和其他辅助部分。

机器各组成部分之间的关系如图 1－3 所示。

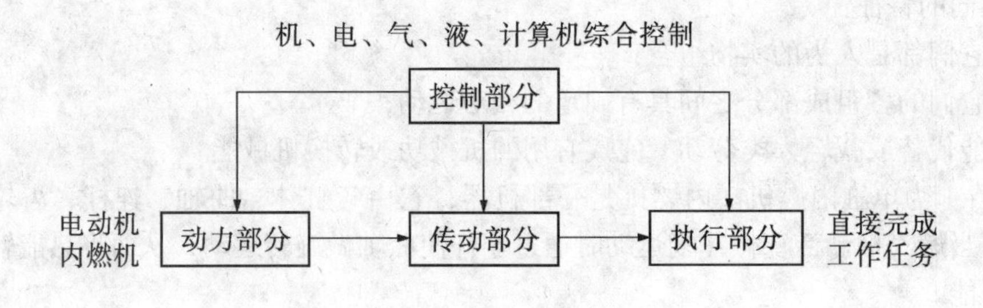

图 1－3　机器的组成

机构是一个具有确定机械运动的构件系统，用来传递运动和动力的可动装置。它是机器的重要组成部分。

如图 1－1 所示的单缸内燃机就是由曲柄滑块机构(由活塞、连杆、曲轴和机架组成)、凸轮机构(由凸轮、顶杆和机架组成)和齿轮机构等组成。

机构的共同特征是：

(1)它们都是人为的实物(机件)组合体。

(2)组成它们的各部分之间都具有确定的相对运动。

可以看出，机构具有机器的前两个特征。机器是由各种机构组成的，它可以完成能量的转换或做有用的机械功；而机构则仅仅起着运动传递和运动形式转换的作用。一台比较复杂的机器可能由几种机构组合，其各部分之间也具有确定的相对运动。

机器与机构的主要区别在于前者可作机械功或转换机械能，而后者则不能，它们的关系是：机器是由机构组成的。最简单的机器只包含一个机构，多数机器都包含有多个机构。从结构和运动的观点看，机器与机构之间并无区别，因此，为了叙述方便，人们常用“机械”一词作为“机器”与“机构”的总称。

机械工程中常见的机构有：齿轮机构、螺旋机构、连杆机构、凸轮机构、间歇运动机构等。各种机构都是用来传递运动和动力，或用来改变运动形式的机械传动装置。在大多数机器的设计和制造工作量中，传动装置占了大部分。如金属切削机床制造中，传动装置几乎占了整个机床制造工作量的60%。

因此，机器是一种人为实物组合的具有确定机械运动的装置，它用来完成有用功、转换能量或处理信息，以代替或减轻人类的劳动。

1.1.2 零件和构件

从制造的角度看，可以认为机器是由若干零件组成的。零件是机器组成中不可再拆的最小单元，是机器的制造单元。机械零件可分为两大类：一类是在各种机器中经常用到的零件，称为通用零件，如齿轮、链轮、蜗轮、螺栓、螺母等，如图1-4所示。

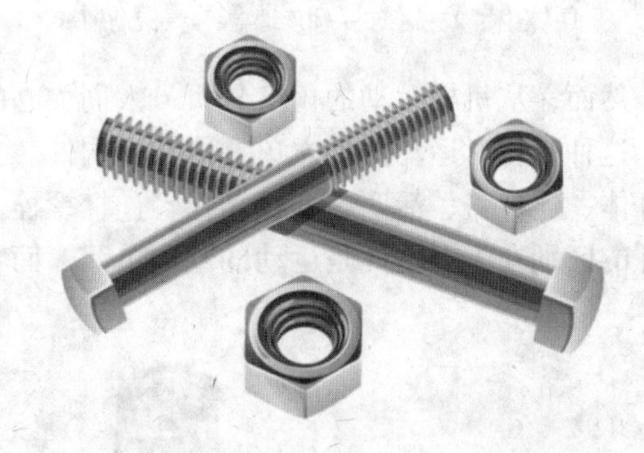

图1-4 通用零件

另一类则是在特定类型的机器中才能用到的零件，称为专用零件，如内燃机的曲轴、汽轮机叶片等，如图1-5、图1-6所示。

图1-5 曲轴

图1-6 叶片

图1-7所示为一级齿轮减速器，可以看出减速器由各种各样的零件组成，有箱体、轴、轴承端盖、滚动轴承、螺栓、箱盖、齿轮、垫圈、销钉等。

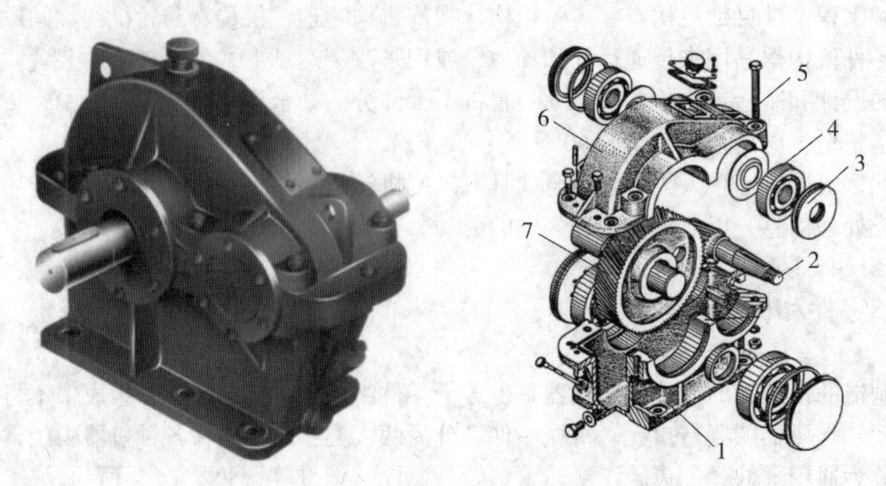

图1－7　减速器的组成

1—箱体；2—轴；3—轴承端盖；4—滚动轴承；5—螺栓；6—箱盖；7—齿轮

然而，从机械运动的角度分析，人们关心的是有相对运动的单元体，而不是加工单元体。这种有相对运动的独立单元体称为构件。如图1－8所示的内燃机的连杆构件则是由连杆体、连杆盖、活塞、连杆轴瓦、连杆螺栓、定位套筒等零件组合而成。因此，构件与零件的区别在于：构件是运动的基本单元，而零件则是加工单元或制造单元。

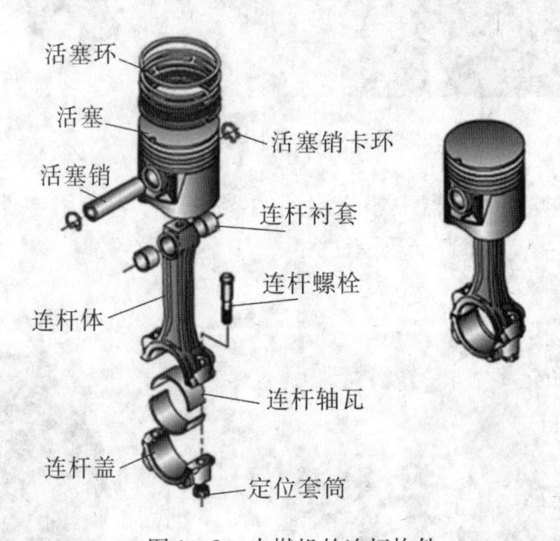

图1－8　内燃机的连杆构件

机构中的构件有三类：

(1)固定件　也称为机架。如内燃机的气缸体、牛头刨床的床身等。

(2)原动件　也称主动件。如内燃机中的活塞、齿轮机构的齿轮以及凸轮机构的凸轮等，都是机构中运动规律已知的构件。

(3)从动件　它是机构中随原动件的运动而运动的其余构件。

一句话，零件是机器最小的加工单元，构件是机器最小的运动单元。构件是由零件通过连接组成的，而部件是机器的安装单元。

1.2 机械设计概述

1.2.1 机械零件的失效形式及设计准则

1. 失效

机械零件在预定的时间内和规定的条件下，不能完成正常的功能，称为失效。

失效并不等于破坏，有些零件理论上是失效了，如齿轮失效后，还可以工作，只不过工作状况不如原来的好，会出现噪音、振动等。机械零件的失效形式主要有断裂、过大的残余应变、表面磨损、腐蚀、零件表面的接触疲劳等。

机械零件的失效形式与许多因素有关，具体取决于该零件的工作条件、材质、受载状态及其所产生的应力性质等多种因素。即使是同一种零件，由于材质及工作情况不同，也可能出现各种不同的失效形式。如轴工作时，由于受载情况不同，可能出现断裂、过大塑性变形、磨损等失效形式。

2. 强度

强度是零件抵抗破坏的能力，是保证机械零件正常工作的基本要求。为了避免零件在工作中发生断裂，必须使零件工作时满足下面的设计准则：

$$\sigma \leqslant [\sigma] \qquad (1-1)$$

或

$$\tau \leqslant [\tau] \qquad (1-2)$$

式中 σ——零件工作时的正应力，N/mm^2；

τ——零件工作时的剪应力，N/mm^2；

$[\sigma]$——零件材料的许用正应力，N/mm^2；

$[\tau]$——零件材料的许用剪应力，N/mm^2。

为了提高机械零件的强度，设计时可采用下列措施：

① 用强度高的材料；

② 零件具有足够的截面尺寸；

③ 合理设计机械零件的截面形状，以增大截面的惯性矩；

④ 采用各种热处理和化学处理方法来提高材料的机械强度特性；

⑤ 进行合理的结构设计，以降低作用于零件上的载荷等。

3. 刚度

刚度是指零件在载荷作用下抵抗弹性变形的能力。若零件刚度不够，将产生过大变形而影响机器正常工作，如车床主轴的弹性变形过大，会影响加工精度。为了使零件具有足够的刚度，设计时必须满足变形量小于零件许用的变形量，即

$$y \leqslant [y] \qquad (1-3)$$

$$\varphi \leq [\varphi] \tag{1-4}$$

式中 y——零件工作时的挠度，mm；

φ——零件工作时的扭转角，rad；

$[y]$——零件的许用挠度，mm；

$[\varphi]$——零件的许用扭转角，rad。

4. 寿命

机械零件应有足够的寿命。影响零件寿命的主要因素有腐蚀、磨损和疲劳，但至今还没有提出实用且有效的腐蚀寿命计算方法。磨损目前并没有简单、可靠的定量计算方法，只能采用条件性的计算；至于疲劳寿命，通常是算出使用寿命时的疲劳极限作为计算的依据。

5. 可靠性

零件在规定的工作条件下和规定的使用时间内完成规定功能的概率称为该零件的可靠度。可靠度是衡量零件工作可靠性的一个特征量，不同零件的可靠度要求是不同的。设计时应根据具体零件的重要程度选择适当的可靠度。

1.2.2 机械零件常用材料

机械制造中最常用的材料是钢和铸铁，其次是有色金属合金，非金属材料如塑料、橡胶等，在机械制造中也得到广泛的应用。

1.2.2.1 金属材料

金属材料主要指铸铁和钢，它们都是铁碳合金，它们的区别主要在于含碳量的不同。含碳量小于2%的铁碳合金称为钢，含碳量大于2%的称为铁。

1. 铸铁

常用的铸铁有灰铸铁、球墨铸铁、可锻铸铁、蠕墨铸铁等。其中灰铸铁和球墨铸铁属脆性材料，不能辗压和锻造，不易焊接，但具有适当的易熔性和良好的液态流动性，有良好的铸造性能，可铸成形状复杂的零件。灰铸铁的抗压强度高，耐磨性、减振性好，对应力集中的敏感性小，价格便宜，但其抗拉强度较钢差。灰铸铁常用作机架或壳座。球墨铸铁强度较灰铸铁高且具有一定的塑性，球墨铸铁可代替铸钢和锻钢用来制造曲轴、凸轮轴、油泵齿轮、阀体等。可锻铸铁是将白口铸铁件经高温石墨化退火，使其组织中的渗碳体分解为团絮状石墨而成。由于团絮状石墨的存在大大减轻了对基体的割裂作用，因而抗拉强度得到显著提高，特别是其强度和韧性比普通灰口铸铁高，因此得名。但是，事实上可锻铸铁并不可锻。

2. 钢

钢的强度较高，塑性较好，可通过轧制、锻造、冲压、焊接和铸造等方法加工成各种机械零件，并且可以用热处理和表面处理的方法提高机械性能，因此其应用极为广泛。

钢的类型很多，按用途可分为结构钢、工具钢和特殊用途钢。结构钢可用于加工机械零件和各种工程结构。工具钢可用于制造各种刀具、模具等。特殊用途钢（不锈钢、耐热钢、耐腐蚀钢）主要用于特殊的工况条件下。

按化学成分，钢可分为碳素钢和合金钢。碳素钢的性能主要取决于含碳量，含碳量越高，其强度越高，但塑性越低。碳素钢包括普通碳素结构钢和优质碳素结构钢。普通碳素结构钢一般只保证机械强度而不保证化学成分，不宜进行热处理，通常用于不太重要的零件和机械结构中。碳素钢按其含碳量，分为低碳钢、中碳钢和高碳钢。低碳钢的含碳量低于0.25%，其强度极限和屈服极限较低，塑性很高，可焊性好，通常用于制作螺钉、螺母、垫圈和焊接件等。中碳钢的含碳量在0.3%～0.5%之间，它的综合力学性能较好，因此可用于制造受力较大的螺栓、螺母、键、齿轮和轴等零件。含碳量在0.55%～0.7%的高碳钢具有较高的强度和刚性，通常用于制作普通的板弹簧、螺旋弹簧和钢丝绳。合金结构钢是在碳钢中加入某些合金元素冶炼而成。加入不同的合金元素可改变钢的机械性能并具有各种特殊性质，例如铬能提高钢的硬度，并在高温时防锈耐酸；镍能使钢具有良好的淬透性和耐磨性。但合金钢零件一般都需经过热处理才能提高其机械性能。此外，合金钢较碳素钢价格高，对应力集中亦较敏感，因此只在碳素钢难以胜任工作时才考虑采用。

用碳素钢和合金钢浇铸而成的铸件称为铸钢，通常用于制造结构复杂、体积较大的零件，但铸钢的液态流动性比铸铁差，且其收缩率比铸铁件大，故铸钢的壁厚常大于10mm，其圆角和不同壁厚的过渡部分应比铸铁件大。表1－1是常用钢铁材料的机械性能。

表1－1 常用钢铁材料的机械性能

材料		机械性能		
名称	牌号	抗拉强度 σ_b（N/mm^2）	屈服强度 σ_s（N/mm^2）	硬度（HBS）
普通碳素结构钢	Q215 Q235 Q255 Q275	335～410 375～460 410～510 490～610	215 235 255 275	
优质碳素结构钢	20 35 45	410 530 600	245 315 355	156 197 220
合金结构钢	$18Cr_2Ni_4W$ 35SiMn 40Cr 40CrNiMo 20CrMnTi 65Mn	118 785 981 980 1 079 735	835 510 785 835 834 430	260 229 247 269 ≤217 285

续表 1－1

材 料		机 械 性 能		
铸钢	ZG230－450 ZG270－500 ZG310－570	450 550 570	230 270 310	≥130 ≥143 ≥153
灰铸铁	HT150 HT200 HT250	145 195 240	— — —	150～200 170～220 190～240
球墨铸铁	QT450－10 QT500－7 QT600－3 QT700－2	450 500 600 700	310 320 370 420	160～210 170～230 190～270 225～305

1.2.2.2　有色金属合金

有色金属合金具有良好的减摩性、跑合性、抗腐蚀性、抗磁性、导电性等特殊的性能，在工业中应用最广的是铜合金、轴承合金。铜合金有黄铜与青铜之分，黄铜是铜与锌的合金，它具有很好的塑性和流动性，能辗压和铸造各种机械零件。青铜有锡青铜和无锡青铜两类，它们的减摩性和抗腐蚀性均较好。轴承合金(简称巴氏合金)为铜、锡、铅、锑的合金，其具有减摩性、导热性、抗胶合性，但强度低且成本较高，主要用于制作滑动轴承的轴承衬。

1.2.3　机械设计的基本要求及程序

1.2.3.1　机械设计的基本要求

虽然不同的机械其功能和外形都不相同，但它们设计的基本要求大体是相同的，机械应满足的基本要求可以归纳为以下几方面。

1. 使用要求

满足机器预定的工作要求，如机器工作部分的运动形式、速度、运动精度和平稳性、需要传递的功率。

2. 安全可靠性要求

使整个技术系统和零件在规定的外载荷和规定的工作时间内，能正常工作而不发生断裂、过度变形、过度磨损，不丧失稳定性。

3. 经济性

考虑产品的设计、制造及原材料成本，设计机械系统和零部件时，应尽可能标准化、通用化、系列化，以提高设计质量，降低制造成本。

4．其他要求

如外形美观，便于操作和维修等。

1.2.3.2 机械设计的一般步骤

机械设计是一项富有创造性的工作。由于机械的种类繁多，性能差异巨大，所以设计机器的过程并没有一个通用的固定顺序，需要根据具体情况进行。在此仅以比较典型的顺序为例，介绍机械设计的一般程序，如图1－9所示。

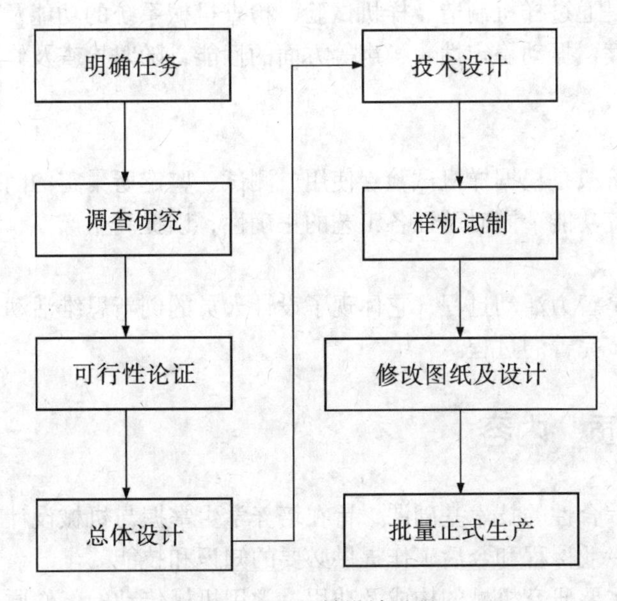

图1－9 机械设计过程

1．明确设计任务

产品设计是一项为实现预定目标的有目的的活动，因此正确地决定设计目标（任务）是设计成功的基础。

明确设计任务包括分析所设计机械系统的用途、功能、各种技术经济性能指标和参数范围、预期的成本范围等，并对同类或相近产品的技术经济指标、同类产品的不完善性、用户的意见和要求、目前的技术水平以及发展趋势，认真进行调查研究、收集材料，以进一步明确设计任务。

2．总体设计

机械系统总体设计根据机器要求进行功能设计研究。总体设计包括确定工作部分的运动和阻力，选择原动机的种类和功率，选择传动系统、机械系统的运动和动力计算，确定各级传动比及各轴的转速、转矩和功率。确定机械系统各主要部件之间的相对位置关系及相对运动关系，人—机—环境之间的合理关系。

总体设计对机械系统的制造和使用都有很大的影响，为此，常需做出几个方案加以分析、比较，通过优化求解得出最佳方案。

3．技术设计

技术设计又称结构设计，是保证产品质量、提高可靠性、降低成本的重要工作。其任务是根据总体设计的要求，确定机械系统各零部件的材料、形状、数量、空间相互位置、尺寸、加工和装配，并进行必要的强度、刚度、可靠性设计。技术设计时还要考虑加工条件、现有材料、各种标准零部件、相近机器的通用件。技术设计还需绘制总装配图、部件装配图、编制设计说明书等。

4．样机试制

样机试制阶段是通过样机制造、样机试验，检查机械系统的功能及整机、零部件的强度、刚度、运转精度、振动稳定性、噪声等方面的性能，随时检查及修正设计图纸，以更好地满足设计要求。

5．批量正式生产

批量正式生产阶段是根据样机试验、使用、测试、鉴定所暴露的问题，进一步修正设计，以保证完成系统功能，同时验证各工艺的正确性，以提高生产率、降低成本，提高经济效益。

产品设计过程是智力活动过程，它体现了设计人员的创新思维活动，设计过程是逐步逼近解答方案并逐步完善的过程。

1.3 本课程性质、内容

本课程是一门综合性的技术基础课，旨在培养学生掌握与机械设计有关的基本知识和基本技能，为学习专业课程和今后工作提供必要的知识和技能。

机械设计基础主要研究机械的构成及功用、常用机械传动的工作原理、通用机械零件的功用和机械零件结构及应用。通过机械设计基础的学习，学生可以了解机械或机器中常见的机构、构件等工作原理，了解常见机械零件的基本知识和用途，初步形成分析一般机械功能和动作的能力，并有初步的机械设计能力。本课程主要包括以下内容：

1．常用机构
- 机构及运动副
- 平面四杆机构
- 凸轮机构
- 间歇运动机构

2．机械传动
- 齿轮传动
- 斜齿轮传动
- 蜗杆传动
- 圆锥齿轮传动
- 带传动
- 链传动

3. 常用机械零件{螺纹及螺纹联接; 键联接及销联接; 轴; 轴承; 联轴器离合器和制动器}

本课程分为十章，主要内容有：绪论，平面机构及自由度，其他常用机构，齿轮传动，其他齿轮传动及轮系，带传动和链传动，联接，轴及其结构，轴承，联轴器、离合器和制动器。

本课程具有较强的综合性和实践性，因此，在学习本课程时，应注意理论结合实际，多看实物、模型，并尽可能多做实验和进行机构的拆装，以加深对其了解。

习 题

一、填空题

1. 机械是________和________的总称。

2. 一部完整的机器一般由________________、________、________和________四个部分组成。

3. 构件是构成机械的________________，而零件则是机器的________________。

4. 根据机器功能和结构要求，某些零件需联接成一个整体，成为机器中运动的基本单元件，通常称为________________。零件是机器中最小的________________。

5. 为了结构和工艺的需要，机构既可以由若干个________________组成，也可以是独立运动的________________。

二、判断题

1. 零件是运动的单元，构件是制造的单元。 (　　)

2. 构件是一个具有确定运动的整体，是可以由几个互相之间没有相对运动的单件组合而成的刚性体。 (　　)

3. 构件是机械装配中主要的装配单元体。 (　　)

4. 机器动力的来源部分称为原动部分。 (　　)

5. 机器、部件、零件是从制造角度，机构、构件是从运动分析的角度提出的相关概念。 (　　)

6. 车床是机器。 (　　)

7. 螺栓、轴、轴承都是通用零件。 (　　)

8. 机构与机器都是机械，也可以认为机构就是机器。 (　　)

9. 部件是由多个零件所组成，通常机构也需要多个零件组成，对于机器而言，一个机构也是机器的一个部件。 (　　)

10. 发动机是一台机器，放在汽车上则是汽车的动力装置。 (　　)

11. 传动装置是机器中介于原动装置和执行装置之间，用来完成运动、动力

等转换与传递的组成部分。 （ ）

三、选择题

1. 在机械中属于制造单元的是____。

A. 零件 B. 构件 C. 部件

2. 在机械中各运动单元称为____。

A. 零件 B. 构件 C. 部件

3. 把各部分之间具有确定的相对运动的构件的组合体称为____。

A. 机构 B. 机器 C. 机械

4. 机构与机器的主要区别是____。

A. 各运动单元间具有确定的相对运动

B. 机器能变换运动形式

C. 机器能完成有用的机械功能或转换机械能

5. 在内燃机曲柄滑块机构中，连杆是由连杆盖、连杆体、螺栓以及螺母组成的。其中，连杆属于____，连杆体、连杆盖属于____。

A. 零件 B. 构件 C. 部件

6. 下列机械中，属于机构的是____。

A. 发电机 B. 千斤顶 C. 拖拉机

7. 机床的主轴是机器的____。

A. 原动部分 B. 传动部分 C. 执行部分

8. 属于机床传动装置的是____。

A. 电动机 B. 齿轮机构 C. 刀架

四、讨论题及问答题

1. 用实例说明机器的三个特征、机构的特征以及机器与机构的区别。

2. 用实例说明构件和零件的区别，以及通用零件和专用零件的区别。

3. 举例说明一般机器设备由哪几个部分组成。

第二章 平面机构及自由度

机构由构件组成，各构件之间具有确定的相对运动。然而，把构件任意拼凑起来不一定能运动，即使能够运动，也不一定具有确定的相对运动。那么，构件应如何组合才能运动？在什么条件下才具有确定的相对运动？这对分析现有机构或设计机构很重要。

所有构件的运动平面都相互平行的机构称为平面机构，否则称为空间机构。本章仅讨论平面机构的情况，因为在生活和生产中，平面机构应用最多。

2.1 平面机构运动简图

实际构件的外形和结构往往很复杂，在研究机构运动时，为了突出与运动有关的因素，将那些无关的因素删减掉，保留与运动有关的外形，用规定的符号来代表构件和运动副，并按一定的比例表示各种运动副的相对位置。这种表示机构各构件之间相对运动的简化图形称为机构运动简图。

2.1.1 运动副

机构是由两个以上构件用运动副联接起来，并具有确定相对运动的构件系统。工程上常用的机构大多属于平面机构。机构中每个构件都以一定的方式与其他构件相互联接，这种联接不是固定的。这种使两构件直接接触并能产生运动的联接，称为运动副。例如，自行车车轮与轴的连接形成转动副，发动机活塞与缸套的连接形成移动副等。运动副可分为低副和高副。

2.1.1.1 低副

两构件以面接触的运动副称为低副。根据它们之间的相对运动是转动还是移动，运动副又可分为转动副和移动副。

1. 转动副

组成运动副的两构件之间只能绕某一轴线作相对转动，称为转动副。通常转动副的具体形式是用铰链连接，即由圆柱销和销孔构成的转动副，如图 2－1 所示。转动副约束了沿两个轴移动的自由度，只保留一个转动的自由度。

GB 4460—1984 规定了用于机构简图的运动副符号。用圆圈表示回转副，若组成回转副的二构件都是活动的，如图 2－2a 所示。若其中有一个构件为机架（不动件），则在代表机架的构件上加上斜线，如图 2－2b、c 所示。

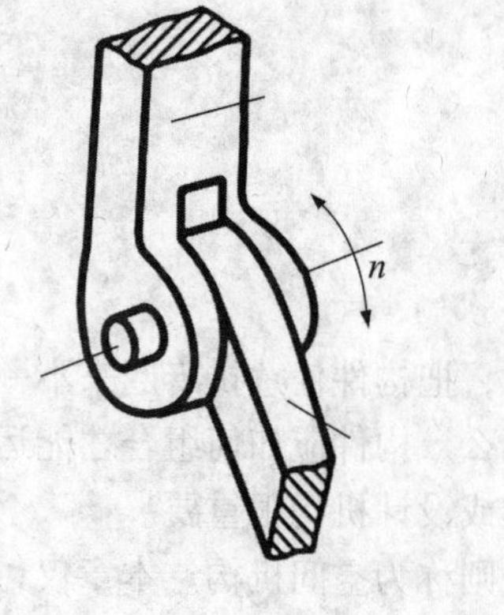

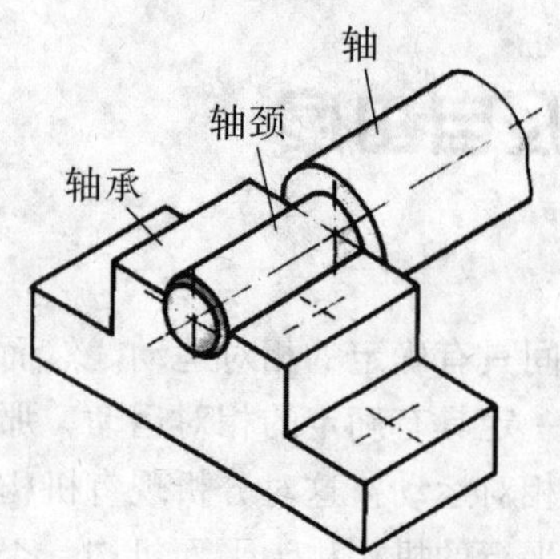

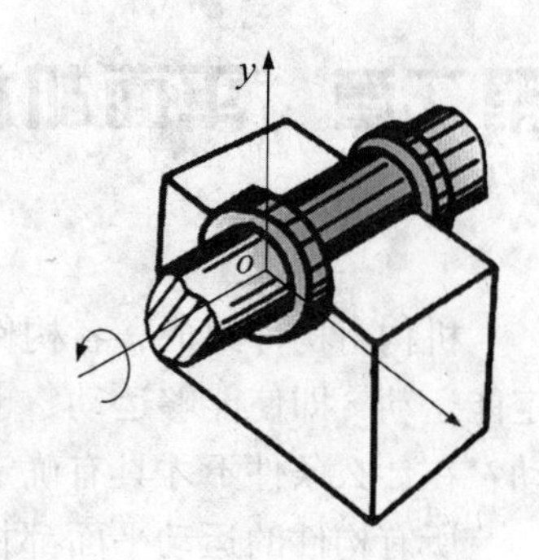

图 2－1　转动副模型

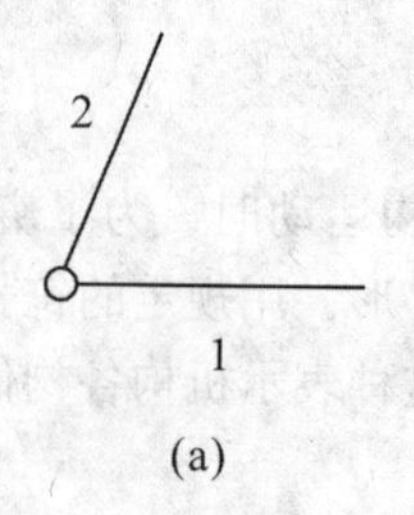

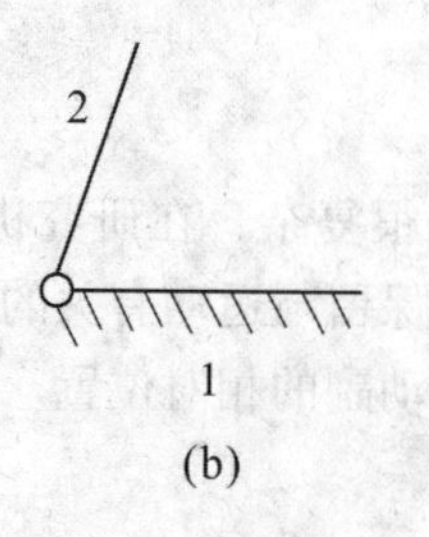

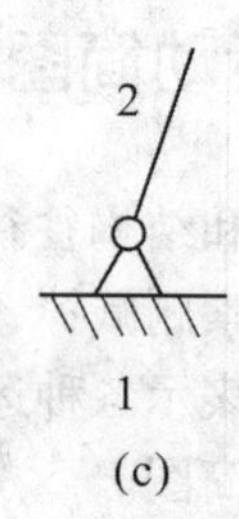

图 2－2　转动副符号

2. 移动副

组成运动副的两构件只能做相对直线移动的运动副称移动副，如图 2－3a 所示。移动副约束了沿一个轴方向的移动和在平面内转动两个自由度，只保留沿另一个轴方向移动的自由度。打气筒就是一种移动副。两构件组成移动副的表示方法如图 2－3b 所示，图中有斜线的构件表示机架。

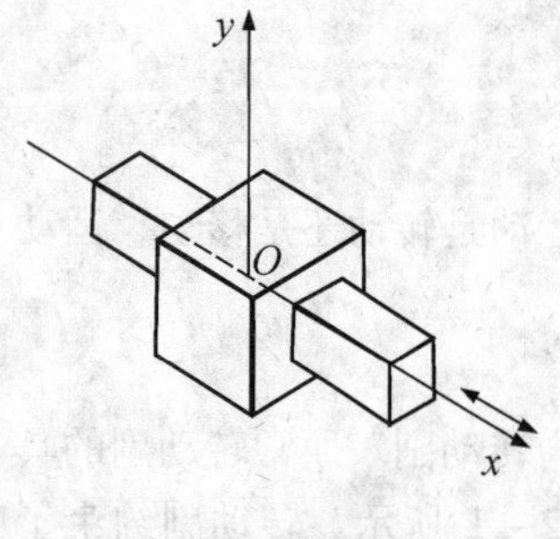

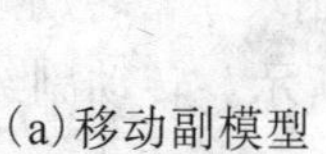
(a)移动副模型

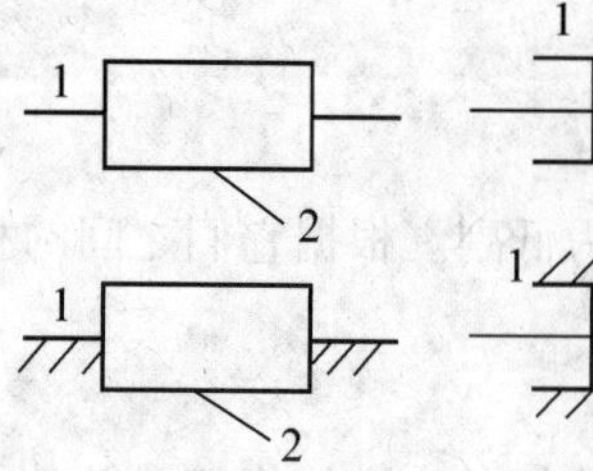

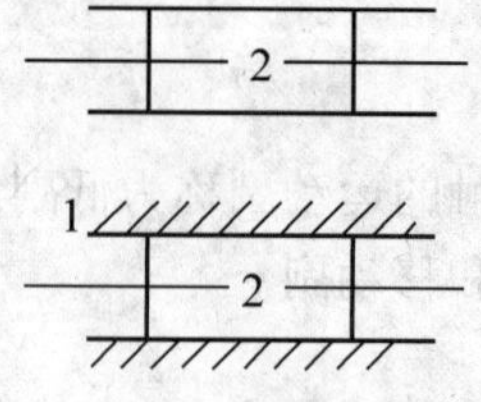

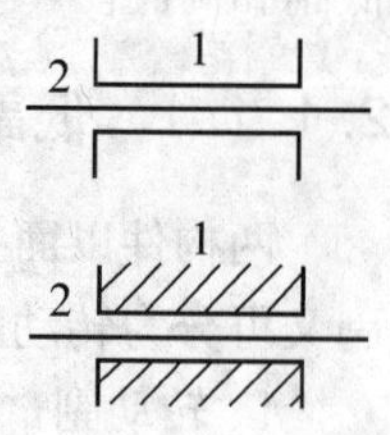

(b)移动副符号

图 2－3　移动副

2.1.1.2 高副

两构件以点或线接触的运动副称为高副。它们允许的相对运动是绕瞬时接触的点或线转动和沿瞬时接触处的公切线 tt 滑动。如图 2－4a 所示为由凸轮 1 和从动杆 2 以点接触组成的高副，图 2－4b 所示为由齿轮 1 与齿轮 2 以线接触组成的高副。

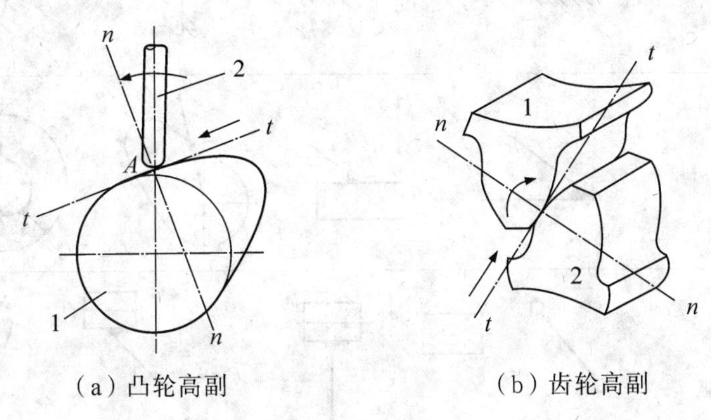

（a）凸轮高副　　（b）齿轮高副

图 2－4　高副

部分常用机构运动简图符号见表 2－1 和表 2－2，其他常用零部件的表示方法可参看 GB4460—1984“机构运动简图符号”。

表 2－1　部分常用机构运动简图符号

在支架上的电动机	齿轮齿条传动	摩擦轮传动	凸轮传动
带传动	圆锥齿轮传动	外啮合圆柱齿轮传动	外啮合　内啮合 槽轮机构
链传动	圆柱蜗杆传动	内啮合圆柱齿轮传动	外啮合　内啮合 棘轮机构

表 2-2 一般构件的表示方法

杆、轴类构件	
固定构件	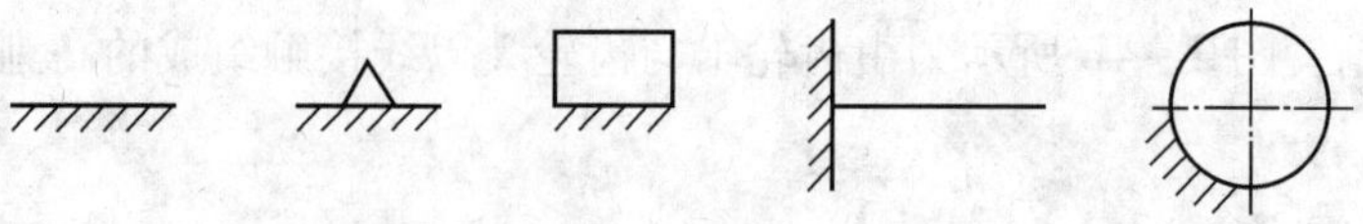
同一构件	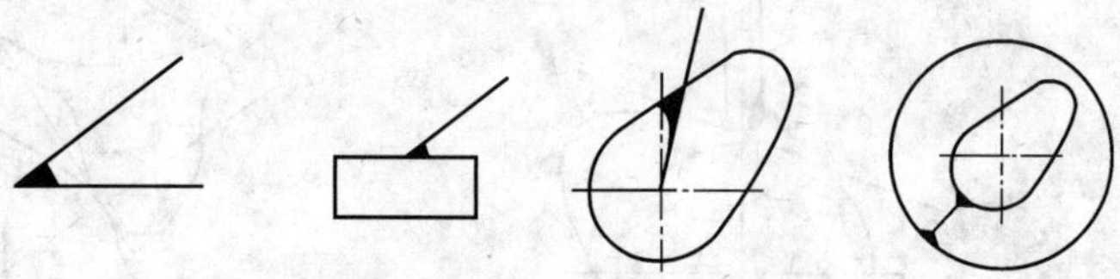
两副构件	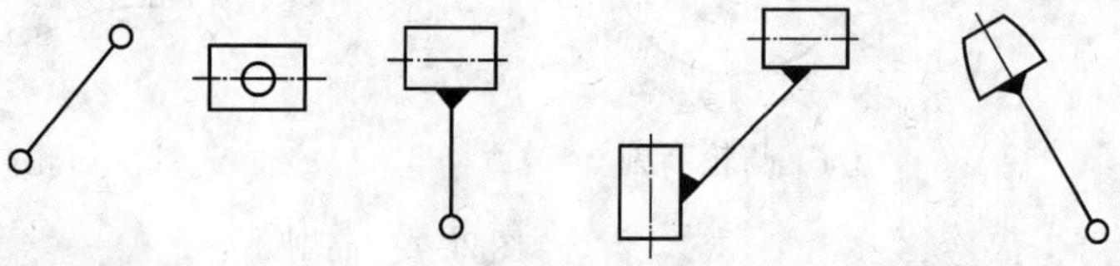
三副构件	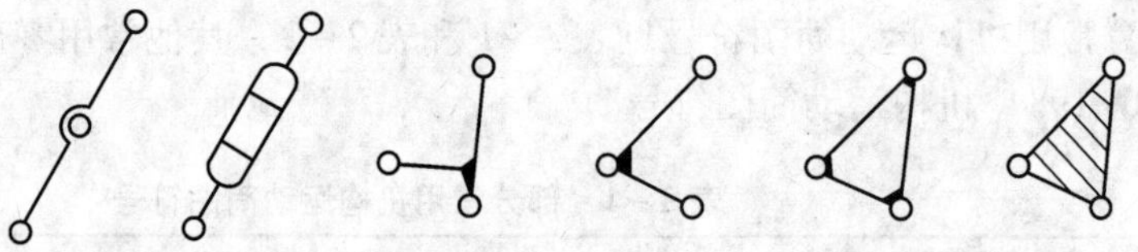

机构中的构件可分为三类：

(1)固定件或机架——用来支撑活动构件的构件。研究机构中活动构件运动时，常以固定件作为参考坐标系。

(2)原动件——运动规律已知的活动构件。它的运动是由外界输入的，故又称为输入构件。

(3)从动件——机构中随着原动件的运动而运动的其余活动构件。其中，输出预期运动的从动件称为输出构件，其他从动件则起传递运动的作用。

2.1.2 机构运动简图

在一般运动简图的绘制中，必有一个构件被看作固定件即机架，在活动构件中，必有一个或几个原动件，其余的是从动件。两构件组成高副时，在简图中应该画出两构件接触处的曲线轮廓。例如互相啮合的齿轮在简图中应画出一对节圆来表示，凸轮则用完整的轮廓曲线来表示，如表 2-1 所示。

绘制平面机构运动简图可按以下步骤进行：

(1)观察机构的运动情况，分析机构的具体组成，确定机架、原动件和从动件。任何一个机构中必定只有一个构件为机架；原动件也称主动件，即运动规律为已知的构件，通常是驱动力所作用的构件。

(2)由原动件开始，根据相联两构件间的相对运动性质和运动副元素情况，确定运动副的类型和数目。

(3)根据图纸大小和机构实际尺寸确定适当的长度比例尺 μ_l，按照各运动副间的距离和相对位置，用规定的线条和符号绘图。

$$\mu_l = \frac{\text{图样尺寸(mm)}}{\text{实际尺寸(mm)}} \tag{2-1}$$

【例 2-1】试绘制图 2-5a 所示颚式破碎机的机构运动简图。

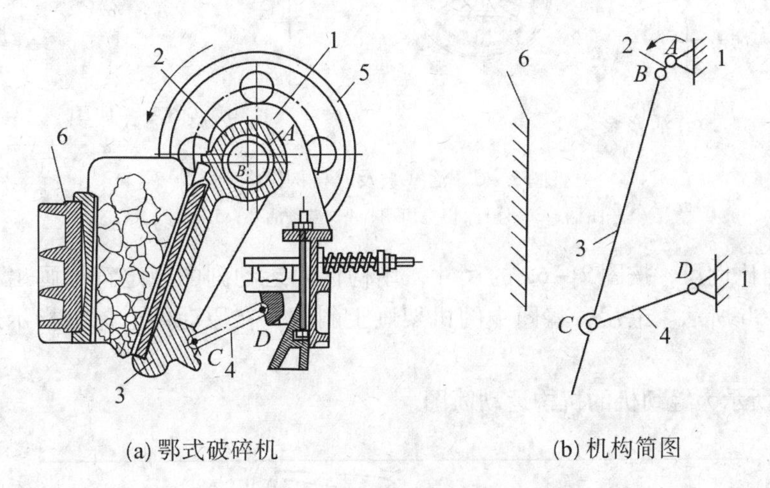

(a) 颚式破碎机　　(b) 机构简图

图 2-5　颚式破碎机及其机构简图

1—机架；2—偏心轴；3—动颚；4—肘板；5—带轮；6—机架

解：颚式破碎机的主体机构由机架 1(6)、偏心轴 2、动颚 3、肘板 4 共四个构件组成。偏心轴是原动件，动颚和肘板都是从动件。偏心轴在与它固联的带轮 5 的拖动下绕轴线 A 转动，驱使输出构件动颚 3 作平面运动，从而将矿石轧碎。

偏心轴 2 与机架 1 绕轴线 A 作相对转动，故构件 1、2 组成以 A 为中心的回转副；动颚 3 与偏心轴 2 绕轴线 B 作相对转动，故构件 2、3 组成以 B 为中心的回转副；肘板 4 与动颚 3 绕轴线 C 相对转动，故构件 3、4 组成以 C 为中心的回转副；肘板与机架绕轴线 D 作相对转动，故构件 4、1 组成以 D 为中心的回转副。

选定适当比例尺，根据图 2-5a 的尺寸定出 A、B、C、D 的相对位置，用构件和运动副的规定符号绘出机构运动简图，如图 2-5b 所示。最后，将图中的机架画上斜线，在原动件上标出指示运动方向的箭头。

【例 2-2】绘制图 2-6a 所示活塞泵的机构运动简图。

解：活塞泵由曲柄 1、连杆 2、齿扇 3、齿条活塞 4 和机架 5 共五个构件组成。曲柄 1 是原动件，2、3、4 为从动件。当原动件 1 回转时，活塞在汽缸中作往复运动。

各构件之间的联接如下：构件 1 和 5、2 和 1、3 和 2、3 和 5 之间为相对转动，分别构成回转副 A、B、C、D。构件 3 的轮齿与构件 4 的齿条构成平面高副 E。构件 4 与构件 5 之间为相对移动，构成移动副 F。

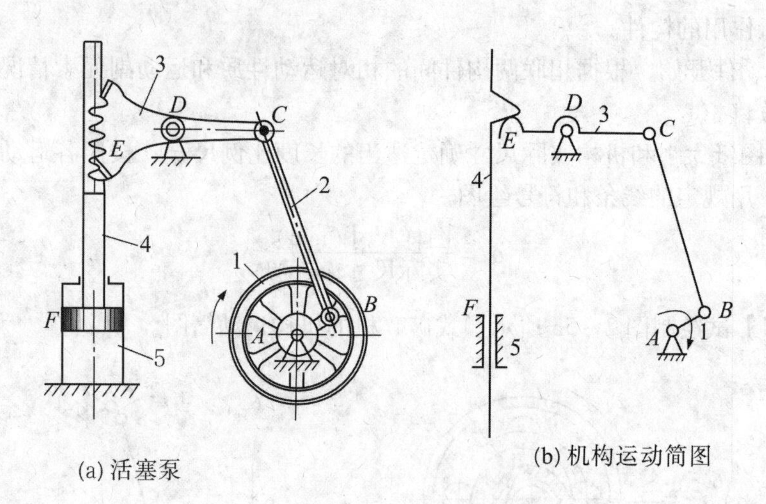

图 2－6　活塞泵及其机构简图

1—曲柄；2—连杆；3—齿扇；4—齿条活塞；5—机架

选取适当比例尺，按图 2－6a 的尺寸，用构件和运动副的规定符号画出机构运动简图，如图 2－6b 所示。最后，将图中的机架画上斜线，在原动件上标出指示运动方向的箭头。

图 2－7 所示为缝纫机的机构运动简图。

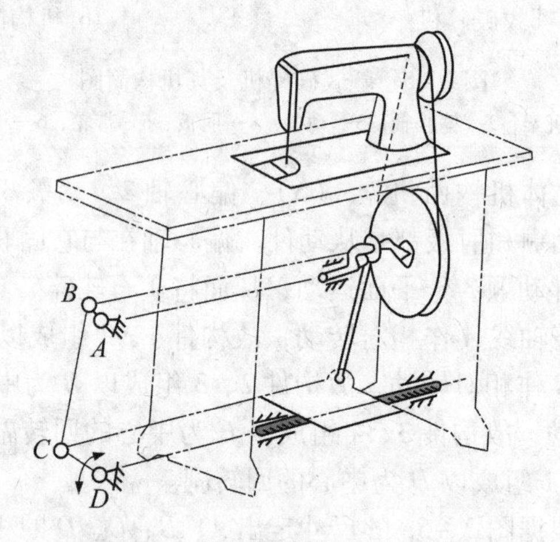

图 2－7　缝纫机的机构运动简图

2.2　平面机构的自由度

2.2.1　平面机构自由度计算

机构的自由度是构件可能出现的独立运动参数个数。亦即为了使机构的位置、速度、加速度等参数得以确定，必须给定的独立的运动参数个数。

对于一个作平面运动的构件，只有三个自由度，即分别沿 x 轴和 y 轴移动，以及在 xOy 平面内绕 z 轴(O 点)转动，如图 2－8 所示。为了使组合起来的构件能产生确定的相对运动，有必要探讨平面机构自由度和平面机构具有确定运动的条件等问题。

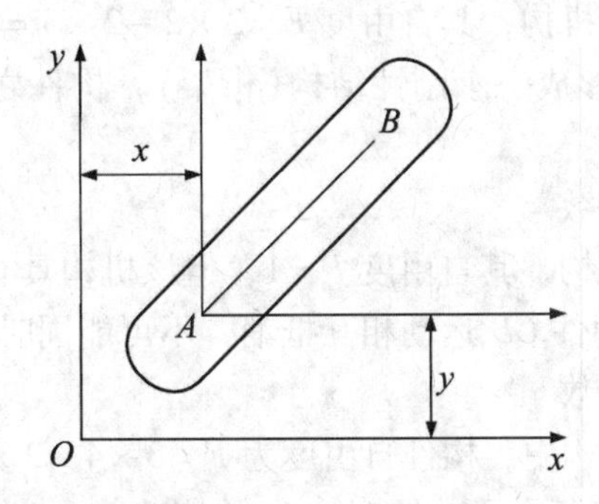

图 2－8　构件的自由度

如前所述，平面机构的每个活动构件，在未用运动副联接之前，都有三个自由度。当两个构件组成运动副之后，它们的相对运动就受到约束，使得某些独立的相对运动受到限制。这种对构件独立的相对运动的限制，称为约束。机构引入一个约束，就减少一个自由度，约束增多，自由度就相应减少，反之亦然。由于不同种类的运动副引入的约束不同，所以保留的自由度也不同。

在平面机构中，每个低副引入两个约束，使机构失去两个自由度；每个高副引入一个约束，使机构失去一个自由度。

如果一个平面机构中包含有 n 个活动构件(机架为参考坐标系，因相对固定，所以不计在内)，其中有 P_L 个低副和 P_H 个高副，则这些活动构件在未用运动副联接之前，其自由度总数为 $3n$，当用 P_L 个低副和 P_H 个高副联接成机构之后，全部运动副所引入的约束为 $2P_L+P_H$。因此，活动构件的自由度总数减去运动副引入的约束总数，就是该机构的自由度数，用 F 表示，有

$$F=3n-2P_L-P_H \quad (2-2)$$

式(2－2)就是平面机构自由度的计算公式。由公式可知，机构自由度 F 取决于活动构件的数目以及运动副的性质和数目。

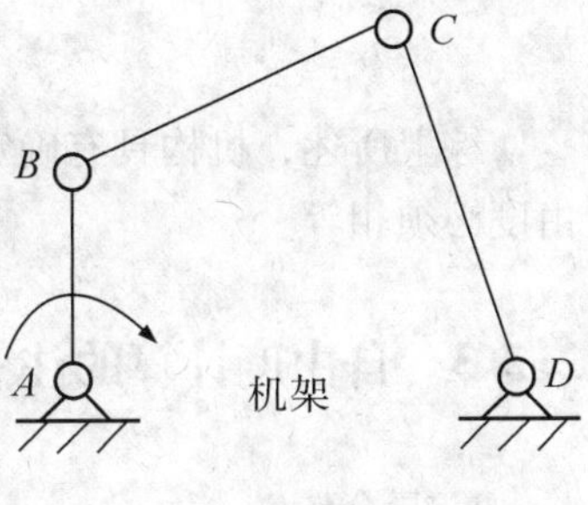

图 2－9 为典型的四杆机构(包括机架 AD 杆)，其中活动构件数为 $n=3$，低副数 $P_L=4$，高副数 $P_H=0$，所以该机构的自由度为：

$$F=3n-2P_L-P_H=3\times3-2\times4-0=1$$

图 2－9　四杆机构的自由度

2.2.2　机构具有确定运动的条件

由前述可知，机构的自由度也即是机构所具有的独立运动参数个数。从动件是不能独

立运动的，只有原动件才能独立运动。通常每个原动件只具有一个独立运动，因此，机构自由度必定与原动件的数目相等，而且机构的自由度必须大于零，机构才能够运动，否则成为桁架。以下通过实例来说明机构具有确定运动的条件。

1. 自由度数等于零

如图 2－10a 所示的三杆机构，其自由度 $F=3\times2-2\times3=0$，显然，不管以哪个为原动件机构都不能运动。构件形成一个刚性结构（桁架），构件之间没有相对运动，故不能构成机构。

2. 自由度数小于原动件数

图 2－10b 所示的四杆机构，其自由度 $F=1$，但该机构具有两个原动件，大于自由度数，显然，原动件 AB 和原动件 CD 运动相互抵消，不可能同时按图中给定方式运动。

3. 自由度数大于原动件数

图 2－10c 所示的五杆机构中，构件自由度为 $F=3\times4-2\times5=2$。说明该构件必须有 2 个原动件，也就是只有给出两个原动件 1 和 4，使构件 1、4 都处于给定位置，才能使从动件获得确定运动关系。如果该构件只有 1 个原动件 1 或者 4，由于原动件数小于自由度 F，显然，当原动件 1 的位置位于角 φ_1 时，从动件 2、3、4 的位置既可为实线位置，也可为虚线所处的位置，甚至其他位置，因此其运动是不确定的。

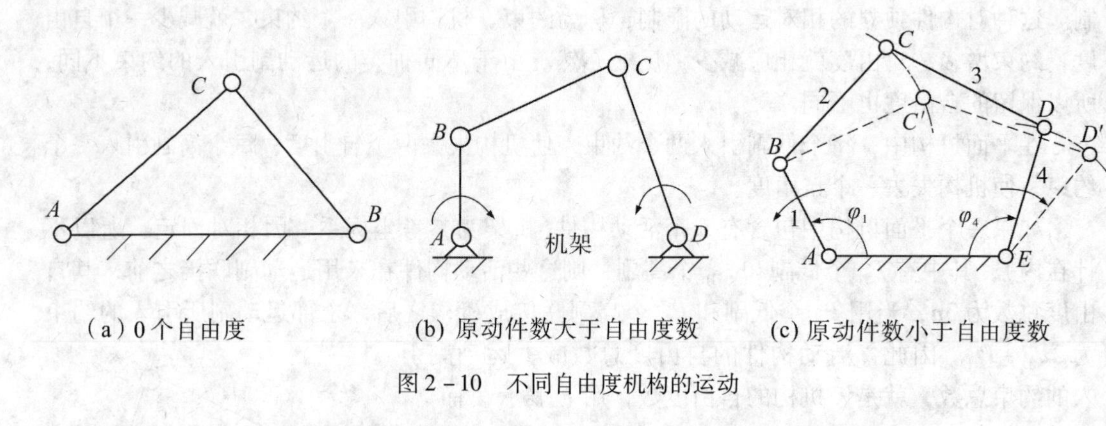

（a）0 个自由度　　(b) 原动件数大于自由度数　　(c) 原动件数小于自由度数

图 2－10　不同自由度机构的运动

综上所述，机构具有确定运动的条件是：机构自由度必须大于零，且原动件数与其自由度必须相等。

2.2.3　自由度计算的注意事项

1. 复合铰链

两个以上构件组成两个或更多个共轴线的转动副，即为复合铰链，如图 2－11 所示为三个构件在 A 处构成的复合铰链。由图 2－11b 可知，此三构件共组成两个共轴线转动副。当由 n 个构件组成复合铰链时，则应当组成 $(n-1)$ 个共轴线转动副。如图 2－11c 中的 C 处有两个转动副，E 处有一个转动副和一个移动副。

2. 局部自由度

机构中常出现一种与输出构件运动无关的自由度，称为局部自由度或多余自由度。在

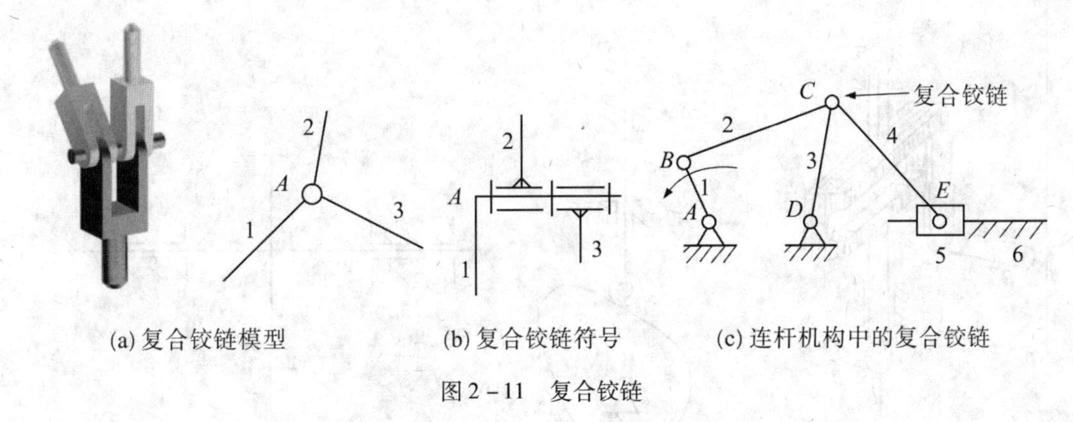

(a) 复合铰链模型　　(b) 复合铰链符号　　(c) 连杆机构中的复合铰链

图 2－11　复合铰链

计算机构自由度时，可预先去除。如图 2－12 所示的平面凸轮机构中，为了减少高副接触处的摩擦磨损，在从动件上安装一个滚子 2，使其与凸轮轮廓线滚动接触。显然，滚子绕其自身轴线转动与否并不影响凸轮与从动件间的相对运动，因此，滚子绕其自身轴线的转动为机构的局部自由度。在本书的平面机构中局部自由度多发生在凸轮机构。在计算机构的自由度时，应预先将滚子 2 中的转动副除去不计，并设想将滚子 2 与从动件 3 固联在一起作为一个构件来考虑。这样，在图 2－12 机构中，$n=2$，$P_{\mathrm{L}}=2$，$P_{\mathrm{H}}=1$，其自由度为 $F=3n-2P_{\mathrm{L}}-P_{\mathrm{H}}=3\times2-2\times2-1=1$。即此凸轮机构中只有一个自由度。

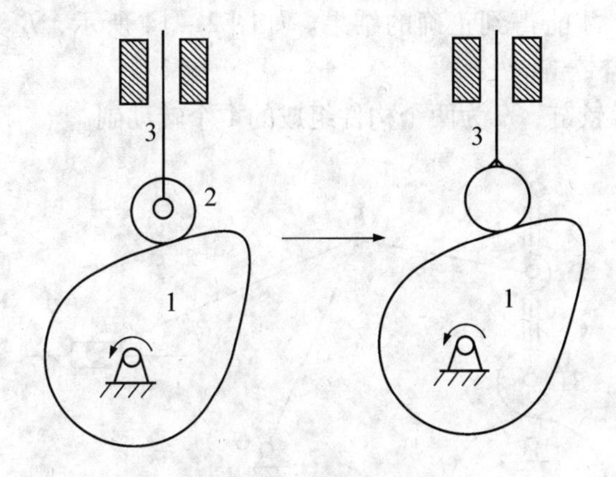

图 2－12　局部自由度

1—凸轮；2—滚子；3—从动件

3. 虚约束

在某些机构中，为了使机构运动顺畅和可靠，在其运动的轨迹上增加了多余的约束，这些约束对机构自由度的影响是重复的。这些对机构运动不起限制作用的重复约束，称为消极约束或虚约束，在计算机构自由度时，应当除去不计，否则会导致错误的计算结果。

如图 2－13a 所示，图中的 A'、B' 处分别与机架 A、B 组成移动副。计算机构自由度时只能算一个移动副，另一个为虚约束，应该去掉。

同理，如图 2－13b 所示，两个轴承支撑一根轴，轴承 C 和 C' 构成回转轴重合的转动副，其中只有一个转动副起作用，其余是虚约束，因此计算时只能看作为一个转动副。

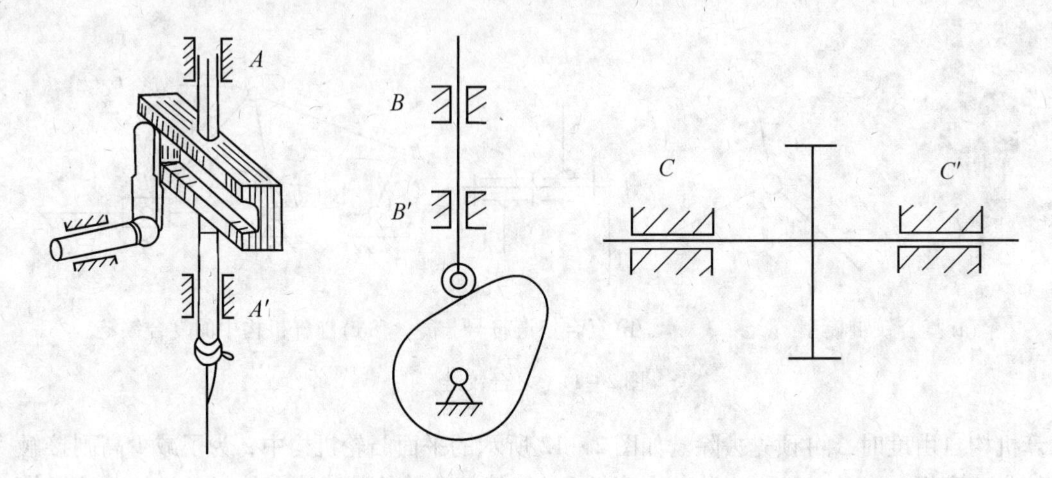

（a）移动副中的虚约束　　（b）转动副中的虚约束

图 2－13　虚约束

应当注意，对于虚约束，从机构运动的角度来看是多余的，但从增强构件刚度、改善机构受力状况等方面来看，却是必需的。

综上所述，在计算平面机构自由度时，必须考虑是否存在复合铰链，并应将局部自由度和虚约束除去不计，才能得到正确的结果。如图 2－14 所示，*B* 为局部自由度，*C*(或 *D*)为虚约束，*F* 为复合铰链。

注意，*E* 不是复合铰链，*E* 为两个构件组成的 1 个转动副。

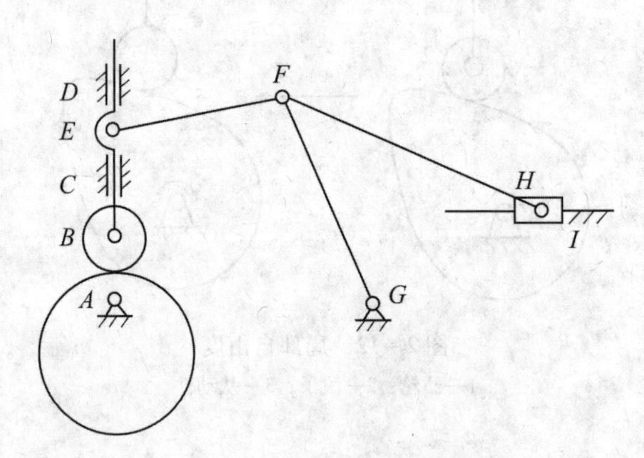

图 2－14　复合铰链、局部自由度和虚约束

【例 2－3】试计算图 2－14 中机构的自由度。

解：根据以上分析，$n=6$，$P_L=8$，$P_H=1$，其自由度为

$$F=3n-2P_L-P_H=3\times6-2\times8-1=1$$

【例 2－4】试计算图 2－15a 所示大筛机构的自由度，并判断它是否有确定的运动。

解：机构中的滚子 *F* 为局部自由度。顶杆与机架在 *E* 和 *E*′ 组成重复的移动副，其中

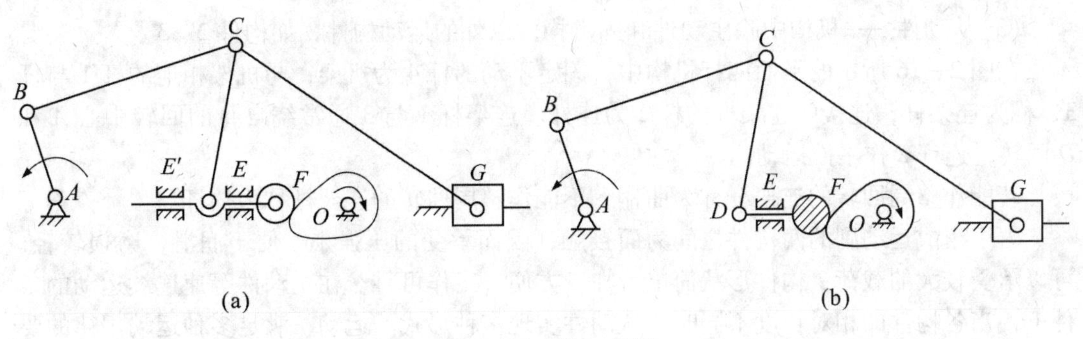

图 2－15　例 2－4 图

之一为虚约束。现将滚子与顶杆焊成一体，并去掉移动副 E'。C 处是复合铰链，有 2 个转动副，G 处有 1 个转动副和 1 个移动副。简化后如图 2－15b 所示，由此得，$n=7$，$P_L=9$，$P_H=1$。其自由度为

$$F=3n-2P_L-P_H=3\times7-2\times9-1=2$$

其自由度等于 2，由于该机构有两个原动件，所以具有确定的运动。

2.3　平面连杆机构

2.3.1　平面四杆机构的基本型式

2.3.1.1　平面四杆机构的基本型式及其应用

平面机构是指所有运动部分均在同一平面或相互平行的平面内运动的机构。由四个构件通过低副连接而成的平面连杆机构，称为平面四杆机构。它是平面连杆机构中最常见的形式，也是组成多杆机构的基础。由转动副联接四个构件而形成的机构，称为铰链四杆机构。

组成机构的构件，根据运动副的性质可分为三类，如图 2－16 所示。

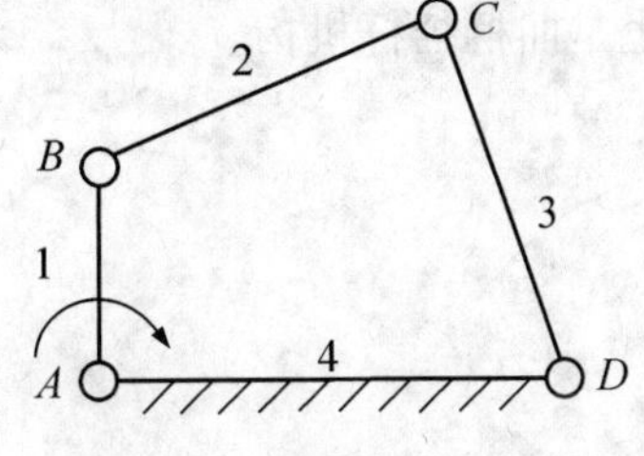

图 2－16　平面四杆机构

（1）固定构件（机架）——机构中用来支撑可动构件的部分，如构件 4（AD 杆）；

（2）主动件（原动件）——机构中作用有驱动力或驱动力矩的构件，如构件 1；

(3) 从动件——机构中除主动件和固定构件以外的运动构件，如构件2、3。

在图2－16所示的平面四杆机构中，固定不动的杆4为机架；与机架相连的杆1与杆3，称为连架杆；连接两连架杆的杆2为连杆。连架杆1与3通常绕自身的回转中心*A*和*D*回转，连杆2作平面运动。

若能作整周回转的连架杆称为曲柄，不能作整周回转的连架杆称为摇杆。

由于组成运动副的两构件之间为面接触，因而承受的压强小，便于润滑，磨损较轻，可以承受较大的载荷；构件形状简单，加工方便，工作可靠。在主动件等速连续运动的条件下，当各构件的相对长度不同时，从动件实现多种形式的运动，满足多种运动规律的要求。这类机构常应用于机床、动力机械、工程机械、包装机械、印刷机械和纺织机械中，如牛头刨床中的导杆机构、活塞式发动机和空气压缩机中的曲柄滑块机构、包装机中的执行机构等，如图2－17所示。

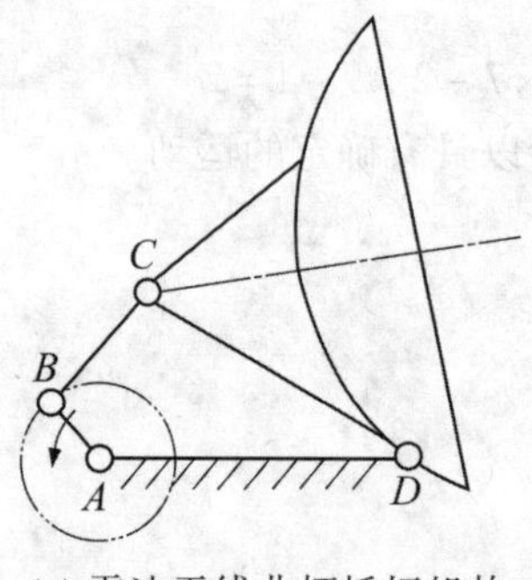

(a) 雷达天线曲柄摇杆机构

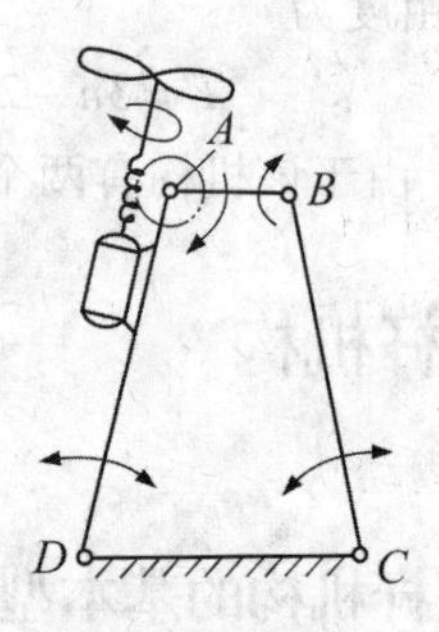

(b) 风扇的摇摆机构

图2－17　四杆机构的应用

铰链四杆机构共有三种基本型式：曲柄摇杆机构、双曲柄机构、双摇杆机构。

1．曲柄摇杆机构

在铰链四杆机构中，若两个连架杆中，一个为曲柄，另一个为摇杆，则此铰链四杆机构称为曲柄摇杆机构，如图2－18所示。通常曲柄1为原动件，并作匀速转动。而摇杆3为从动件，作变速往复摆动。图2－17a所示为调整雷达天线俯仰角的曲柄摇杆机构。曲柄缓慢地匀速转动，通过连杆，使摇杆在一定角度范围内摆动，以调整天线俯仰角的大小。图2－19中的汽车刮雨器也是曲柄摇杆机构。

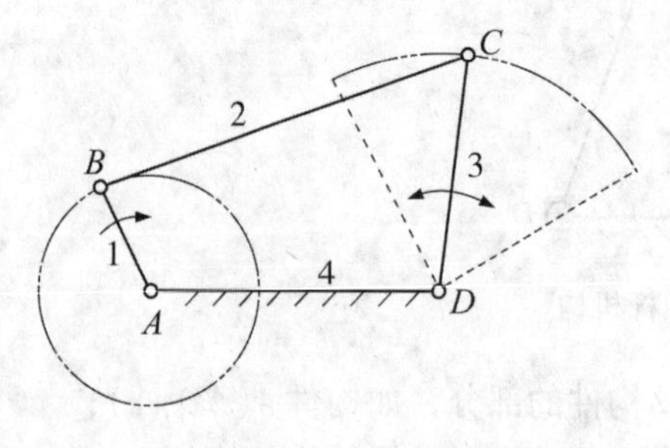

图2－18　曲柄摇杆机构

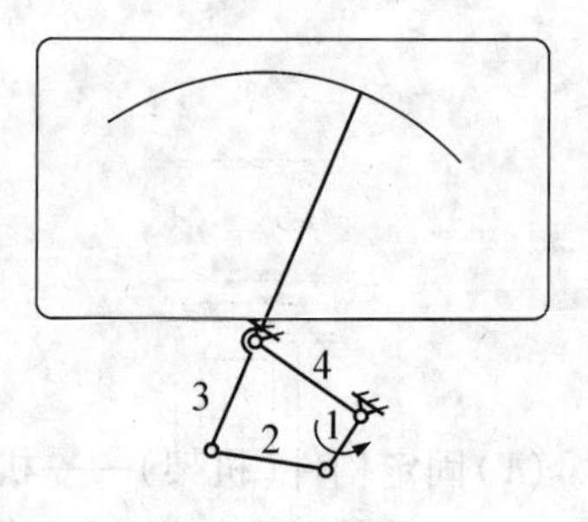

图2－19　汽车刮雨器

2．双曲柄机构

在铰链四杆机构中，若两连架杆均为曲柄，则称为双曲柄机构，如图 2－20 所示。

图 2－21 所示的惯性筛中的构件 1、2、3 和构件 4 组成的机构，为双曲柄机构。在惯性筛机构中，主轴曲柄 1 作等角速度回转一周，曲柄 3 作变角速度回转一周，进而带动筛子往复运动筛选物料。

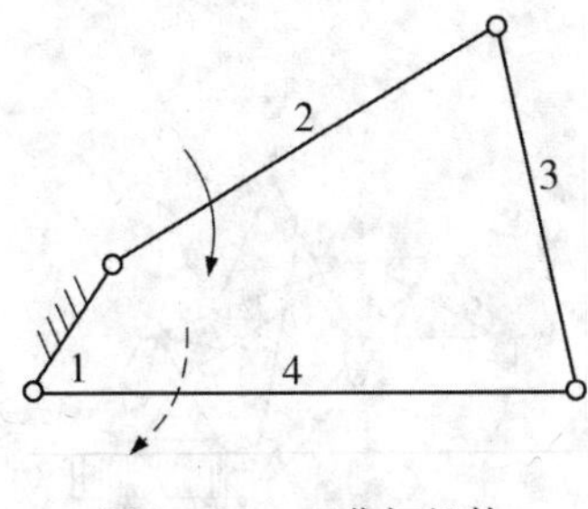

图 2－20 双曲柄机构

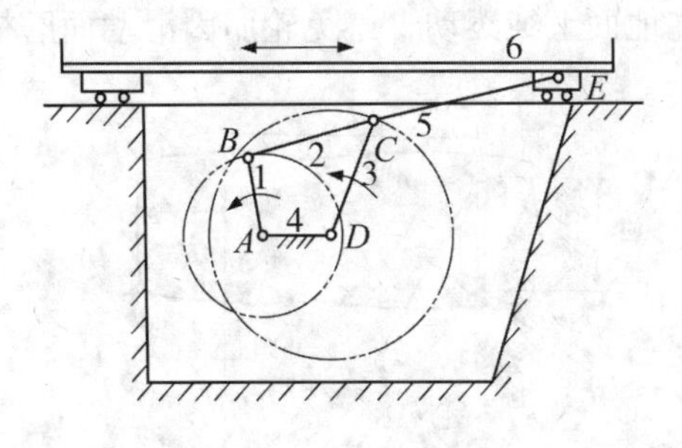

图 2－21 惯性筛

在双曲柄机构中，用得较多的是平行双曲柄机构，或称平行四边形机构，如图 2－22a 所示。这种机构的对边长度相等，组成平行四边形。当杆 AB 等角速度转动时，杆 CD 也以相同角速度同向转动，连杆 BC 则作平移运动。但当两曲柄转到水平位置的时候，四杆共线，机构运动状态不稳定。图 2－22b 所示的摄影平台升降机构为双曲柄机构。

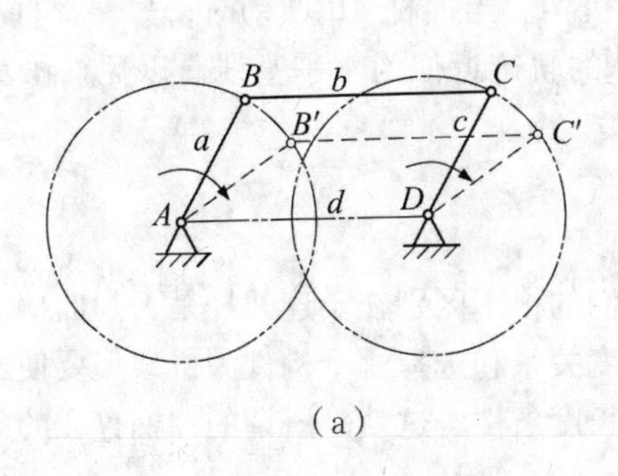

（a）

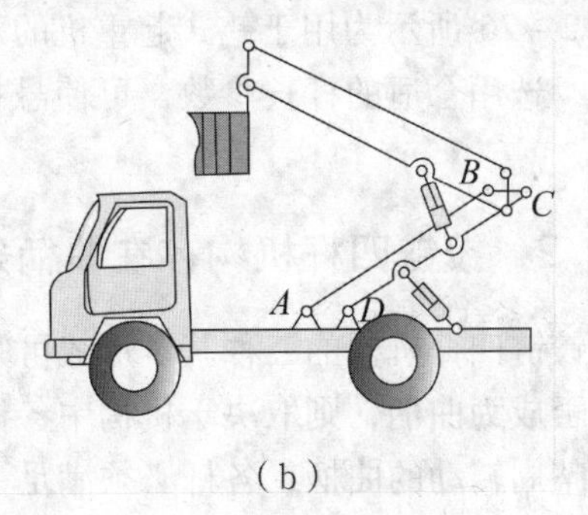

（b）

图 2－22 平行双曲柄机构

图 2－23 所示的公共汽车车门启闭机构为反向双曲柄机构，当主动曲柄转动时，通过连杆从动曲柄朝相反方向转动，从而保证两扇车门同时开启和关闭。

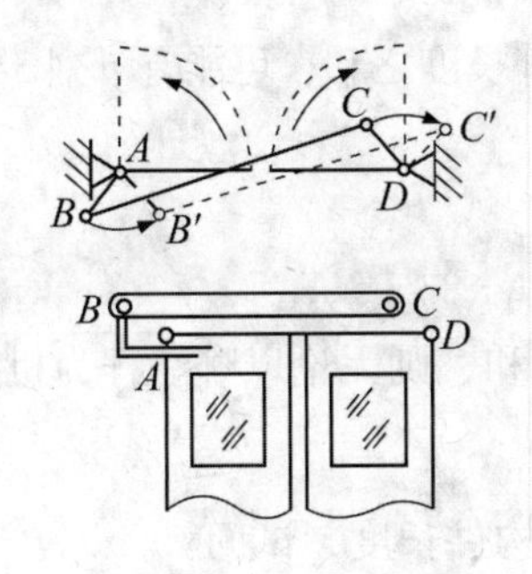

图 2－23 车门启闭机构

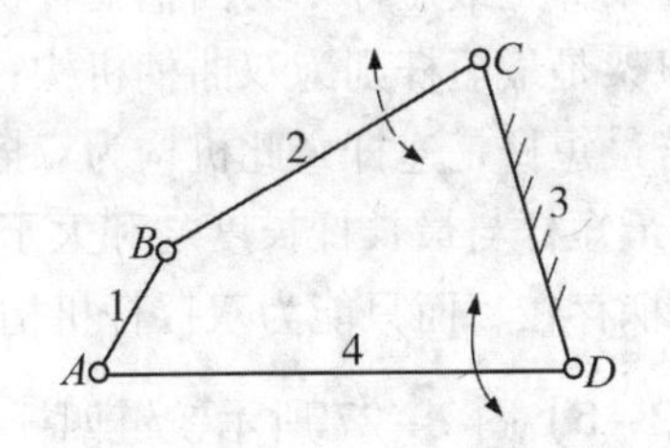

图 2－24 双摇杆机构

3．双摇杆机构

两连架杆均为摇杆的铰链四杆机构称为双摇杆机构，如图 2－24 所示。

图 2－25 所示车辆的前轮转向机构为双摇杆机构，该机构两摇杆长度相等，称为等腰梯形机构。车子转弯时，与前轮轴固联的两个摇杆的摆角 α 和 β 不论在任何位置都能使两前轮轴线的交点 O 落在后两轮轴线的延长线上，则当整个车身绕 O 点转弯时，四个车轮都能在地面上纯滚动，避免轮胎因滑动而磨损。

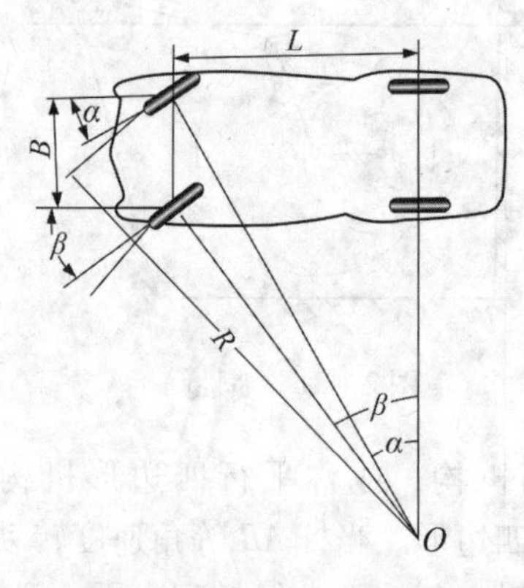

图 2－25　汽车转向机构

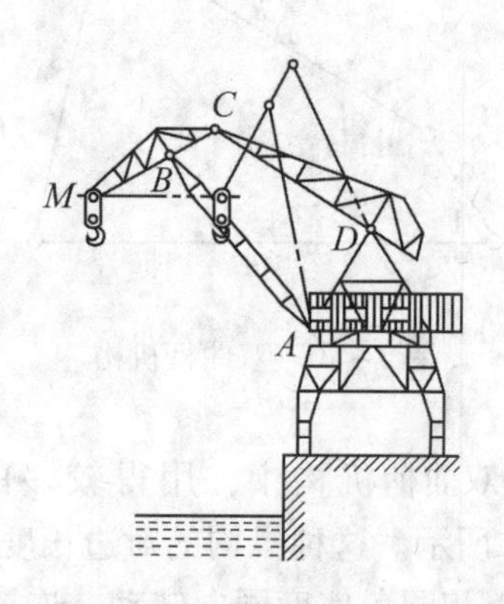

图 2－26　鹤式起重机

图 2－26 所示为用于鹤式起重机的双摇杆机构。当摇杆 AB 摆动时，另一摇杆 CD 随之摆动，选用合适的杆长参数，可使悬挂点 M 的轨迹近似为水平直线，以免被吊重物上下振动。

2.3.1.2　铰链四杆机构存在曲柄条件

从铰链四杆机构的三种基本形式可知，它们的根本区别在于连架杆是否为曲柄。而连架杆能否成为曲柄，则取决于机构中各杆的长度关系和选择哪个构件为机架。要使连架杆成为能整周转动的曲柄，各杆必须满足一定的长度条件，这就是所谓的曲柄存在的条件。

曲柄存在的条件有两个：

(1) 连架杆或机架是最短杆；

(2) 最短杆 l_{min} 与最长杆 l_{max} 长度之和小于或等于其余两杆长度之和。

上述两个条件必须同时存在，否则机构中无曲柄存在。

若满足最短杆与最长杆长度之和小于或等于其余两杆长度之和，可能有下列 3 种情况：

① 连架杆是最短杆则为曲柄摇杆机构；

② 机架是最短杆则为双曲柄机构；

③ 若最短杆是连杆，此机构为双摇杆机构。

如果最短杆与最长杆长度之和大于其余两杆长度之和，则无论以哪一杆为机架，都不可能有曲柄存在，而只能为双摇杆机构。

【例 2－5】图 2－27 所示铰链四杆机构中，已知各构件长度，试问：

(1) 该机构是否存在曲柄？如果存在，则哪个构件为曲柄？机构是什么类型？

(2)如果改造构件 AB 为机架，可得到哪种类型的机构?

解: (1)由于最短杆最长杆之和 $l_{AB}+l_{AD}=160\text{mm}<l_{BC}+l_{CD}=180\text{mm}$，而且最短杆 AB 为连架杆，因此存在曲柄，AB 为曲柄，属于曲柄摇杆机构。

(2)由于最短杆与最长杆之和小于其余两杆长度之和，最短杆 AB 为机架，所以机构为双曲柄机构。

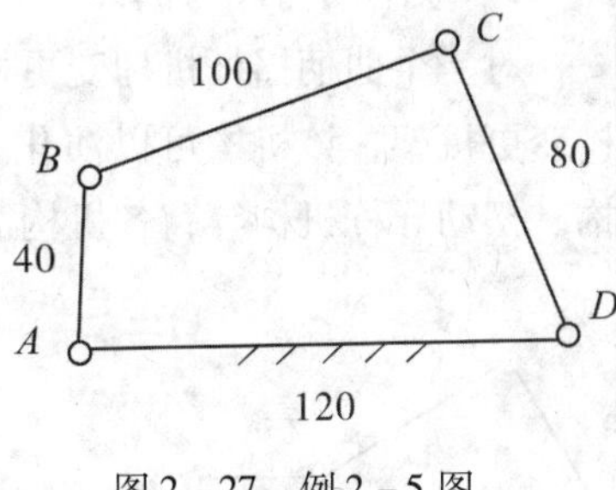

图 2-27 例 2-5 图

2.3.2 平面四杆机构的演化

铰链四杆机构可以演化为其他型式的四杆机构。演化方式通常采用移动副取代转动副、变更机架、变更杆长和扩大回转副等途径。

1. 转动副转化成移动副

移动副可以认为是转动副的一种特殊情况，曲柄滑块机构就是用移动副取代曲柄摇杆机构中的转动副而演化得到的。图 2-28a 所示的曲柄摇杆机构，铰链中心 C 的轨迹为以 D 为圆心、CD 为半径的圆弧。若半径增至无穷大，C 点轨迹变成直线，如图 2-28b 所示。于是，摇杆演化为直线运动的滑块，转动副 C 演化为移动副。当滑块的移动导路通过回转中心 A 时，称为对心滑块机构，如图 2-28c 所示。

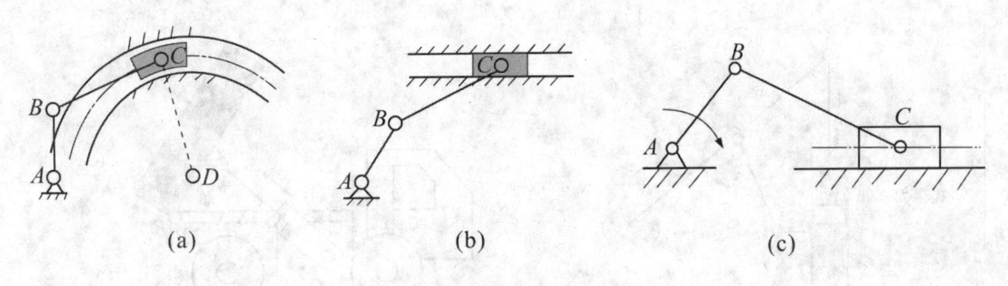

图 2-28 四杆机构的演化

曲柄滑块机构广泛应用于活塞式内燃机、空气压缩机、冲床等机械中，如图 2-29 所示。图 2-30 所示为曲柄滑块送料机构。

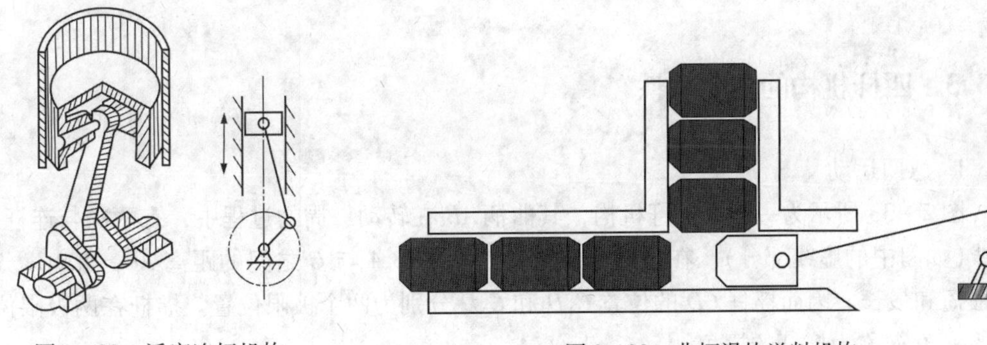

图 2-29 活塞连杆机构

图 2-30 曲柄滑块送料机构

2. 取不同构件为机架

对一个曲柄摇杆机构变更机架，该机构可以演化为双曲柄机构。同样，对曲柄滑块机构变更机架，该机构可以演化为导杆机构、摇动滑块机构、固定滑块机构、转动导杆机构、摆动导杆机构等，各机构简图如图 2－31 所示。图 2－32 为这些机构的应用。

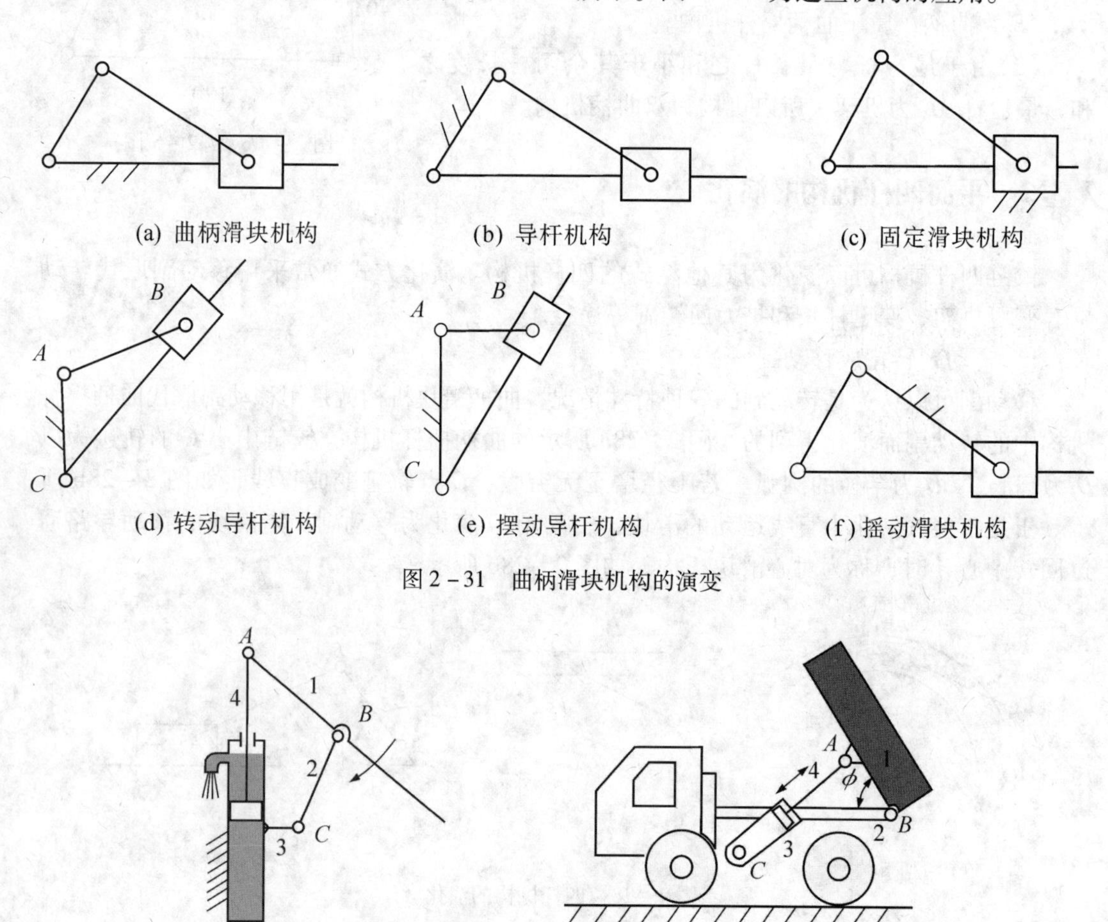

(a) 曲柄滑块机构　(b) 导杆机构　(c) 固定滑块机构

(d) 转动导杆机构　(e) 摆动导杆机构　(f) 摇动滑块机构

图 2－31　曲柄滑块机构的演变

(a) 手动压水机（定块机构）　(b) 自卸汽车翻斗机机构（摇块机构）

图 2－32　机构的应用

2.3.3　四杆机构的主要特性

1. 急回运动

图 2－33 所示为一曲柄摇杆机构，其曲柄 AB 在转动一周的过程中，有两次与连杆 BC 共线（如图中的虚线部分）。在这两个位置，铰链中心 A 与 C 之间的距离 AC_1 和 AC_2 分别为最短和最长，因而摇杆 CD 的位置 C_1D 和 C_2D 分别为两个极限位置。摇杆在两极限位置间的夹角 ψ 称为摇杆的摆角。

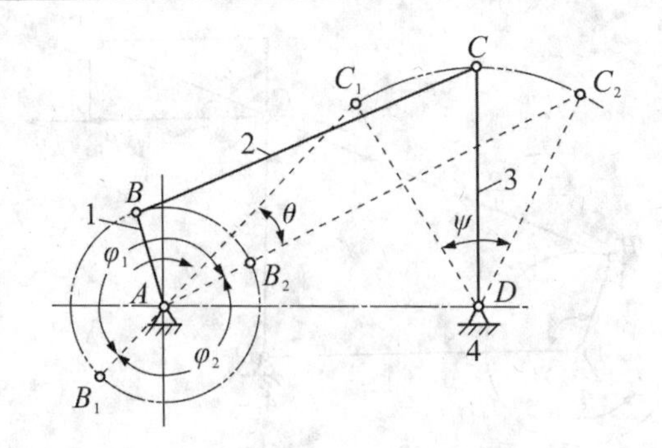

图 2－33 曲柄摇杆机构的急回特性分析

当曲柄由位置 AB_1 顺时针转到位置 AB_2 时，曲柄转角 $\varphi_1 = 180 + \theta$，这时摇杆由极限位置 C_1D 摆到极限位置 C_2D，摇杆摆角为 ψ；而当曲柄顺时针再转过角度 $\varphi_2 = 180 - \theta$ 时，摇杆由位置 C_2D 摆回到位置 C_1D，其摆角仍然是 ψ。虽然摇杆来回摆动的摆角相同，但对应的曲柄转角却不等($\varphi_1 > \varphi_2$)；当曲柄匀速转动时，对应的时间也不等($t_1 > t_2$)，这反映了摇杆往复摆动的快慢不同。令摇杆自 C_1D 摆至 C_2D 为工作行程，这时铰链 C 的平均速度是 $v_1 = \overset{\frown}{C_1C_2}/t_1$；摆杆自 C_2D 摆回至 C_1D 为空回行程，这时 C 点的平均速度是 $v_2 = \overset{\frown}{C_1C_2}/t_2$，$v_1 < v_2$，表明摇杆具有急回运动的特性。牛头刨床、往复式运输机等机械利用这种急回特性来缩短非生产时间，提高生产率。

急回运动特性可用行程速比系数 K 表示，即

$$K = \frac{180° + \theta}{180° - \theta} \tag{2-3}$$

式中，θ 为摇杆处于两极限位置时，对应的曲柄所夹的锐角，称为极位夹角。将式(2－3)整理后，可得极位夹角的计算公式：

$$\theta = 180°\frac{K-1}{K+1} \tag{2-4}$$

由以上分析可知：极位夹角 θ 越大，K 值越大，急回运动的性质也越显著，但机构运动的平稳性也越差。因此在设计时，应根据其工作要求，恰当地选择 K 值，在一般机械中 $1 < K < 2$。

2. 压力角和传动角

在生产实际中往往要求连杆机构不仅能实现预期的运动规律，而且希望运转轻便、效率高。图 2－34 所示的曲柄摇杆机构，如不计各杆质量和运动副中的摩擦，则连杆 BC 为二力杆，它作用于从动摇杆 3 上的力 P 沿 BC 方向。作用力 P 与 C 点的速度 v_c 之间所夹的锐角 α 称为压力角。由图可见，作用力 P 在 v_c 方向的有效分力为 $P_t = P\cos\alpha$，由于 P_t 与 v_c 平行，它可使从动件产生有效的回转力矩，显然 P_t 越大越好。而 P 在垂直于 v_c 方向的分力 $P_n = P\sin\alpha$ 则为无效分力，它不仅无助于从动件的转动，而且增加从动件转动时的摩擦阻力矩，因此，希望 P_n 越小越好。

由此可知，压力角 α 越小，机构的传力性能越好，理想情况是 $\alpha = 0$，所以压力角是反映机构传力效果好坏的一个重要参数。一般设计机构时都必须注意控制最大压力角不超过许用值。

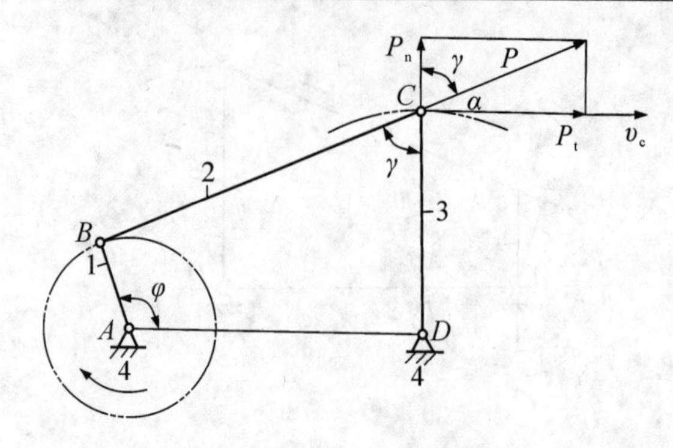

图 2－34　压力角与传动角

在实际应用中，为度量方便起见，常用压力角的余角 γ 来衡量机构传力性能的好坏，γ 称为传力角。显然 γ 值越大越好，理想情况是 $\gamma=90°$。

由于机构在运动中，压力角和传动角的大小随机构的不同位置而变化，γ 角越大，则 α 越小，机构的传动性能越好，反之，传动性能越差。

3. 死点位置

对于图 2－33 所示的曲柄摇杆机构，工作中，如以摇杆 3 为原动件，而曲柄 1 为从动件，当曲柄 AB 与连杆 CD 共线时，这时连杆作用于曲柄的作用力将通过铰链中心 A，即机构处于压力角 $\alpha=90°$（传力角 $\gamma=0$）的位置，此力对 A 点不产生力矩，因此不能使曲柄转动。机构的这种位置称为死点位置。

死点位置会使机构的从动件出现卡死或运动不确定的现象。出现死点对传动机构来说是一种缺陷，这种缺陷可以利用回转机构的惯性或添加辅助机构来克服。如家用缝纫机的脚踏机构，当出现死点位置时，踏板无法驱动缝纫机转动，一般利用皮带轮的惯性作用使机构能通过死点位置。

但在工程实践中，有时也常常利用机构的死点位置来实现一定的工作要求，如图 2－35a 所示的工件夹紧装置。当工件需要被夹紧时，就利用连杆 BC 与曲柄 CD 形成的死点位置，这时工件对机构产生的力不能驱动杆 3 转动，因此，工件处于被夹紧状态。当施加主动外力 F 时，曲柄与连杆不再共线，工件被放松。

如图 2－35b 所示的飞机起落架，当机构处于死点位置时，飞机着地时轮子不论受多大的力，起落架都不会收回，从而保证飞机的安全着陆。

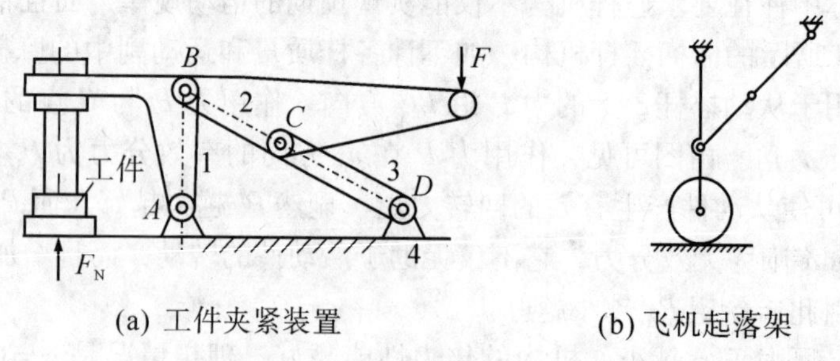

(a) 工件夹紧装置　　(b) 飞机起落架

图 2－35　利用死点夹紧工件的夹具

2.3.4 平面四杆机构的简单设计

平面四杆机构的设计是指根据工作要求选定机构的型式，根据给定的运动要求确定机构的几何尺寸。其设计方法有作图法、解析法和实验法，常用的作图法比较直观。下面通过一个例子来说明平面机构的设计方法。

如图2-36所示，设已知连杆长度为 b 和它的三个位置 B_1C_1、B_2C_2、B_3C_3，试设计该铰链四杆机构。

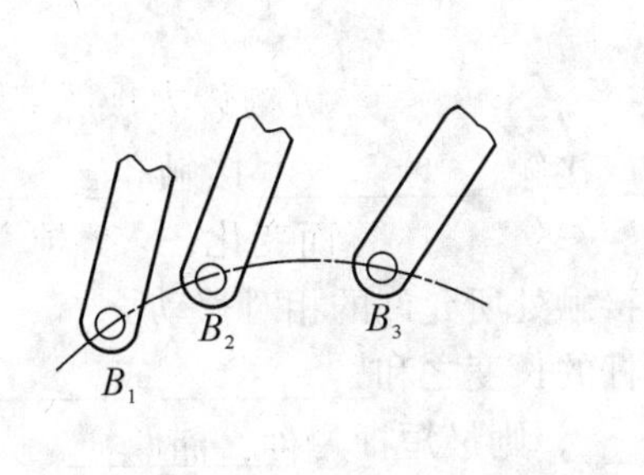

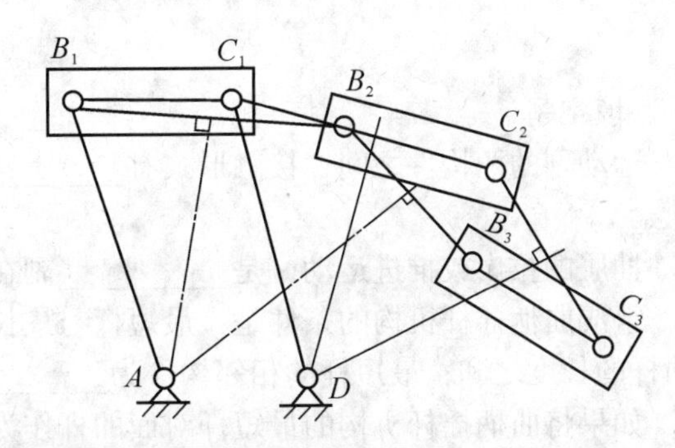

图2-36 按给定位置设计铰链四杆机构

由于在铰链四杆机构中，两个连架杆 AB 和 CD 分别绕两个固定铰链 A 和 D 转动，所以连杆上点 B 的三个位置 B_1、B_2、B_3 应位于同一圆周上，其圆心位于连架杆的固定铰链 A 的位置。因此，分别连接 B_1、B_2 及 B_2、B_3，并作两连线各自的中垂线，其交点即为固定铰链 A。同理，可求得连架杆 CD 的固定铰链 D。连线 AD 即为机架的长度。这样，构件 AB、BC、CD、DA 即组成所要求的铰链四杆机构。

如果只给定连杆的两个位置，则点 A 和点 D 可分别在 B_1B_2 和 C_1C_2 各自的中垂线上任意选择，因此，有无穷多解。为了得到确定的解，可根据具体情况添加辅助条件。

本章学习要点

1. 两构件之间直接接触并能作相对运动的可动联接称为运动副。运动副划分如下：

$$\text{运动副}\begin{cases}\text{低副(面接触)}\begin{cases}\text{回转副}\\\text{移动副}\end{cases}\\\text{高副(点或线接触)}\end{cases}$$

2. 机构运动简图：为了突出和运动有关的因素，保留与运动有关的外形，用规定的符号来代表构件和运动副。

3. 计算平面机构自由度的公式：$F=3n-2P_L-P_H$。

4. 机构具有确定运动的条件是：机构自由度必须大于零，且原动件数与其自由度必须相等。

5. 在计算平面机构自由度时，必须考虑是否存在复合铰链，并应将局部自由度和虚约束除去不计，才能得到正确的结果。

6. 平面连杆机构的基本形式为平面铰链四杆机构，它有曲柄摇杆机构、双曲柄机构和双摇杆机构三种形式。平面铰链四杆机构的类型取决于组成机构的各杆长关系和对机架的选择。将平面铰链四杆机构中的一个或两个转动副演化为移动副，就演变出新的平面连杆机构如曲柄滑块机构、导杆机构、摆块机构和定块机构等。

习　题

一、填空题

1. 运动副的两构件之间，接触形式有________接触、________接触和________接触。

2. 抽屉的拉出或推进运动，是________副在接触处所允许的相对移动。

3. 组成曲柄摇杆机构的条件是：最短杆与最长杆的长度之和________或________其他两杆的长度之和；最短杆的相邻构件为________，则最短杆为________。

4. 如果将曲柄摇杆机构的最短杆对面的杆作为机架，则机构就变成________机构。

二、判断题

1. 构件与构件之间直接接触且具有一定相对运动的可动连接称为运动副。（　）

2. 低副的主要特征是两个构件以点、线的形式相接触。（　）

3. 转动副限制了构件的转动自由度。（　）

4. 固定构件(机构)是机构不可缺少的组成部分。（　）

5. 4个构件在一处铰接，则构成4个转动副。（　）

6. 机构的运动不确定，就是指机构不能具有相对运动。（　）

7. 在同一个机构中，计算自由度时机架只有一个。（　）

8. 机构具有确定相对运动的条件是机构的自由度大于零。（　）

9. 在一个具有确定运动的机构中原动件只能有一个。（　）

10. 铰链四杆机构中能作整周转动的构件称为曲柄。（　）

11. 根据铰链四杆机构各杆的长度，即可判断其类型。（　）

12. 双曲柄机构中用与机架相对的构件作为机架后，一定成为双摇杆机构。（　）

13. 双摇杆机构中用与机架相对的构件作为机架后，一定成为双曲柄机构。（　）

14. 铰链四杆机构中，传动角越大，机构的传动性能越好。（　）

15. 曲柄摇杆机构中，摇杆的极限位置出现在曲柄与机架共线处。（　）

16. 对心曲柄滑块机构没有急回特性。（　）

17. 在铰链四杆机构，若最短杆与最长杆长度之和小于或等于其他两杆长度之和，且最短杆为连架杆时，则机构中只有一个曲柄。（　）

18. 曲柄摇杆机构中，当曲柄为主动件时，曲柄和连杆两次共线时所夹的锐角称为极位夹角。（　）

19. 曲柄摇杆机构中，当摇杆为主动件时，曲柄和连杆共线时，机构出现死点位置。（ ）

20. 曲柄摇杆机构运动时，无论何构件为主动件，一定有急回特性。（ ）

三、选择题

1. 两构件组成运动副的必备条件是____。
   A. 直接接触且有相对运动
   B. 直接接触且无相对运动
   C. 不接触但有相对运动

2. 两构件的接触形式是面接触，其运动副类型是____。
   A. 凸轮副　　B. 低副　　C. 齿轮副

3. 计算自由度时，对于虚约束应该如何处理？
   A. 除去不算　　B. 考虑在内　　C. 除去与否都行

4. 一般门与门框之间有两至三个铰链，这应为____。
   A. 复合铰链　　B. 局部铰链　　C. 虚约束

5. 机构中引入虚约束后，可使机构____。
   A. 不能运动　　B. 增加运动的刚性　　C. 对运动无所谓

6. 当机构中原动件数目____机构自由度数目时，该机构具有确定的相对运动。
   A. 小于　　B. 大于　　C. 等于

7. 在曲柄摇杆机构中，能够作整周转动的连架杆称为____。
   A. 曲柄　　B. 连杆　　C. 机架

8. 能够把整周转动变成往复摆动的铰链四杆机构是____机构。
   A. 双曲柄　　B. 双摇杆　　C. 曲柄摇杆

9. 在满足杆长条件的双摇杆机构中，最短杆应是____。
   A. 连架杆　　B. 连杆　　C. 机架

10. 曲柄滑块机构有死点存在时，其主动件为____。
    A. 曲柄　　B. 滑块　　C. 曲柄与滑块均可

11. 在曲柄滑块机构中，如果取曲柄为机架，则变成____机构。
    A. 导杆　　B. 摇块　　C. 定块

12. 在曲柄滑块机构中，如果取滑块为机架，则变成____机构。
    A. 导杆　　B. 摇块　　C. 定块

13. 在曲柄滑块机构中，如果取连杆为机架，则变成____机构。
    A. 导杆　　B. 摇块　　C. 定块

14. 四杆机构处于死点时，其传动角 γ 为____。
    A. $0°$　　B. $90°$　　C. $0° < \gamma < 90°$

15. 杆长不等的铰链四杆机构，若以最短杆为机架，则是____。
    A. 双曲柄机构　　B. 双摇杆机构
    C. 双曲柄机构或双摇杆机构

16. 铰链四杆机构 *ABCD* 各杆的长度分别为 $L_{AB}=40\text{mm}$，$L_{BC}=90\text{mm}$，$L_{CD}=55\text{mm}$，$L_{AD}=100\text{mm}$。若取 L_{AB} 杆为机架，则该机构为____。

A. 双摇杆机构　　B. 双曲柄机构　　C. 曲柄摇杆机构

17. 已知对心曲柄滑块机构的曲柄长 $L_{AB}=200\text{mm}$，则该机构的行程 H 为____。

A. $H=200\text{mm}$　　B. $H=400\text{mm}$　　C. $200\text{mm}\leqslant H\leqslant 400\text{mm}$

18. 曲柄摇杆机构中，摇杆的极限位置出现在____位置。

A. 曲柄与连杆共线　　B. 曲柄与摇杆共线　　C. 曲柄与机架共线

19. 在以摇杆为主动件的曲柄摇杆机构中，死点出现在____位置。　（　　）

A. 曲柄与摇杆共线　　B. 曲柄与连杆共线　　C. 曲柄与机架共线

20. 能把转动运动转换成往复直线运动，也可以把往复直线运动转换成转动运动的机构有____。

A. 曲柄摇杆机构　　B. 双曲柄机构　　C. 曲柄滑块机构

四、计算题

1. 判断图 2－37 所示机构属于哪种类型的机构，为什么？如果将机架的尺寸由 70 改为 80，分别属于什么机构？

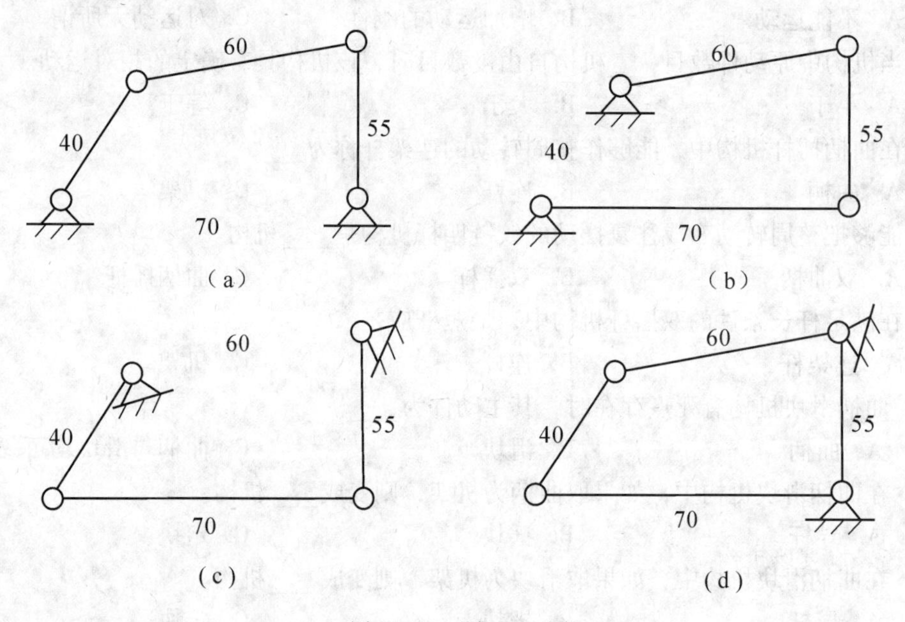

图 2－37　题四－1 图

2. 指出图 2－38 中运动机构的复合铰链、局部自由度和虚约束，计算这些机构自由度。

3. 图 2－39 所示的四杆机构中，各杆长度为 $a=25\text{mm}$，$b=90\text{mm}$，$c=75\text{mm}$，$d=100\text{mm}$，请回答：

① 若杆 *AB* 是机构的主动件，*AD* 为机架，机构是什么类型的机构？

② 若杆 *BC* 是机构的主动件，*AB* 为机架，机构是什么类型的机构？

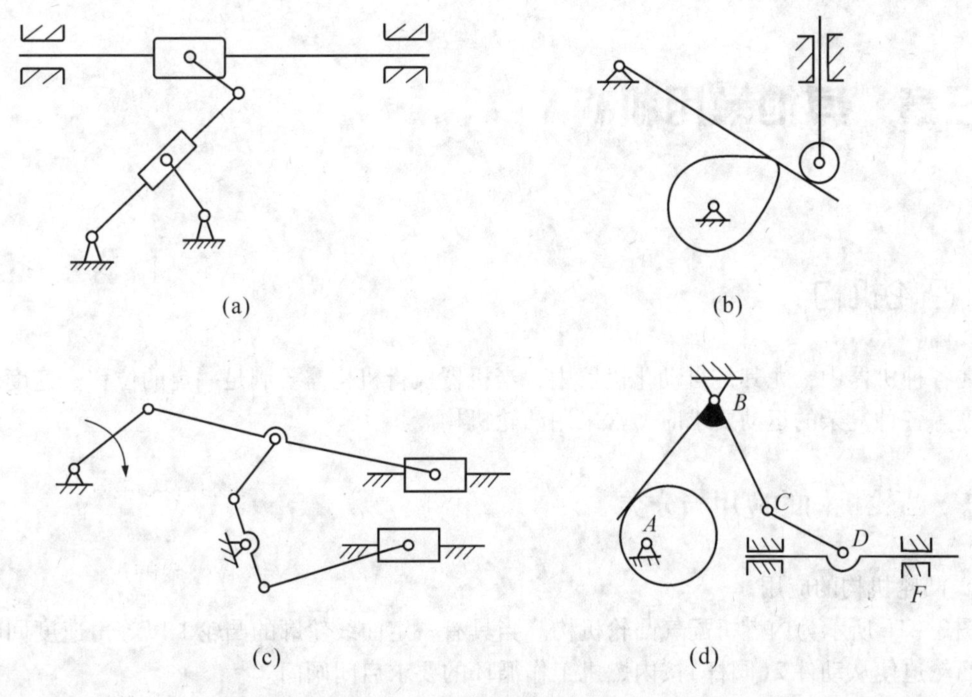

图 2-38　题四-2 图

③ 若杆 BC 是机构的主动件，CD 为机架，机构是什么类型的机构？

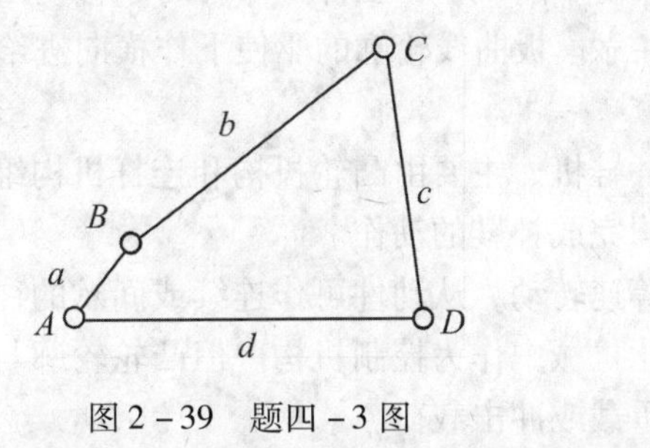

图 2-39　题四-3 图

4. 已知一偏置曲柄滑块机构，滑块的行程 $S=120$ mm，偏距 $e=10$ mm，行程速比系数 $K=1.4$，设计该机构。

第三章 其他常用机构

3.1 凸轮机构

在各种机器中，尤其是自动化机器中，当机器执行机构需要满足一定的位移、速度和加速度等各种复杂的运动要求时，常采用凸轮机构。

3.1.1 凸轮机构的应用与分类

1. 凸轮机构的应用

图 3 - 1a 所示为内燃机配气凸轮机构。当具有一定曲线轮廓的凸轮 1 以等角速度回转时，凸轮迫使从动件 2(阀杆)按内燃机工作循环的要求启闭阀门。

图 3 - 1b 所示为自动机床上控制刀架运动的凸轮机构。当圆柱凸轮 2 回转时，凸轮凹槽侧面迫使杆 1 运动，以驱动刀架运动。凹槽的形状将决定刀架的运动规律。

图 3 - 1c 所示为靠模车削机构，工件 1 回转时，移动凸轮 2(靠模板)在车床上相对固定，从动件 3(刀架)在靠模板曲线轮廓的驱使下作横向进给，从而切削出与靠模板曲线轮廓一致的工件。

图 3 - 1d 所示为补鞋机，主要由凸轮机构和连杆机构组成。转动手柄时，凸轮机构工作，带动各种连杆机构完成补鞋的动作。

凸轮一般作连续等速转动，从动件可作连续或间歇的往复运动或摆动。凸轮机构广泛用于自动化和半自动化机械中作为控制机构。但凸轮轮廓与从动件间为点、线接触，容易磨损，所以不宜承受重载或冲击载荷。

2. 凸轮机构的分类

凸轮机构的类型很多，通常按凸轮和从动件的形状、运动形式分类。

(1)按凸轮的形状分类

① 盘状凸轮机构。它是凸轮的最基本型式，这种凸轮是一个绕固定轴转动并且具有变化半径的盘形零件，如图 3 - 2a 所示。

② 移动凸轮机构。当盘状凸轮的回转中心趋于无穷远时，凸轮相对机架作直线运动，这种凸轮称为移动凸轮，如图 3 - 2b 所示。

③ 圆柱凸轮机构。将移动凸轮卷成圆柱体即成为圆柱凸轮，如图 3 - 2c 所示。

(2)按从动件形状分类

① 尖顶从动件凸轮机构。如图 3 - 3a 所示，尖顶能与任意复杂的凸轮轮廓保持接触，因而能实现任意预期的运动规律。但因为尖顶磨损快，所以只宜用于受力不大的低速凸轮

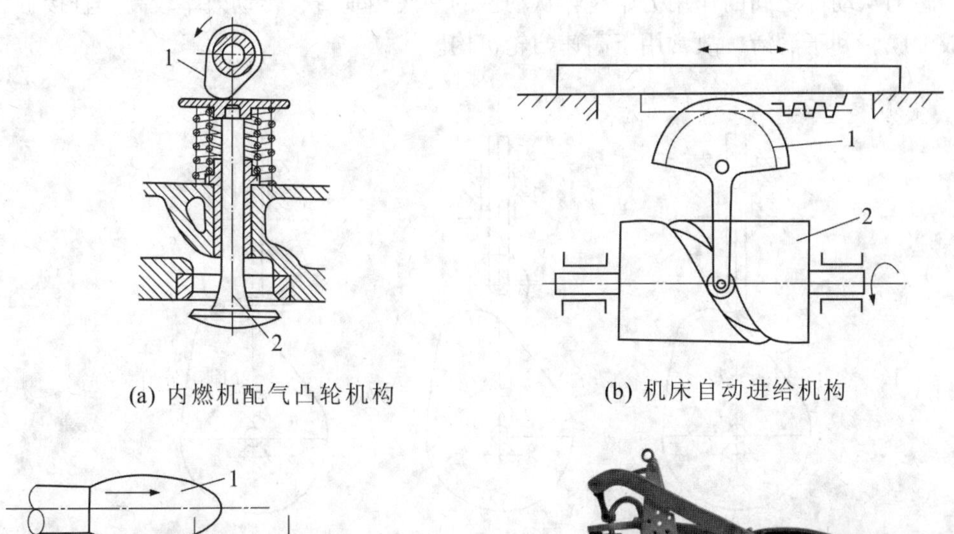

(a) 内燃机配气凸轮机构　　(b) 机床自动进给机构

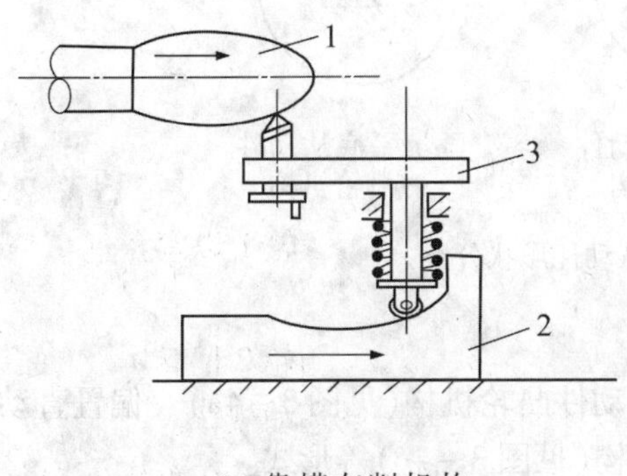

(c) 靠模车削机构

(d) 补鞋机

图 3－1　凸轮机构

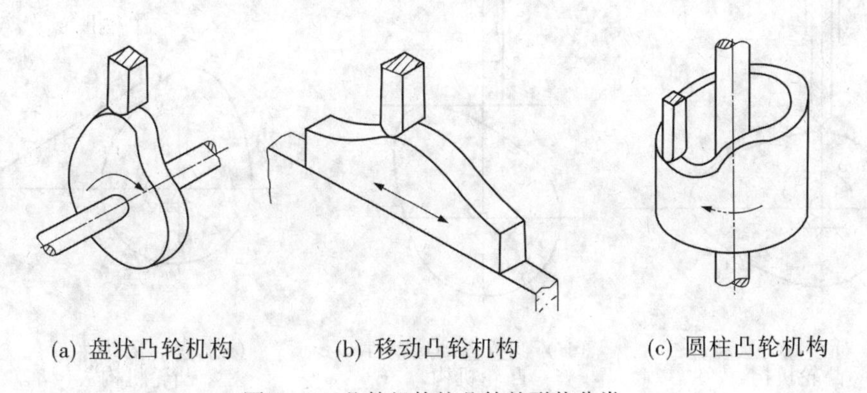

(a) 盘状凸轮机构　　(b) 移动凸轮机构　　(c) 圆柱凸轮机构

图 3－2　凸轮机构按凸轮的形状分类

机构中。

② 滚子从动件凸轮机构。如图 3－3b 所示，在从动件的尖顶处安装一个滚子从动件，可以克服尖顶从动件易磨损的缺点。

③ 平底从动件凸轮机构。如图 3－3c 所示，这种从动件与凸轮轮廓表面接触的端面为一平面，所以它不能与凹陷的凸轮轮廓相接触。这种从动件的优点是：当不考虑摩擦

时，凸轮与从动件之间的作用力始终与从动件的平底相垂直，传动效率较高，且接触面易于形成油膜，利于润滑，故常用于高速凸轮机构。

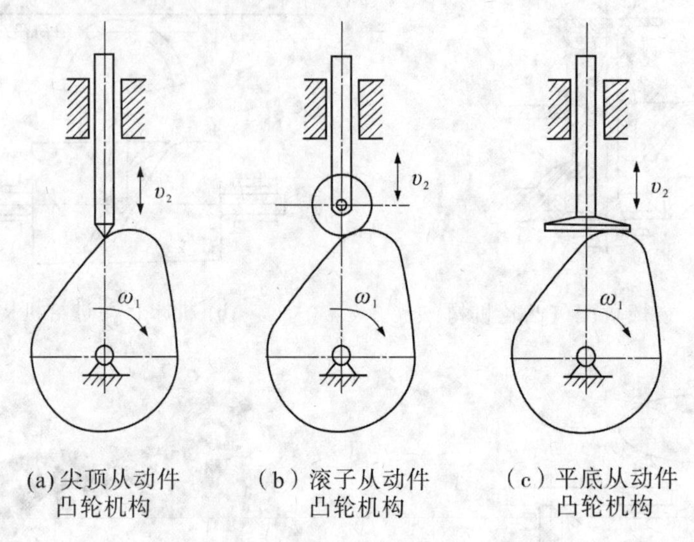

(a) 尖顶从动件凸轮机构　（b）滚子从动件凸轮机构　（c）平底从动件凸轮机构

图 3－3　凸轮机构按从动件形状分类

（3）按从动件运动形式分类

凸轮机构按从动件运动形式可分对心直动从动件凸轮机构（见图 3－4a）、偏置直动从动件凸轮机构（见图 3－4b）和摆动从动件凸轮机构（见图 3－4c）等形式。

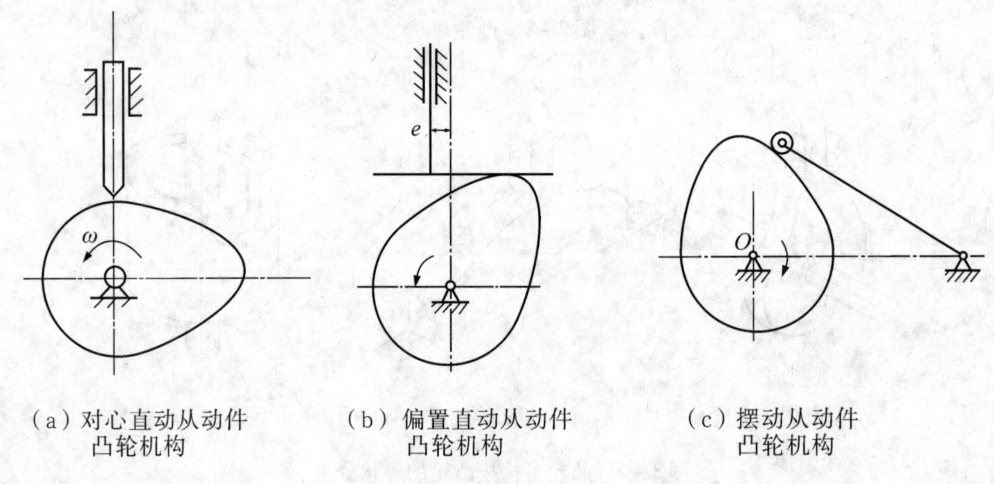

（a）对心直动从动件凸轮机构　（b）偏置直动从动件凸轮机构　（c）摆动从动件凸轮机构

图 3－4　凸轮机构按从动件运动形式分类

凸轮机构中，通常采用重力、弹簧力使从动件端部与凸轮始终相接触。

3.1.2 凸轮机构工作过程及运动规律

1. 凸轮机构的工作过程

如图 3－5a 为典型的对心直动尖顶从动件盘状凸轮机构。凸轮轮廓上任一点到凸轮回转中心的距离称为凸轮轮廓上该点的向径。

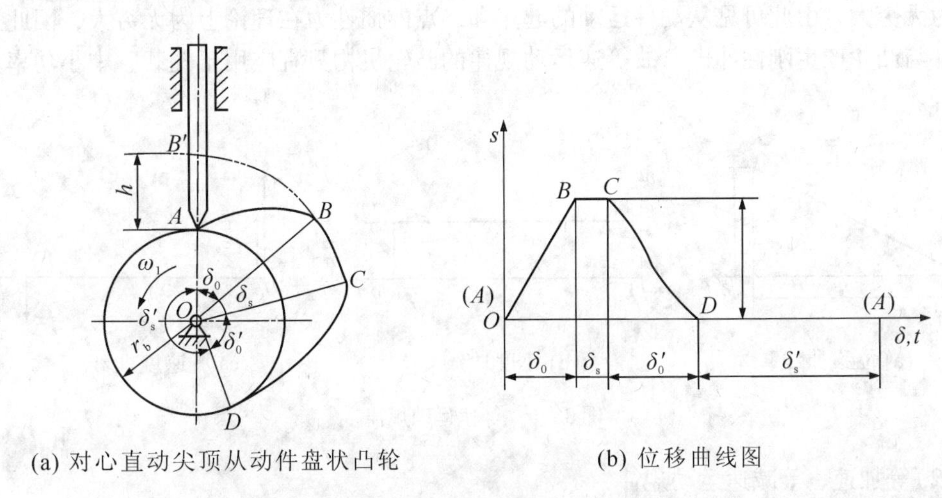

(a) 对心直动尖顶从动件盘状凸轮　　(b) 位移曲线图

图 3－5　凸轮机构的工作过程

以凸轮轴心 O 为圆心，以凸轮的最小向径为半径所作的圆称为基圆，基圆半径用 r_b 表示。通常取基圆与轮廓的交点 A 为起始点。由于此时轮廓向径最小，从动件位于离凸轮轴心最近的位置。当凸轮逆时针旋转时凸轮 AB 段轮廓向径逐渐增大，从动件从 A 点开始上升，故称 A 点为初始位置。凸轮转过 δ_0，从动件由 A 点即最低点上升至最高点 B 点。该运动过程称为推程，在推程过程中，从动件位移的距离 h 称为行程，对应的凸轮转角 δ_0 称为推程运动角。

凸轮继续转动时，凸轮 BC 段轮廓与从动件接触，由于 BC 段为以 O 为圆心的圆弧，轮廓向径不变，所以从动件停在最远处不动，此时凸轮转过的角度 δ_s 称为远休止角。当凸轮再继续转动时，从动件从最远位置回到最近位置，这段行程称为回程，对应的凸轮转角 δ_0'称为回程运动角。当凸轮继续回转时，从动件与凸轮接触的 DA 段轮廓是基圆上的一段圆弧，因此从动件在最近位置停留不动，此时凸轮转过的角度 δ_s' 称为近休止角。凸轮连续运动时，则从动件重复进行“升—停—降—停”的循环过程。

这是一种典型的凸轮机构的运动过程，实际应用中凸轮机构可以根据需要而设计，并不一定要有远休止角或近休止角。

凸轮轮廓上任一点与从动件接触时，凸轮相应转角 δ 与从动件位移 s 间一一对应，这种对应关系可用位移曲线图来表示，如图 3－5b 所示。从动件的位移等于从动件与凸轮轮廓接触点到基圆上的向径长，因此，凸轮的轮廓形状决定了从动件的位移曲线；反之，若已知从动件的位移曲线图，即可根据曲线图设计凸轮的轮廓。

2. 常用运动规律

从动件的位移、速度和加速度随时间 t（或凸轮转角 δ）的变化规律，称为从动件的运动规律。从动件的运动规律很多，常见的运动规律有以下几种。

(1) 等速运动规律

凸轮角速度 ω_1 为常数时，从动件速度 v 不变，称为等速运动规律。图 3-6 为等速运动规律的位移、速度、加速度线图。由加速度线图可知，从动件在起点和终点瞬时的加速度 a 为无穷大，由此可见从动件运动的起点和终点的惯性力在理论上为无穷大，因此造成从动件与凸轮产生刚性冲击，故等速运动规律的凸轮机构只宜应用于轻载、中小功率和低速场合。

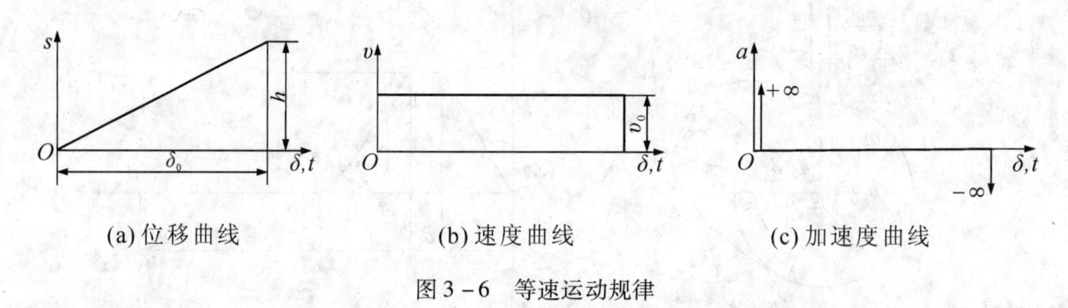

(a) 位移曲线　(b) 速度曲线　(c) 加速度曲线

图 3-6　等速运动规律

(2) 等加速、等减速运动规律

图 3-7 为等加速、等减速运动规律。从动件在推程或回程的前半程采用等加速运动规律，后半程采用等减速运动规律，通常前半程和后半程的位移、速度和加速度绝对值相等。

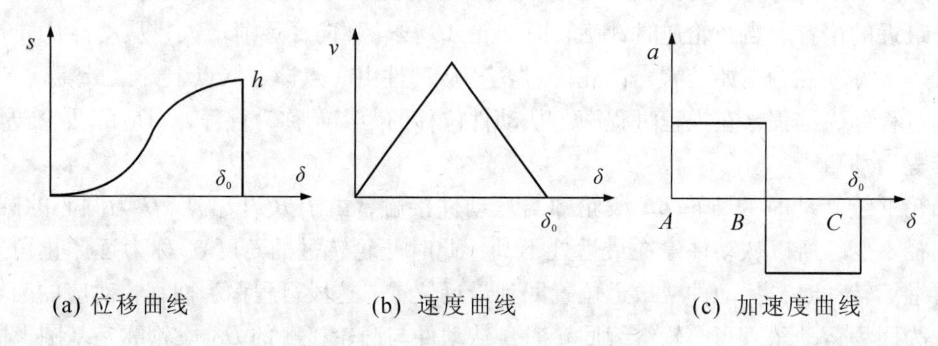

(a) 位移曲线　(b) 速度曲线　(c) 加速度曲线

图 3-7　等加速等减速运动规律

根据加速度曲线可知，等加速、等减速运动规律在运动起点 A、终点 B、终点 C 的加速度突变为有限值 $\left(a=\dfrac{4h\omega^2}{\delta_0^2}\right)$，导杆与凸轮之间会造成一定的冲击，称为柔性冲击，用于中速场合。

3.1.3 凸轮设计

3.1.3.1 盘状凸轮的轮廓设计

根据工作条件要求，选定了凸轮机构的型式、凸轮转向、凸轮的基圆半径和从动件的运动规律后，就可以进行凸轮轮廓曲线的设计。凸轮轮廓曲线的设计有图解法和解析法。图解法简便易行、直观，但精确度低。下面就图解法说明凸轮轮廓的设计方法。

图3－8所示为一对心直动尖顶从动件盘状凸轮机构。设凸轮的轮廓曲线已按预定的从动件运动规律设计。当凸轮以角速度 ω 绕轴 O 转动时，从动件的尖顶沿凸轮轮廓曲线相对其导路按预定的运动规律移动。现设想给整个凸轮机构加上一个公共角速度 $-\omega$，此时凸轮将不动。根据相对运动原理，凸轮和从动件之间的相对运动并未改变。这样从动件一方面随导路以角速度 $-\omega$ 绕轴 O 转动，另一方面又在导路中按预定的规律作往复移动。由于从动件尖顶始终与凸轮轮廓相接触，显然，从动件在这种复合运动中，其尖顶的运动轨迹即是凸轮轮廓曲线。这种以凸轮作动参考系、按相对运动原理设计凸轮轮廓曲线的方法称为反转法。

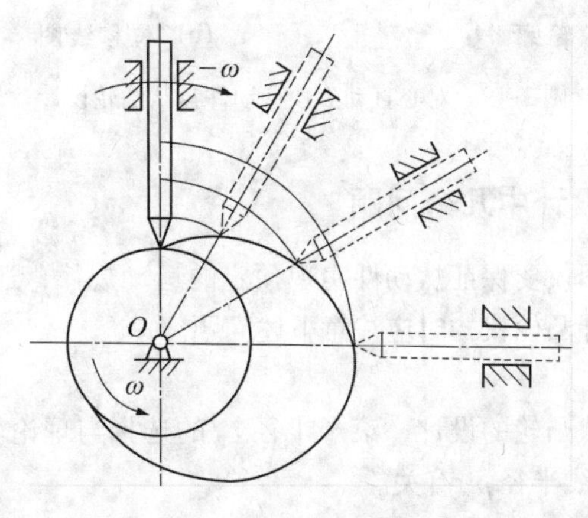

图3－8 反转法原理

【例3－1】对心直动尖顶从动件盘形凸轮轮廓的绘制。

已知从动件的位移运动规律，凸轮的基圆半径 r_b，以及凸轮以等角速度 ω 逆时针回转，要求绘出此凸轮的轮廓。

根据“反转法”的原理，可以作图如下：

(1)根据已知从动件的运动规律作出从动件的位移线图(图3－9b)，并将横坐标用若干点等分分段。

(2)以 r_b 为半径作基圆。此基圆与导路的交点 A 便是从动件尖顶的起始位置。

(3)自 OA 沿 ω 的相反方向取角度120°、60°、90°、90°，并将它们各分成与图3－9b对应的若干等份，得点1，2，3，…，连接11′，22′，33′，…，它们便是反转后从动件导路的各个位置。

(4)再分别沿射线 $O1$、$O2$、$O3$ 自基圆向外量取各个位移量，即取 $11''=11'$，$22''=22'$，$33''=33'$，…得反转后尖顶的一系列位置 $1''$，$2''$，$3''$，…

(5)将 A、$1''$，$2''$，$3''$，…连成光滑的曲线，便得到所要求的凸轮轮廓，如图 3－9a 所示。

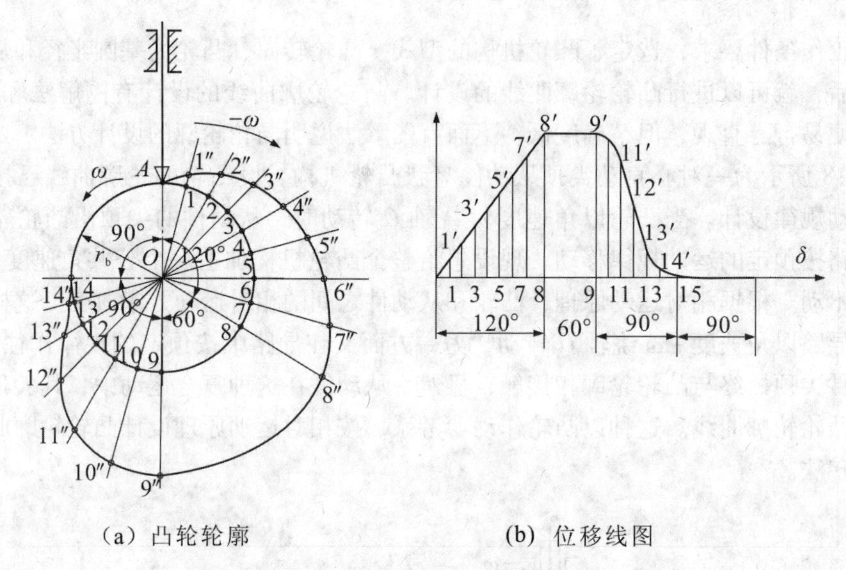

（a）凸轮轮廓　　（b）位移线图

图 3－9　对心直动尖顶从动件盘状凸轮设计

3.1.3.2　凸轮机构设计中几个问题

设计凸轮机构时，不仅要保证从动件实现预定的运动规律，还要求传动时受力良好、结构紧凑，因此，在设计凸轮机构时应注意下述问题。

1. 滚子半径的选择

对于滚子从动件盘状凸轮的设计，滚子半径 r_T 的选择与理论轮廓上最小曲率半径为 ρ_{min} 和对应的实际轮廓曲线半径 ρ_a 有关。

(1)凸轮理论轮廓的内凹部分

由图 3－10 可得：$\rho_a=\rho_{min}+r_T$，可知实际轮廓曲率半径总大于理论轮廓曲率半径。因而，不论选择多大的滚子，都能做出实际轮廓。

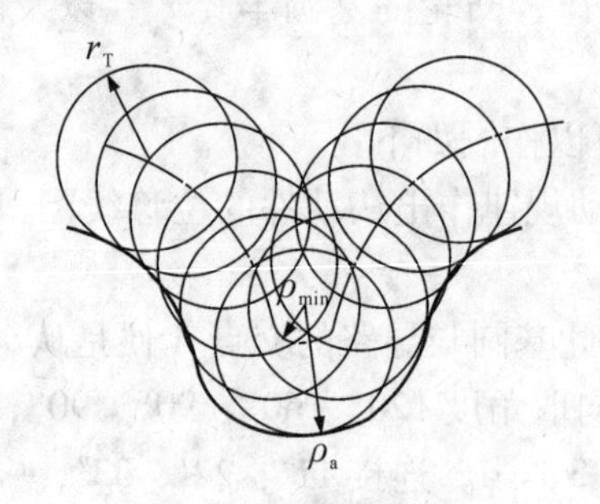

图 3－10　内凹凸轮

(2)凸轮理论轮廓的外凸部分

由图 3－11 可得：$\rho_a=\rho_{min}-r_T$

① 当$\rho_{min}>r_T$时，$\rho_a>0$，如图 3－11a 所示，实际轮廓为一平滑曲线。

② 当$\rho_{min}=r_T$时，$\rho_a=0$，如图 3－11b 所示，在凸轮实际轮廓曲线上产生了尖点，这种尖点极易磨损，磨损后就会改变从动件预定的运动规律。

③ 当$\rho_{min}<r_T$时，$\rho_a<0$，如图 3－11c 所示，这时实际轮廓曲线发生相交，图中阴影部分的轮廓曲线在实际加工时被切去，使这一部分运动规律无法实现。这种现象叫“运动失真”。

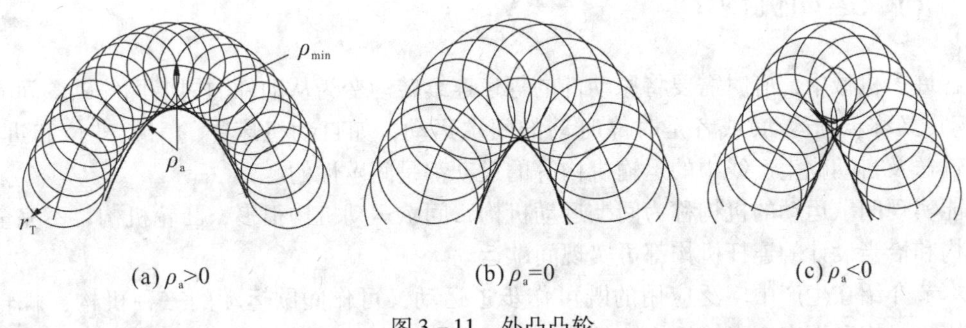

(a) $\rho_a>0$　　(b) $\rho_a=0$　　(c) $\rho_a<0$

图 3－11　外凸凸轮

为了使凸轮轮廓在任何位置既不变尖也不失真，滚子半径必须小于理论轮廓外凸部分的最小曲率半径ρ_{min}。如果ρ_{min}过小，按上述条件选择的滚子半径太小而不能满足安装和强度要求时，就应当把凸轮基圆尺寸加大，重新设计凸轮轮廓曲线。

2. 凸轮机构的压力角

凸轮机构也和连杆机构一样，从动件运动方向和接触轮廓法线方向之间所夹的锐角称为压力角。

如图 3－12 所示为尖顶直动从动件凸轮机构。当不考虑摩擦时，凸轮给予从动件的力 F 是沿法线方向的，从动件运动方向与力 F 方向之间的夹角 α 即为压力角。将 F 力分解为沿从动件运动方向的有效分力 F_t 和使从动件压紧导路的有害分力 F_n。

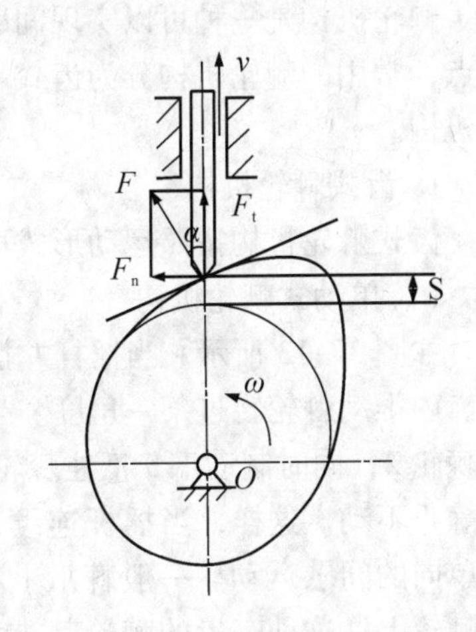

图 3－12　凸轮机构的压力角

当驱动从动件的有效分力 F_t 一定时，压力角 α 越大，则有害分力 F_n 就越大，机构的效率就越低。当 α 增大到一定程度，以致 F_n 所引起的摩擦阻力大于有用分力 F_t 时，无论凸轮加给从动件的作用力有多大，从动件都不能运动，这种现象称为自锁。从改善受力情况、提高效率、避免自锁的角度考虑，压力角越小越好。

但如果从凸轮机构的结构方面考虑，给定从动件运动规律，则 ω、v、s 均为已知，当压力角愈大时，则其基圆直径愈小，相应机构尺寸也愈小。因此，从机构尺寸紧凑的观点看，其压力角愈大愈好。

综上所述，在一般情况下，既要求凸轮有较高效率、受力情况良好，又要求其机构尺寸紧凑，因此，压力角不能过大，也不能过小。

3. 基圆半径的确定

以上所述，在设计凸轮机构时，凸轮的基圆半径取得越小，所设计的机构越紧凑。但是，必须指出，基圆半径过小会引起压力角增大，致使机构工作情况变坏。

显然，在其他条件不变的情况下，基圆半径越小，压力角 α 越大。基圆半径过小，压力角会超过许用值而使机构效率太低甚至发生自锁。因此实际设计中，只能在保证凸轮轮廓的最大压力角不超过许用值的前提下，考虑缩小凸轮的尺寸。

3.2 间歇运动机构

在许多机械中，有时需要将原动件的等速连续转动变为从动件的周期性停歇、间隔单向运动(又称步进运动)或者是时停时动的间歇运动，如自动机床中的刀架转位和进给。成品输送及自动化生产线中的运输机构等的运动都是间歇性的。

能实现间歇运动的机构称为间歇运动机构，间歇运动机构很多，凸轮机构、不完全齿轮机构和恰当设计的连杆机构都可实现间歇运动。

本节介绍在生产中广泛应用的既可作步进运动又可作间歇运动的三种机构：棘轮机构、槽轮机构和不完全齿轮机构。

3.2.1 棘轮机构

棘轮机构是一种可以实现间歇运动的机构，主要由棘轮、棘爪和机架组成。按照结构特点，常用的棘轮机构分为齿式棘轮机构和摩擦式棘轮机构，在此仅介绍最常用的齿式棘轮机构。

1. 齿式棘轮机构

齿式棘轮机构按照运动形式可分为三类。

(1)单动式棘轮机构

如图 3 – 13 所示。当摇杆左摆时，棘爪 3 插入棘轮 2 的齿内推动棘轮转过某一角度。当摇杆右摆时，棘爪 3 滑过棘轮 2，同时制动爪 5 抵住棘轮，防止其反转，此时棘轮静止不动。这样，当摇杆连续地往复摆动时，棘轮只作单向的间歇运动。一般棘爪上有一弹簧保证棘爪紧贴在棘轮上，这种有齿的棘轮其进程的变化最少是 1 个齿距，且工作时有响声。

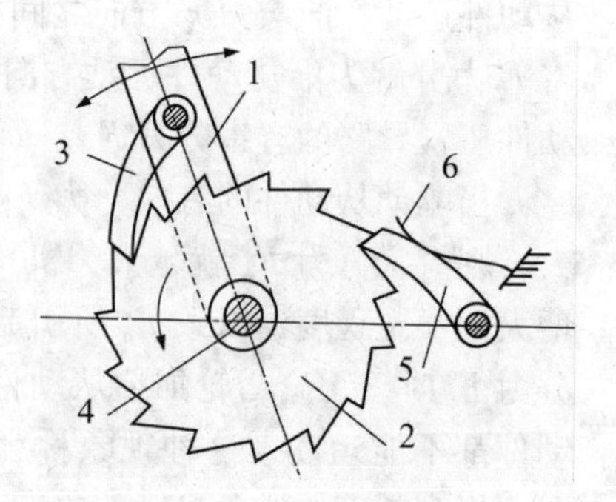

图 3 – 13　单动式棘轮机构

1—摇杆；2—棘轮；3—棘爪；4—轴；5—止回爪片；6—弹簧

(2)双动式棘轮机构

如图 3 – 14 所示，这种机构在摇杆上安装两个棘爪，原动件往复摆动都能使棘轮沿同一方向间歇转动。驱动棘爪可制成直的或带钩的形式。双动式棘轮机构可提高棘轮运行次数和缩短停歇时间，所以又称为快动棘轮机构。

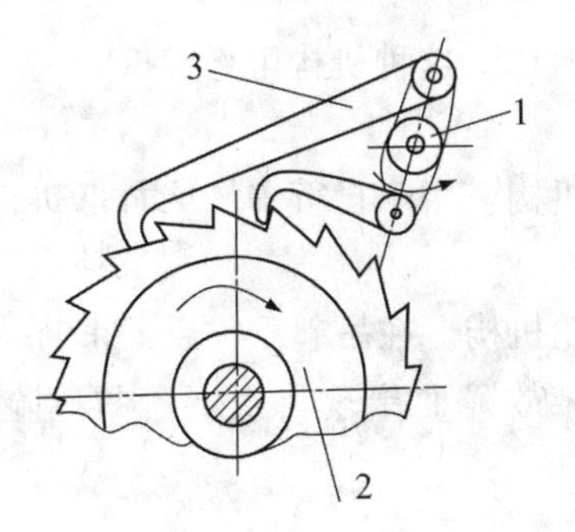

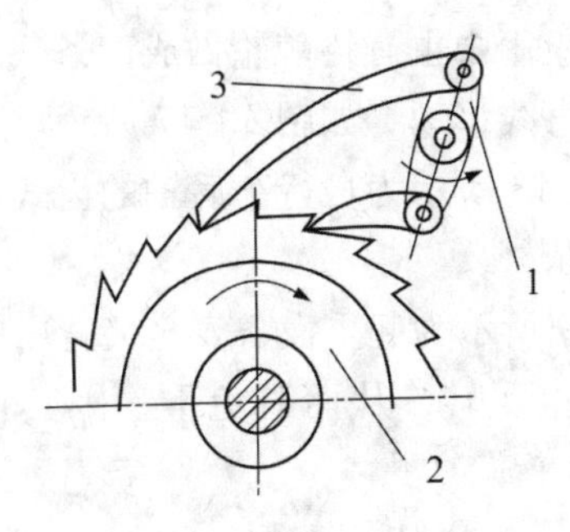

图 3－14 双动式棘轮机构

1—摇杆；2—棘轮；3—棘爪

(3) 可变向棘轮机构

上述两种齿式棘轮机构中，棘轮的转动方向是不可变的，棘齿的齿形为锯齿形。当需要棘轮做反向转动时，可采用可变向棘轮机构，该种机构的棘齿的齿形为矩形。如图 3－15 所示为牛头刨床用的可变向棘轮机构。机构中的棘爪可按需要提起并转动 180°后放下，使棘轮做反向间歇运动，从而实现牛头刨床工作台的反向步进移动。

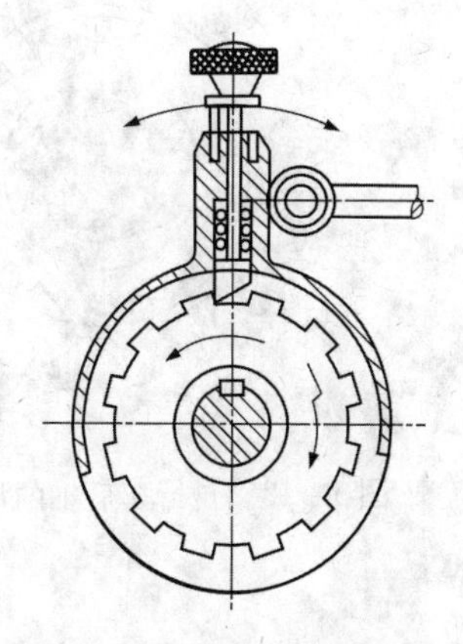

图 3－15 可变向棘轮机构

2. 棘轮机构的特点和应用

齿式棘轮机构结构简单，制造方便，动与停的时间比可通过选择合适的驱动机构实现。该机构的缺点是动程只能作有级调节，噪音、冲击和磨损较大，故不宜用于高速场合。其主要用途是间歇进给和制动等，以下是应用实例。

(1) 间歇进给

图 3－16 所示为牛头刨床工作台横向进给机构。通过可变向棘轮机构使丝杆产生间歇转动，从而带动工作台实现横向间歇进给。若改变驱动棘爪的摆角，可以调节进给量；改变驱动棘爪的位置(绕自身轴线转过 180°后固定)，可改变进给运动的方向。

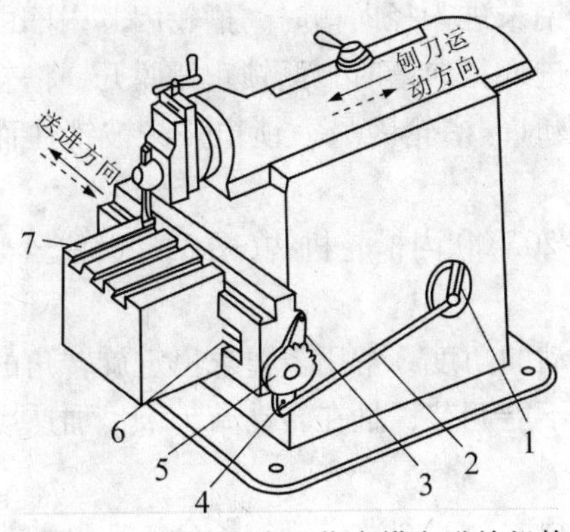

图 3－16 牛头刨床工作台横向进给机构

1—曲柄；2—连杆；3—棘爪；
4—摇杆；5—棘轮；6—丝杆；7—工作台

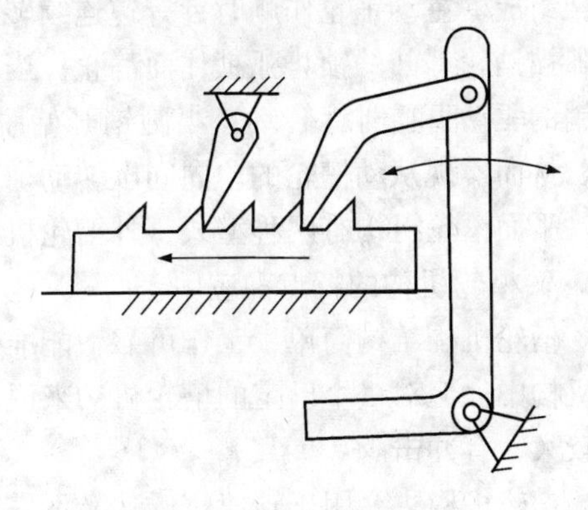

图 3－17 齿条式棘轮机构

在实际应用中也有将棘轮做成齿条式棘轮机构。这种机构可将棘爪的往复摆动转换成齿条的间歇直线移动，如图 3－17 所示。

如图 3－18 所示为自行车后轴的齿式棘轮机构，用于自行车的单向驱动。

(2)制动

图 3－19 所示为起重设备安全装置中的棘轮机构。在吊起重物后，止回棘爪 3 可以防止棘轮(卷筒)反转，从而避免重物因其他机械故障而出现自由下落的危险，起到制动作用。

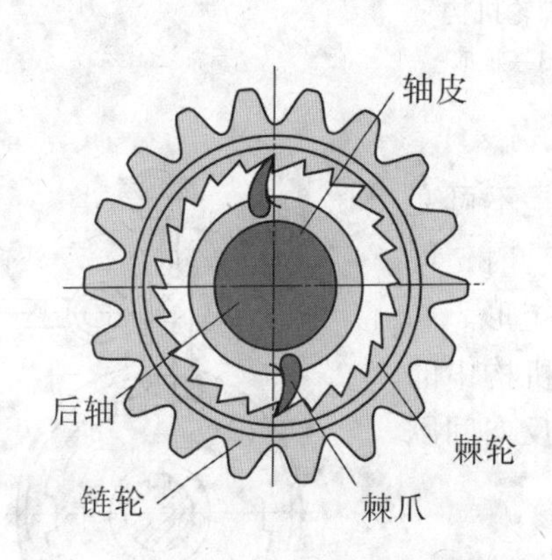

图 3－18　自行车后轴的齿式棘轮机构

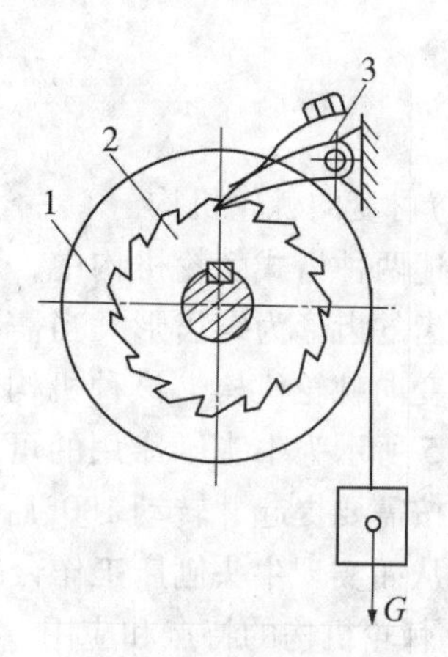

图 3－19　卷筒止回机构

1—卷筒；2—棘轮；3—止回棘爪

3.2.2　槽轮机构

1. 槽轮机构的工作原理

常用的槽轮机构如图 3－20 所示，由具有圆柱销的主动销轮、具有直槽的从动槽轮及机架组成。主动销轮作顺时针等速连续转动，当圆销未进入径向槽时，槽轮因其内凹的锁止弧被销轮外凸的锁止弧锁住而静止；当圆销开始进入径向槽时，两锁止弧脱开，槽轮在圆销的驱动下逆时针转动；当圆销开始脱离径向槽时，槽轮因另一锁止弧又被锁住而静止，从而实现从动槽轮的单向间歇转动。

平面槽轮机构有两种型式：外槽轮机构(图 3－20a)和内槽轮机构(图 3－20b)。

2. 槽轮机构的特点和应用

槽轮机构结构简单，工作可靠，能准确控制转动的角度，常用于要求恒定旋转角的分度机构中。但对一个已定的槽轮机构来说，其转角不能调节，且在转动始、末，加速度变化较大，有冲击。

槽轮机构主要用于转速较低，又不需要调节转角大小，间歇进给的场合，在自动机械中应用广泛。如图 3－21a 所示为转塔车床的刀架转位机构。刀架上有六种刀具，槽轮上相应开有六条径向槽，两者固连在同一根轴上。拨盘转动一周，驱动槽轮与刀架一起转过

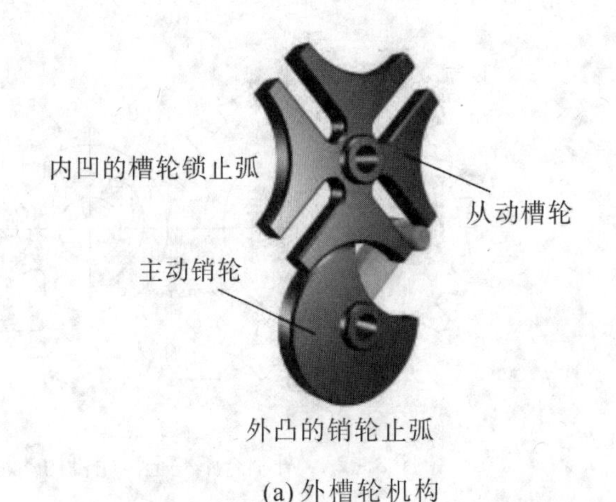

(a) 外槽轮机构　　(b) 内槽轮机构

图 3－20　平面槽轮机构

60°，从而将下一工序所需刀具转换到加工位置。图 3－21b 为电影放映机卷片机构，利用槽轮机构使电影胶片每转过一个画面停留一定的时间，从而满足人们的视觉要求。

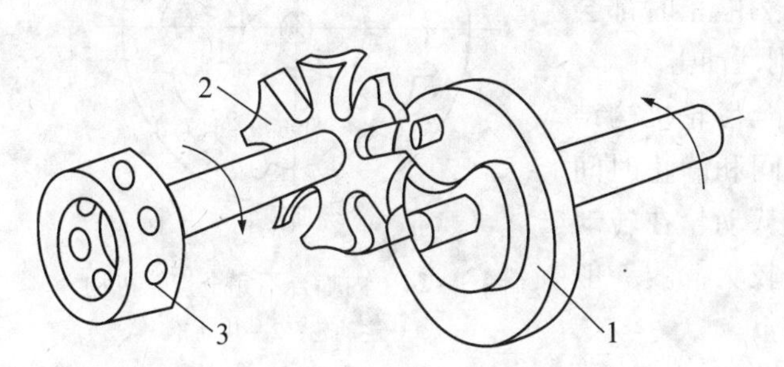

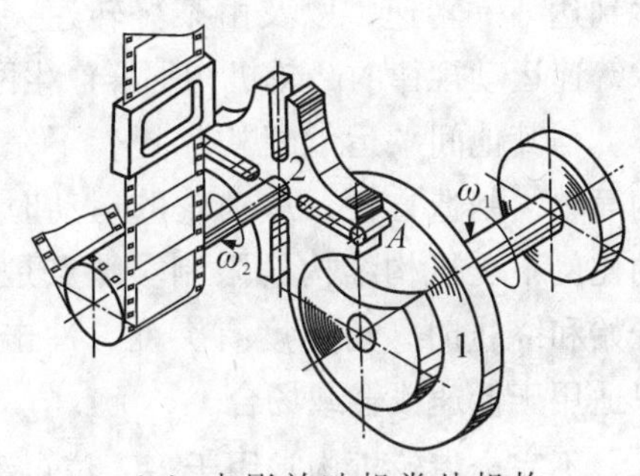

（a）转塔车床刀架转位机构　　（b）电影放映机卷片机构

1—拨盘；2—槽轮；3—刀架；　　1—拨盘；2—槽轮

图 3－21　槽轮机构的特点和应用

3.2.3　不完全齿轮机构

一对完全齿轮传动如图 3－22 所示，主动轮和从动轮的运动是连续的，只有当主动轮停止运动时，从动轮才停止旋转。而图 3－23 为外啮合不完全齿轮机构，这种机构的主动轮为只有一个或几个齿的不完全齿轮，从动轮可以根据旋转一周需停歇的次数分为几个区间。当主动轮的有齿部分作用时，从动轮就转动；当主动轮的无齿圆弧部分作用时，从动轮停止不动，因而当主动轮连续转动时，从动轮获得时转时停的间歇运动。如图 3－23 从动轮的锁止弧将其分为 6 个区间。故主动轮连续转动一周，从动轮将转动 1/6。为了防止从动轮在停歇期间游动，两轮轮缘上各装有锁止弧。如果两轮的凹弧和凸弧相接触，则从动轮受凹凸两弧的双向锁止作用而停止。

图 3－22　完全齿轮传动

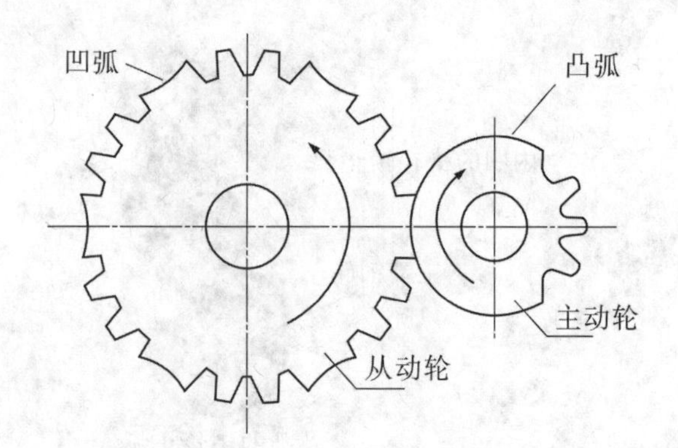

图 3－23　外啮合不完全齿轮机构

不完全齿轮机构有外啮合（见图 3－23）和内啮合（见图 3－24）两种型式，一般用外啮合型式。

当主动轮匀速转动时，这种机构的从动轮在运动期间也保持匀速转动，但是当从动轮由停歇而突然到达某一转速，以及由某一转速突然停止时都会像等速运动规律的凸轮机构那样产生刚性冲击。

与其他间歇运动机构相比，不完全齿轮机构结构简单，制造方便，从动轮的运动时间和静止时间的比例不受机构结构的限制。缺点是从动轮在转动开始和终止时，角速度有突变，冲击较大，故一般只适用于低速或轻载场合。

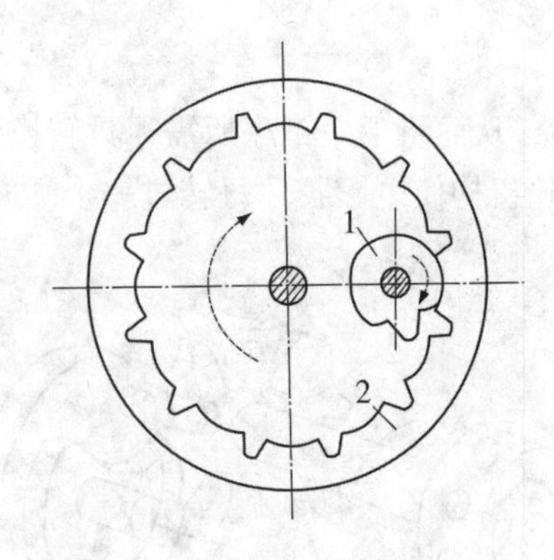

图 3－24　内啮合不完全齿轮机构
1—主动轮；2—从动轮

不完全齿轮机构常用于多工位自动机和半自动机工作台的间歇转位及某些间歇进给机构中。

3.3　螺旋机构

3.3.1　螺纹的基本知识

1. 螺纹的形成

如图 3－25 所示，直角三角形 *ABC*，三角形底边 *AB* 与圆柱下端面对齐，将该直角三角形绕圆柱包裹一周，斜边 *AC* 所形成的空间曲线叫做螺旋线。在圆柱表面上，沿螺旋线加工所产生的连续沟槽，凸起称为“牙”。

螺纹分为外螺纹和内螺纹，一般成对使用。

根据螺旋线的旋向不同，螺纹分为右旋螺纹和左旋螺纹。顺时针旋转时旋入的螺纹为右旋螺纹，逆时针旋转时旋入的螺纹为左旋螺纹。判定螺纹旋向时，将螺纹轴线垂直放

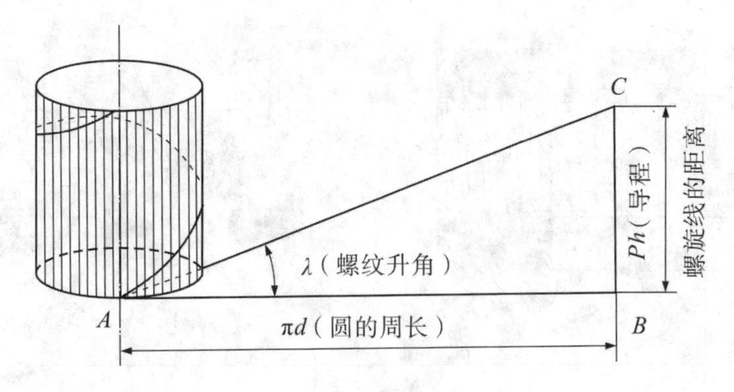

图 3-25　螺纹的形成

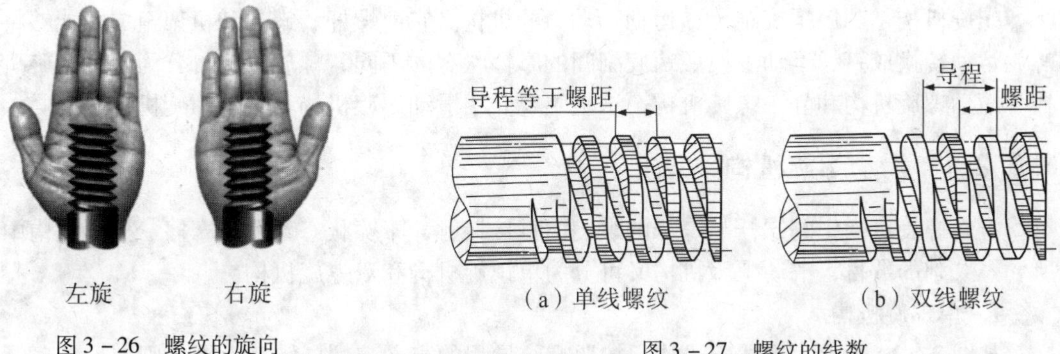

图 3-26　螺纹的旋向

图 3-27　螺纹的线数

置，螺纹的可见部分右高左低者为右旋螺纹，左高右低者为左旋螺纹，如图 3-26 所示。

根据螺旋线的数目，螺纹又可以分为单线螺纹和双线或以上的多线螺纹，如图 3-27 所示。

2. 螺纹的主要参数

如图 3-28 所示，以三角螺纹为例，圆柱普通螺纹有以下主要参数：

(1)大径 d、D：分别表示外、内螺纹的最大直径，为螺纹的公称直径。

(2)小径 d_1、D_1：分别表示外、内螺纹的最小直径。

(3)中径 d_2、D_2：分别表示螺纹牙宽度和牙槽宽度相等处的圆柱直径。

(4)螺距 P：表示相邻两螺纹牙同侧齿廓之间的轴向距离。

(5)线数 n：表示螺纹的螺旋线数目。

(6)导程 P_h：表示在同一条螺旋线上相邻两螺纹牙之间的轴向距离，$P_h = nP$。

(7)螺纹升角 λ：在中径 d_2 圆柱上螺旋线的切线与螺纹轴线的垂直平面间的夹角，如图 3-25 所示。

(8)牙形角 α：在螺纹轴向剖面内螺纹牙形两侧边的夹角。常用的螺纹牙型有三角形牙型、矩形牙型、梯形牙型和锯齿形牙型，如图 3-29 所示。

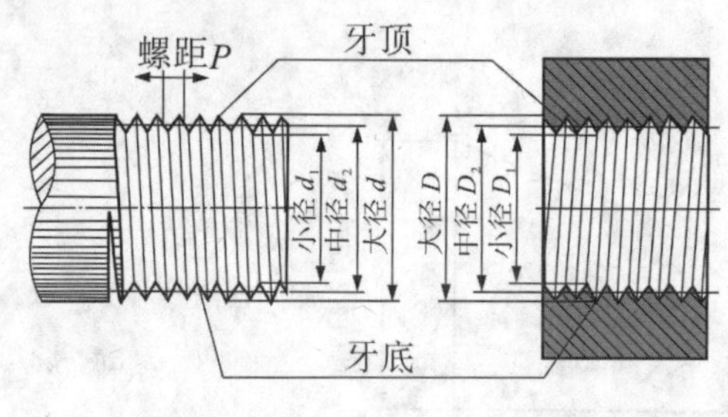

图 3－28　螺纹参数

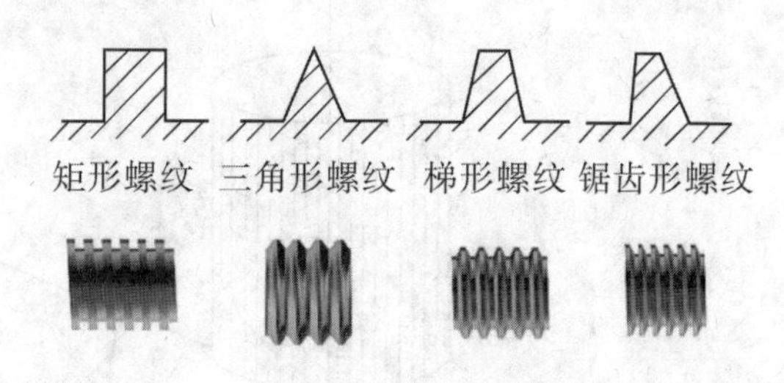

图 3－29　螺纹牙型

3.3.2　螺旋机构的工作原理和类型

螺旋机构是利用螺旋副传递运动和动力的机构。它由螺杆、螺母和机架组成，能够将螺旋运动转换成直线运动。按照螺旋副间的摩擦状态的不同，螺旋机构可分为滑动螺旋机构、滚动螺旋机构和静压螺旋机构，这里主要介绍滑动螺旋机构和滚动螺旋机构。

3.3.2.1　滑动螺旋机构

滑动螺旋机构中的螺杆与螺母的螺旋面直接接触，摩擦状态为滑动摩擦。按照机构中所含螺纹副的数目，滑动螺旋机构又可分为单螺旋机构和双螺旋机构。

1．单螺旋机构

如图 3－30 所示为单螺旋机构，按照螺纹导程的定义，螺杆转动一周，则螺母相对螺杆轴向移动一个导程的距离。因此，当螺杆 A 转过 φ 角时，螺母 B 的移动位移为

$$s = P_h \frac{\varphi}{2\pi} \tag{3-1}$$

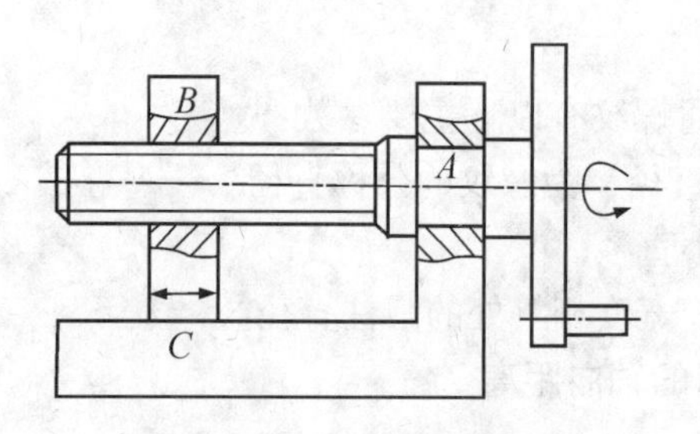

图 3－30　单螺旋机构

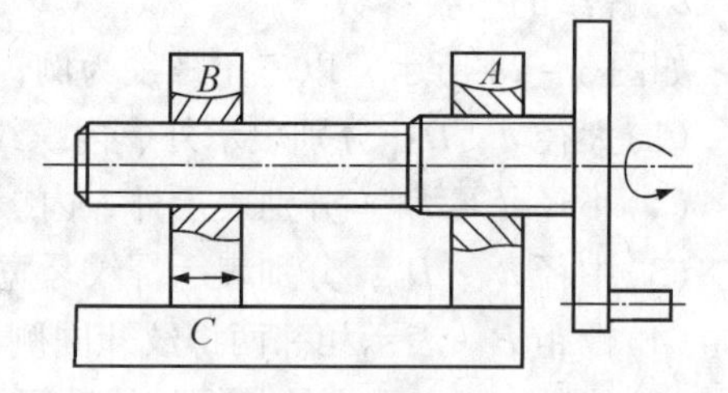

图 3－31　双螺旋机构

车床丝杆传动就是单螺旋机构传动，丝杆（螺杆）传动，而螺母带动刀架实现纵向进给运动。此时的螺旋机构主要用于转换运动形式、传递运动，因此又称为传导螺旋。类似的应用还见于摇臂钻床的摇臂升降机构和牛头刨床工作台的升降机构。

2．双螺旋机构

将图 3－30 中的转动副 *A* 改为螺旋副，就得到双螺旋机构，如图 3－31 所示。*A* 和 *B* 处的螺纹旋向可以相同也可以相反。当螺旋旋向相同时，*A* 和 *B* 处螺旋副的导程相差很

小，则螺母B的位移可以达到很小，因此可以实现微调。这种机构称为差动螺旋机构或微动螺旋机构。镗床镗刀的微调机构就是利用了这种机构。

当*A*和*B*处的螺纹旋向相反时，螺母*B*可以实现快速移动。这种螺旋机构称为复式螺旋机构。

螺旋机构结构简单，制造方便，运动准确，能获得很大的降速比和力的增益，工作平稳、无噪音。合理选择螺纹导程角可具有自锁功能，但效率较低，实现往复运动要靠主动件改变转动方向。螺旋机构主要应用于传递运动和动力、转变运动形式、调整机构尺寸、微调与测量等场合，以下是应用实例。

(1) 定心夹紧机构

如图3－32所示，定心夹紧机构由平面夹爪和V形夹爪组成定心机构。采用双螺旋机构，螺杆的两端分别为右旋和左旋螺纹，当转动螺杆时，两夹爪就夹紧工件。

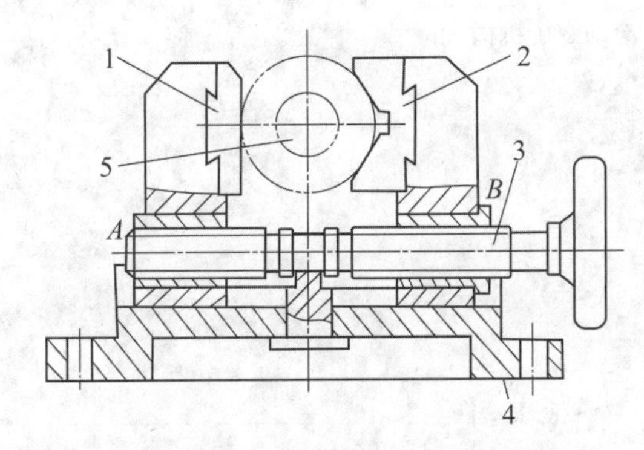

图3－32　台钳定心夹紧机构

1—左螺母；2—右螺母；3—螺杆；4— 机架；5—工件

图3－33　压榨机构

(2) 压榨机构

如图3－33所示，螺杆两端分别与两螺母组成旋向相反、导程相同的螺旋副。根据复式螺旋原理，当转动螺杆时，两螺母很快地靠近，再通过连杆使压板向下运动，以压榨物件。

3.3.2.2　滚动螺旋机构

滚动螺旋机构（也称滚动丝杆）是将螺杆和螺母做成滚道的形状，在螺杆与螺母的螺纹滚道间有滚动体。它可将旋转运动转变为直线运动，或者将直线运动转变为旋转运动。如图3－34所示，当螺杆或螺母转动时，滚动体在螺纹滚道内滚动，使螺杆和螺母间为滚动摩擦。滚珠丝杆主要包括丝杆、滚珠、螺母和反向器等。反向器的主要作用是引导滚珠进入相邻滚道，形成一个循环回路。

滚动螺旋机构传动效率高，但机构复杂，制造困难，成本高，广泛应用于高效率、高精度的重要传动中，如数控机床、精密机床中的螺旋传动。图3－35所示为数控机床的移动工作台，利用滚珠丝杆实现工作台的上下移动和左右移动。

(a) 滚珠丝杆

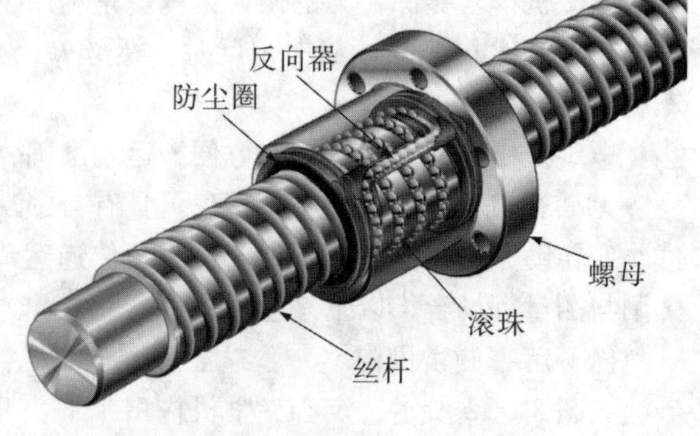

（b）滚珠丝杆结构

图 3－34　滚动螺旋机构

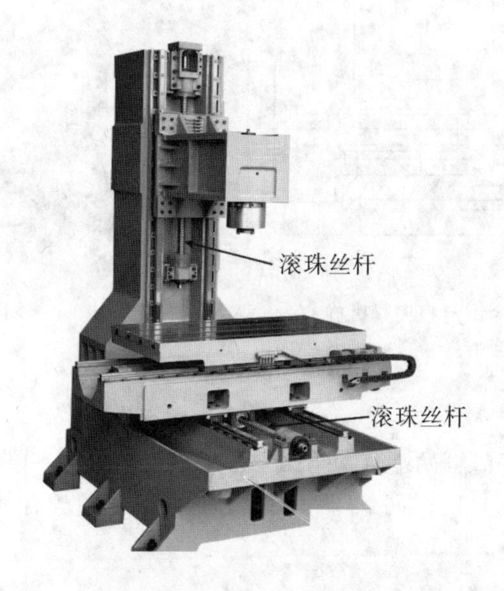

图 3－35　滚珠丝杆的应用

本章学习要点

1. 凸轮机构的组成、分类及特点。凸轮机构由凸轮、从动件和机架三个基本构件组成。凸轮一般作连续等速转动，从动件可作连续或间歇的往复运动或摆动。凸轮机构的种类很多，各具特色。凸轮机构的优点：只需设计出合适的凸轮轮廓，就可使从动件获得所需的运动规律，结构简单、紧凑，设计方便。它的缺点：凸轮与从动件之间易产生磨损，凸轮轮廓较复杂，加工困难，从动件的行程不能过大。

2. 从动件常用的运动规律。凸轮的轮廓是由从动件运动规律决定的。等速运动规律在某些点的加速度在理论上为无穷大，所以有刚性冲击；而等加速等减速运动规律在某些点的加速度会出现有限值的突然变化，所以有柔性冲击。

3. 棘轮机构的作用是将主动件的往复摆动转换为棘轮的间歇转动，能够实现间歇送进、制动、转位、分度等工作要求，且结构简单。棘轮机构适用于低速轻载的场合。

4. 槽轮机构的作用是将主动件的连续转动转化为槽轮的间歇转动，能够实现间歇送进、转位和分度等工作要求。它结构简单，能准确控制转角，机械效率高，但转角不可调节，槽轮启动和停止时有冲击，故适用于中低速的场合。

5. 了解螺旋机构的工作原理、运动特点和适用的场合。

习　题

一、判断题

1. 凸轮的压力角越大，有效动力就越大，机构动力传递性越好，效率越高。（　）
2. 凸轮机构中，从动件与凸轮接触是高副。（　）
3. 凸轮机构可以实现任意拟定的运动规律。（　）
4. 滚子从动件具有滚动摩擦、阻力小的运动特性，故在机械中应用广泛。（　）
5. 凸轮机构是低副机构，具有效率高、承载能力大的特点。（　）
6. 凸轮机构中，尖端从动件可用于受力较大的高速机构中。（　）
7. 棘轮机构中棘轮每次转动的转角可以进行无级调节。（　）
8. 棘轮机构可将连续回转运动转变为单向或双向实现间歇回转运动。（　）
9. 槽轮机构可将往复摆动运动转变为单向间歇回转运动。（　）
10. 不完全齿轮机构的主动轮是一个完整的齿轮，而从动轮则只有几个齿。（　）
11. 双线螺旋的导程是其螺距的两倍。（　）
12. 螺纹的旋向一般都采用左旋，只有在特殊需要情况下才选用右旋。（　）
13. 快动夹具的双螺旋机构中，两处螺旋副的螺纹旋向相同，以快速夹紧工件。（　）
14. 能使从动件得到周期性的时停、时动的机构，都是间歇运动机构。（　）
15. 单向间歇运动的棘轮机构，必须要有止回棘爪。（　）
16. 滚珠螺旋传动摩擦磨损小，传动效率高，运转平稳。（　）

二、选择题

1. 凸轮机构的特点是____。

A. 结构简单紧凑　　B. 传递动力大　　C. 不易磨损

2. 凸轮机构中，凸轮与从动件组成____。

A. 转动副　　B. 移动副　　C. 高副

3. 凸轮机构中只适用于受力不大且低速场合的是____从动件。

A. 尖端　　B. 滚子　　C. 平底

4. 凸轮机构中耐磨损又可承受较大载荷的是____从动件。

A. 尖端　　B. 滚子　　C. 平底

5. 凸轮机构中可用于高速，但不能用于凸轮轮廓有内凹场合的是____。

A. 尖端　　B. 滚子　　C. 平底

6. 从动件的预期运动规律是由____来决定的。

A. 从动件的形状　　B. 凸轮的转速

C. 凸轮的轮廓曲线形状

7. 从动件作等速运动规律的凸轮机构，一般适用于____轻载的场合。

A. 低速　　B. 中速　　C. 高速

8. 凸轮从动件的端部有三种形状，如要求传力性能好、效率高，且转速较高时应选用哪一种端部形状？

A. 尖顶从动件　　B. 滚子从动件　　C. 平底从动件

9. 下列间歇运动机构中，从动件的转角可以调节的机构是____。

A. 棘轮机构　　B. 槽轮机构　　C. 不完全齿轮机构

10. 在间歇运动机构中，可以把摆动转变为转动的间歇机构是____。

A. 槽轮机构　　B. 棘轮机构　　C. 不完全齿轮机构

11. 数控机床等精度要求高的设备中，多要求采用________螺旋传动。

A. 滑动　　B. 滚动　　C. 二者均可

12. 与连杆机构相比，凸轮机构最大的缺点是____。

A. 惯性力难以平衡　　B. 点、线接触，易磨损　　C. 设计较为复杂

13. 与其他机构相比，凸轮机构最大的优点是____。

A. 可实现各种预期的运动规律　　B. 便于润滑

C. 制造方便，易获得较高的精度

第四章　齿轮传动

4.1　概述

4.1.1　机械传动的概念

在机械系统中，工作机需要原动机(如电动机)提供动力才能工作，而原动机与工作机之间往往需要有动力传递、速度调节或改变运动形式的装置，即传动装置。例如，常见的自行车的链传动就是一种简单的传动装置。自行车的动力来源于人踩的脚踏板，然后通过链传动传到后轮，后轮作为主动轮再推动前轮(导向轮)向前运动；又如分度头是铣床的重要附件之一，主要用于等分，其传动机构由斜齿轮、蜗杆传动等组成，如图 4－1 所示。动力由转动手柄 1 输入，经过螺旋齿轮传动 3、斜齿轮传动 5 和蜗轮蜗杆传动 4，最后将动力传到主轴 2；又如图 4－2 为输送物料的输送带传动装置，该装置由电机 1、带传动 2、齿轮传动 3、链传动 4 和输送带 5 组成。电动机的运动和动力通过带传动传到齿轮传动，再由齿轮传动传到链传动，最后通过联轴器传给输送带，实现物料的输送。

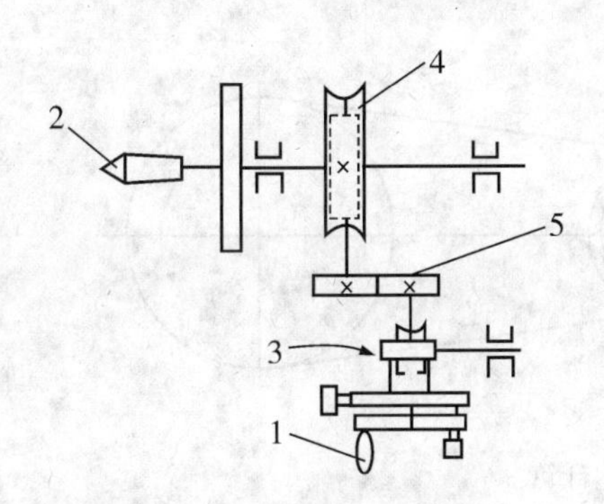

图 4－1　铣床分度头传动机构

1—转动手柄；2—主轴；3—螺旋齿轮传动；4—蜗轮蜗杆传动；5—斜齿轮传动

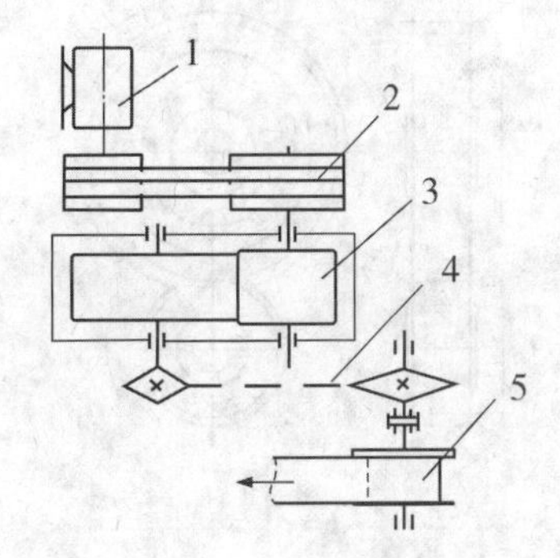

图 4－2　输送带传动装置

1—电机；2—带传动；3—齿轮传动；4—链传动；5—输送带

常用的机械传动装置有齿轮传动、蜗杆传动、带传动和链传动等，图 4－3 所示为常见的机械传动的分类。本章主要讨论齿轮传动、蜗杆传动、带传动和链传动。

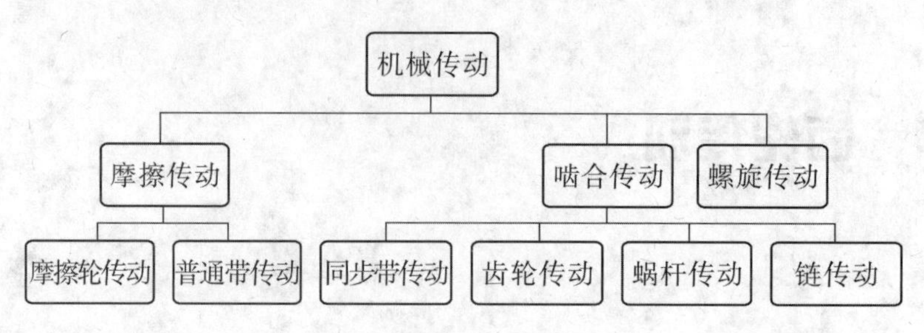

图 4－3　机械传动分类

4.1.2　机械传动的特性和参数

机械传动的运动特性通常用转速、速比、变速范围等参数来表示；动力特性通常用功率、转矩、效率等参数来表示。

(1) 传动比、速比

当机械传动传递回转运动，如一对齿轮传动或带传动（见图 4－4），主动轮的转速 n_1 与从动轮的转速 n_2 之比称为该传动的速比或传动比，一般用 i 表示，即

$$i=\frac{n_1}{n_2} \tag{4-1}$$

式中　n_1——主动轮转速；

n_2——从动轮转速，单位为 r/min（转/分钟）。

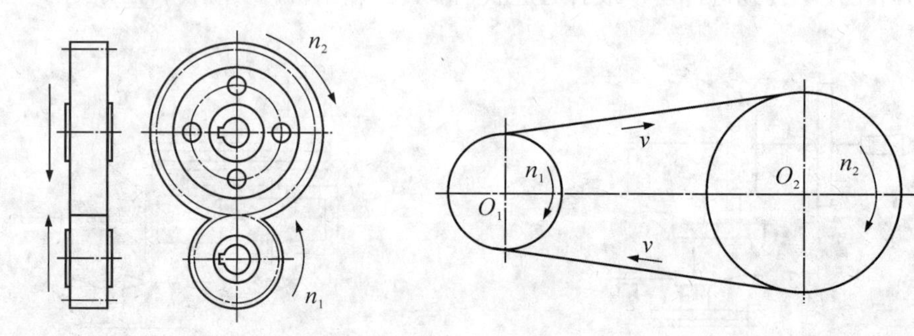

图 4－4　传动比计算

(2) 功率及扭矩

机械传动在传动动力的过程中，其动力大小通常用功率或扭矩（或转矩）来表示。所传递的功率与扭矩存在一定的关系。若已知机械传动传递的功率为 P（kW），转速为 n（r/min），则可求出所传递的扭矩，用 T 表示：

$$T=9.55\times10^3\ \frac{P}{n} \tag{4-2}$$

式中，扭矩 T 的单位为 Nm，功率 P 的单位为 kW，转速单位为 r/min。

(3)机械效率

机器工作时，由于摩擦阻力、发热等原因消耗一部分功率，使输入功率不能完全得到利用。为了度量机器输入功率被利用的程度，引入机械效率的概念。机械效率一般用 η 表示，如机器的输入功率为 P_1，输出功率为 P_2，则

$$\eta = \frac{P_2}{P_1} \tag{4-3}$$

由于输入功率总是大于输出功率(因为有一部分输入功率给摩擦、发热等消耗掉了)，因此机械效率 η 总是小于1。

机械效率是衡量机械性能的一个重要的指标，不断提高传动效率，就能节约动力，降低运转费用。效率的对立面是传动中的功率损失。在机械传动中，功率的损失主要由于轴承摩擦、传动零件间的相对滑动和搅动润滑油等原因。所损失的能量绝大部分将转化为热能。在机械传动中，效率通过实验测定。

4.2 齿轮传动的分类及应用

齿轮传动是利用齿轮副中的主动齿轮和从动齿轮的轮齿直接啮合来传递运动和动力的机械传动装置。齿轮副是由两个相互啮合的齿轮组成的基本机构，两齿轮轴线相对位置不变，并各绕其自身的轴线转动。齿轮传动中，输入动力的齿轮称为主动轮，输出动力的齿轮称为从动轮。齿轮传动除传递回转运动外，也可用来把回转运动转变为直线往复运动。齿轮副属于线接触的高副，如图 4-5 所示为齿轮传动。

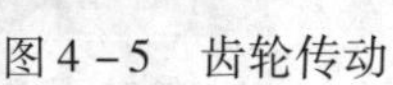

图4-5　齿轮传动

4.2.1 齿轮传动的特点和分类

1. 齿轮传动的特点

齿轮传动是机械传动中最重要的也是应用最为广泛的一种传动形式，与其他机械传动如V带传动、链传动相比，齿轮传动的主要特点有：

① 传动比稳定。齿轮传动能保证瞬时恒定的传动比，传递运动准确可靠。

② 传动效率高。与其他机械传动相比，齿轮传动的效率最高，一般都可达99%以上。这对于大功率传动十分重要，因为即使效率损失1%，其损失量也是很大的。

③ 工作可靠，寿命较长。设计制造正确合理，使用合理，维护良好的齿轮传动，工作十分可靠，使用寿命可长达一二十年，这是其他机械传动所不能比拟的。

④ 可实现平行轴、任意角相交轴、任意角交错轴之间的传动。

⑤ 结构紧凑。在相同的使用条件下，齿轮传动所需的空间尺寸相对较小。

齿轮传动的主要不足是：

① 齿轮传动的制造、加工和安装精度要求较高，制造成本也较高。

② 与带传动和链传动相比，齿轮传动不适宜于远距离两轴之间的传动。

2. 齿轮传动的分类

齿轮传动的类型多种多样，常见的有圆柱齿轮、圆锥齿轮、齿条等。

按不同的分类方法，齿轮传动一般可以分为以下几种类型。

（1）根据啮合方式可分为外啮合齿轮传动、内啮合齿轮传动、齿轮齿条传动，如图4－6所示。外啮合圆柱齿轮传动可以改变转动方向，则当主动轮为顺时针转动时，从动轮为逆时针转动。内啮合圆柱齿轮传动转向相同，不改变齿轮转动方向。齿轮齿条可以将回转运动转变为直线往复运动，也可以将直线运动转变为回转运动。

（a）外啮合齿轮传动

（b）内啮合齿轮传动

（c）齿轮齿条传动

图4－6 齿轮啮合方式

（2）根据齿轮轴线的相对位置可分为平行轴齿轮传动、相交轴齿轮传动、交错轴齿轮传动。平行轴齿轮传动即两传动轴互相平行，如图4－6a、b所示。相交轴齿轮传动，顾名思义就是两传动轴相交，如图 4－7a 所示的圆锥齿轮传动。这种齿轮传动可以改变运动方向，常见的传动角为 90°。交错轴齿轮传动即两转动轴互为交错直线，如图 4－7b 所示的蜗杆传动。这种齿轮传动也可以改变运动方向，并可以根据需要改变任何角度的方向。

（a） 圆锥齿轮传动

（b） 蜗杆传动

图 4－7　齿轮轴相对关系

(3) 根据轮齿与齿轮轴线的相对位置可分为直齿齿轮传动、斜齿齿轮传动和圆锥齿轮传动。如图 4－8a、b 和 c 分别为直齿圆柱齿轮、斜齿圆柱齿轮和圆锥齿轮。

（a） 直齿圆柱齿轮

（b） 斜齿圆柱齿轮

（c） 圆锥齿轮

图 4－8　轮齿与齿轮轴线的相对位置

(4) 齿轮的齿廓是按照不同的曲线加工而成的，根据齿廓曲线的形状可分为渐开线齿轮传动、摆线齿轮传动、圆弧齿轮传动，而渐开线齿轮传动最为常见。

齿轮传动的具体分类如图 4－9 所示。

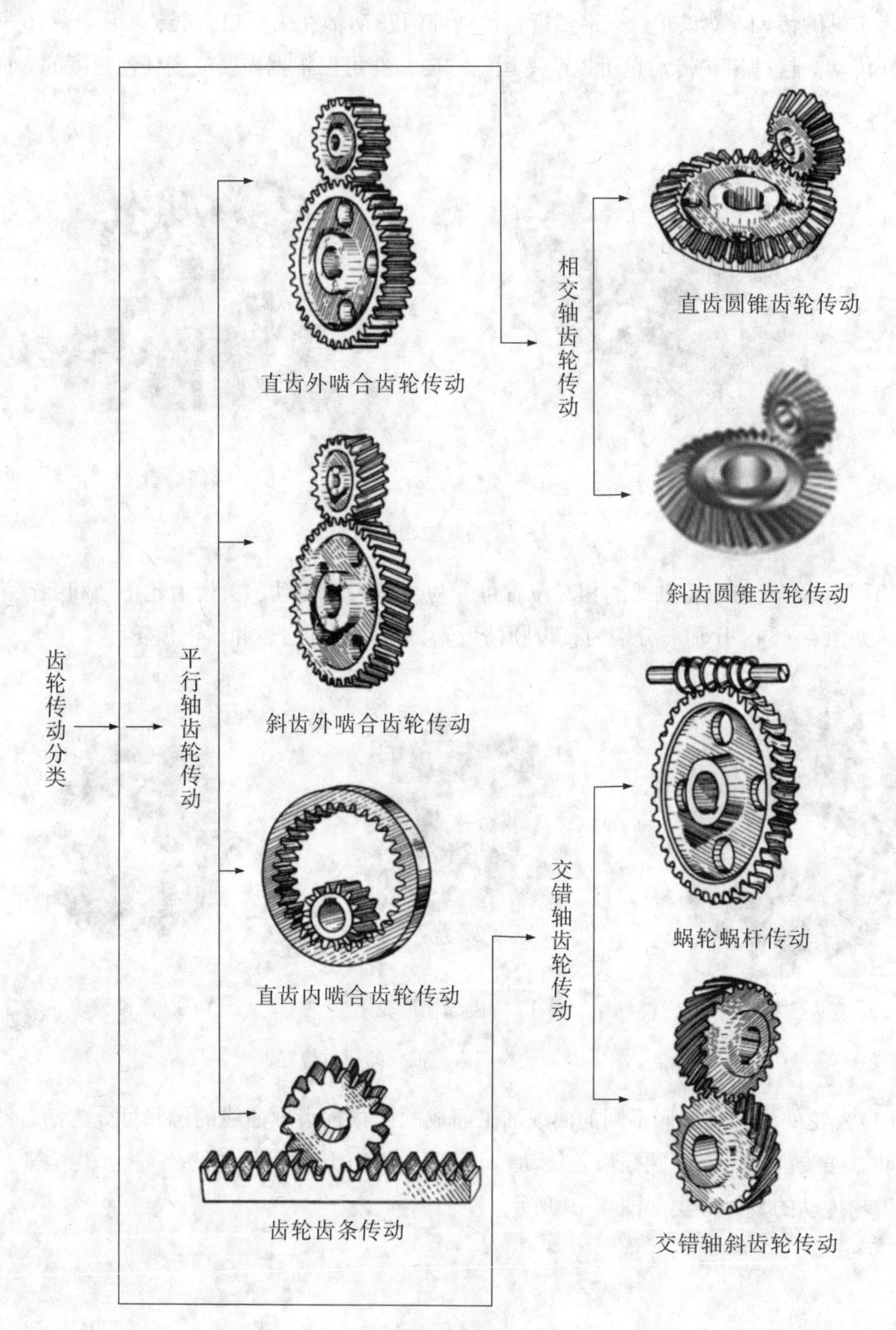
齿轮传动分类
平行轴齿轮传动
直齿外啮合齿轮传动
斜齿外啮合齿轮传动
直齿内啮合齿轮传动
齿轮齿条传动
相交轴齿轮传动
直齿圆锥齿轮传动
斜齿圆锥齿轮传动
交错轴齿轮传动
蜗轮蜗杆传动
交错轴斜齿轮传动

图 4 – 9　齿轮传动类型

4.2.2 齿轮传动的应用

齿轮传动是现代机械中应用最广泛的一种机械传动形式。在工程机械、矿山机械、冶金机械、各种机床及仪器、仪表工业中被广泛地用来传递运动和动力。下面举几个例子来说明齿轮传动的应用。

(1)减速器是最常见的齿轮传动，如图4－10所示。动力从高速轴输入，经过齿轮传动，将动力传到低速轴输出。在这个过程中，输出轴的转速将变小，同时扭矩增大。

图4－10　齿轮减速器

图4－11　汽车变速箱中的齿轮传动

(2)汽车是齿轮传动应用较多的机器之一，驱动桥中减速器的齿轮传动如图4－11所示。

(3)钟表是最常见的生活必需品，其中的传动就是齿轮传动，如图4－12所示。齿轮传动通过准确的传动比，实现时针、分针和秒针转速之比等于1∶60∶3 600，从而达到计时的目的。

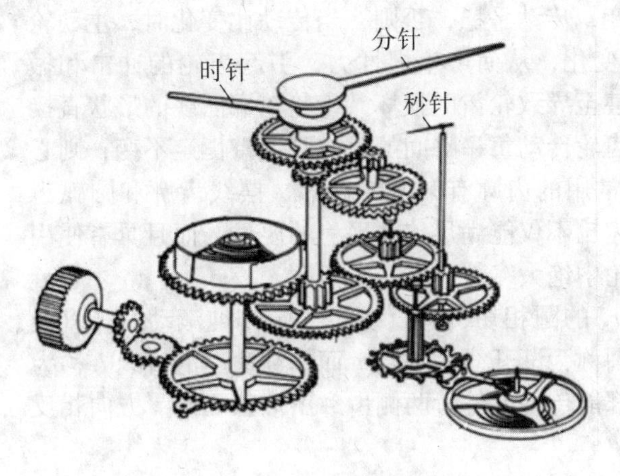

图4－12　钟表中的齿轮传动

图4－13　电动工具中的齿轮传动

(4)在电动工具中的传动也是齿轮传动。为了减轻重量，传动采用结构紧凑的行星齿轮传动，不仅重量轻、动力强，而且传动比很大，最高可达 $i=10\ 000$ 以上。因此，行星齿轮传动在很多领域里得到广泛的应用，如图 4－13 所示的电动工具中的齿轮传动。

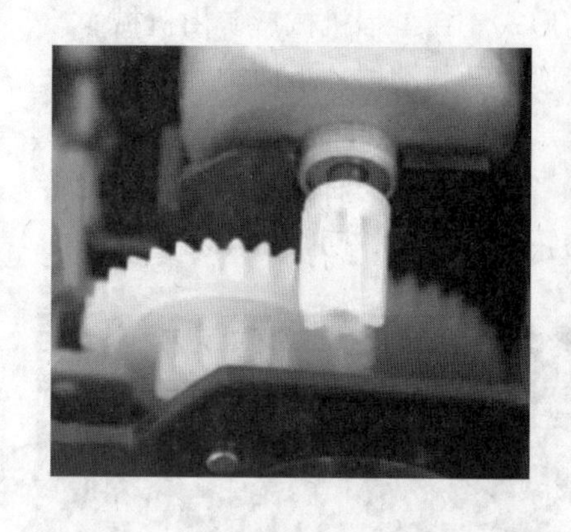

（a）玩具汽车齿轮传动

（b）利用齿轮齿条旋转陀螺

图 4－14　玩具中的齿轮传动

另外，很多电动玩具都装有齿轮传动，用于动力传递。电机通过齿轮传动驱动玩具完成各种动作。由于电动玩具重量较小，驱动力不大，而且为了降低成本，玩具中的齿轮多数为非金属材料，如尼龙齿轮和塑料齿轮，而且传动精度要求不高，如图 4－14 所示。

4.3　渐开线直齿圆柱齿轮

4.3.1　渐开线的形成及性质

齿轮传动最大的特点是传动比恒定不变，传动平稳，否则，当传动比变化时，主动轮以等角速度回转，从动轮的角速度将发生变化，从而产生惯性力，引起齿轮的冲击和振动，影响轮齿的强度、寿命和工作精度，甚至导致轮齿的损坏。齿轮轮廓曲线的形状直接影响齿轮的瞬时传动比，也就是说，要使齿轮传动每一瞬间的速比都保持恒定不变，则必须选用适当的齿廓曲线。在齿轮传动中，常用的齿廓有渐开线齿廓、摆线齿廓和圆弧齿廓，其中以渐开线齿廓应用最广。渐开线齿轮不仅能满足传动平稳的要求，而且具有使用制造和安装方便等优点，故通常使用的齿轮中绝大多数为渐开线齿廓。

如图 4－15 所示，一直线 L 与半径为 r_b 的圆相切，当直线沿该圆作纯滚动时，直线上任一点的轨迹即为该圆的渐开线。这个圆称为渐开线的基圆，而作纯滚动的直线 L 称为渐开线的发生线。为了使齿轮在两个方向都能传动，轮齿两侧齿廓由形状相同、方向相反的渐开线曲面组成，如图 4－16 所示。

由渐开线的形成可知，它有以下性质：

(1)发生线在基圆上滚过的一段长度等于基圆上相应被滚过的一段弧长，即 $\overline{KN}=\widehat{AN}$。

(2)因 N 点是发生线沿基圆滚动时的速度瞬心，故发生线 KN 是渐开线在 K 点的法

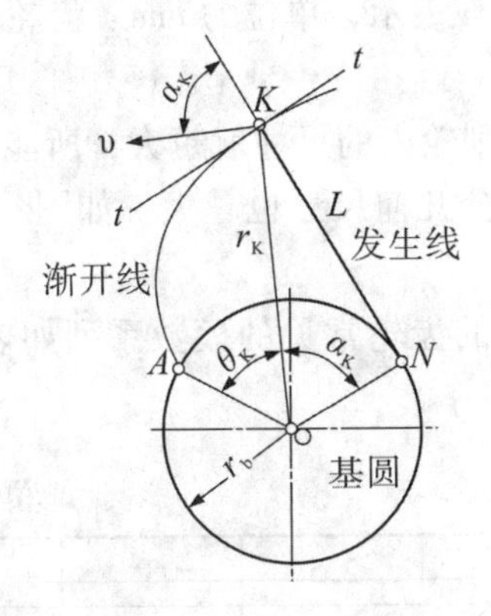

图 4－15　渐开线的形成

图 4－16　渐开线齿轮

线。又因发生线始终与基圆相切，所以渐开线上任一点的法线必与基圆相切。

(3) 发生线与基圆的切点 N 即为渐开线上 K 点的曲率中心，线段$\overline{KN}$为 K 点的曲率半径。随着 K 点离基圆愈远，相应的曲率半径愈大，而 K 点离基圆愈近，相应的曲率半径愈小。

(4) 渐开线的形状取决于基圆的大小，基圆半径愈小，渐开线愈弯曲，基圆半径愈大，渐开线愈趋平直。当基圆半径趋于无穷大时，渐开线便成为直线，这时齿轮就变成了齿条。

(5) 渐开线齿廓上任意点的法线与该点的速度方向线所夹的锐角 α_K 称为该点的压力角。压力角可反映齿轮机构传力性能的好坏，压力角越小越有利于齿轮的传动。渐开线齿廓上各点的压力角不相等，向径 r_K 越大，其压力角越大，基圆上的压力为零。

(6) 渐开线是从基圆开始向外逐渐展开的，故基圆以内无渐开线。

4.3.2　渐开线圆柱齿轮的主要参数和几何尺寸计算

4.3.2.1　直齿圆柱齿轮的主要参数

齿数、模数和压力角是齿轮设计和几何尺寸计算主要参数和依据。

1. 齿数 z

在齿轮圆周方向均匀分布的轮齿个数，称为齿数，用 z 表示。

2. 模数 m

模数是齿轮设计及计算的主要参数之一。根据计算，齿轮分度圆直径与齿轮齿距 p 有关，即 $d=\frac{p}{\pi}z$，由于 π 为无理数，这对齿轮的计算和测量很不方便。因此，为了齿轮设计、制造和互换的方便，统一规定将比值 $m=\frac{p}{\pi}$作为

图 4－17　不同模数齿轮的比较

整数或简单的有理数来处理，这个比值就称为模数，用 m 表示，单位为 mm。齿轮的主要几何尺寸都与 m 成正比。

模数是影响齿轮几何尺寸的重要参数。模数越大，则轮齿的尺寸就越大，所能承受的载荷也越大。对于相同齿数的齿轮模数越大，齿轮各部分几何尺寸也越大。如图4－17 为不同模数齿轮的比较。

根据国家标准，齿轮的模数已经标准化，我国规定的齿轮常见的模数系列如表 4－1 所示。

表 4－1　标准模数系列　　　　单位：mm

第一系列	0.5	1	1.25	1.5	2	2.5	3	4
	5	6	8	10	12	16	20	25
第二系列	0.35	1.75	2.25	2.75	(3.25)	3.5	(3.75)	4.5
	5.5	(6.5)	7	9	(11)	14	18	22

注：① 本表适用于渐开线圆柱齿轮，对斜齿轮是指法面模数；
② 第一系列为常用系列，优先选用，括号内的模数为不常用，尽可能不用。

3．压力角 α

压力角是齿轮的又一个重要的基本参数。对于渐开线齿轮，通常所说的压力角是指分度圆上的压力角。我国规定，标准直齿圆柱齿轮分度圆上的压力角的标准值有 20°和 15°，常用为 20°。

4.3.2.2　齿轮各部分名称

如图 4－18 为渐开线直齿圆柱齿轮的局部图。齿轮各部分的名称如下：

(1) 齿顶圆

在圆柱齿轮上，其齿顶端所在的圆称为齿顶圆，其直径用 d_a 表示，半径用 r_a 表示。

(2) 齿根圆

在圆柱齿轮上，齿槽底部所在的圆称为齿根圆，其直径用 d_f 表示，半径用 r_f 表示。

(3) 齿槽

相邻两齿之间的空间称为齿槽。齿槽两侧齿廓之间的弧长称为该圆上的齿槽宽，用 e_k 表示。

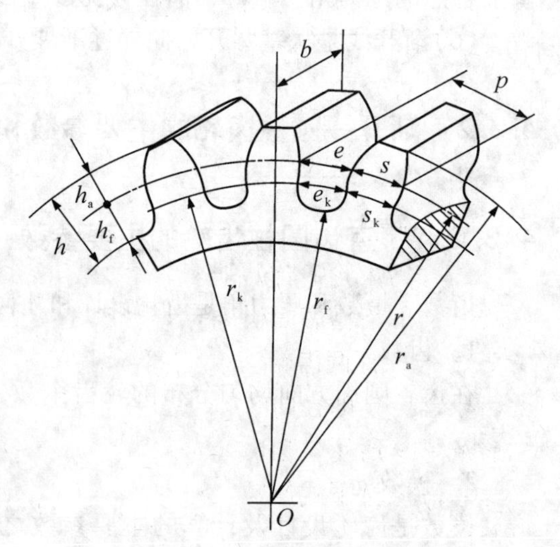

图 4－18　齿轮各部分名称

(4) 齿厚

在任意直径 d_k 的圆周上，轮齿两侧齿廓之间的弧长称为该圆上的齿厚，用 s_k 表示。

(5) 齿距

相邻两齿同侧齿廓之间的弧长称为该圆上的齿距，用 p_k 表示。显然，齿距等于齿厚与齿槽宽之和，即 $p_k = s_k + e_k$。

(6)分度圆

为了设计、制造方便，将位于齿顶圆和齿根圆之间的某个圆作为计算齿轮几何尺寸的基准圆。在此圆上，齿轮的模数和压力角均符合国家标准。因此，将具有标准模数和标准压力角的圆称为分度圆，其直径用 d 表示。分度圆上的齿厚、齿槽宽和齿距分别用 s、e 和 p 表示。对于按标准加工的齿轮，就是齿轮齿厚和齿槽宽相等的圆称为分度圆，即 $s = e$。根据上述分析，齿轮分度圆直径 d 为

$$d = mz \tag{4-4}$$

(7) 齿顶与齿根

在轮齿上介于齿顶圆和分度圆之间的部分称为齿顶，其径向高度称为齿顶高，用 h_a 表示。介于齿根圆和分度圆之间的部分称为齿根，其径向高度称为齿根高，用 h_f 表示。齿顶圆与齿根圆之间轮齿的径向高度称为全齿高，用 h 表示。显然，全齿高等于齿顶高与齿根高之和

$$h = h_a + h_f \tag{4-5}$$

齿轮的齿顶高和齿根高可用以下公式表示：

$$h_a = h_a^* m$$

$$h_f = (h_a^* + c^*)m \tag{4-6}$$

式中，h_a^* 和 c^* 分别称为齿顶高系数和顶隙系数。根据齿轮标准，齿轮又分为正常齿制和短齿制，因此，齿顶高系数和顶隙系数可分别按表 4－2 选取，一般情况下取正常齿制的齿顶高系数和顶隙系数。

表 4－2 渐开线标准直齿圆柱齿轮齿顶高系数和顶隙系数

齿 制	齿顶高系数(h_a^*)	顶隙系数(c^*)
正常齿制	1	0.25
短齿制	0.8	0.3

(8)顶隙

当一对齿轮啮合时，为了使一个齿轮的齿顶面不与另一个齿轮的齿槽底面相抵触，轮齿的齿根高 h_f 应大于齿顶高 h_a，以保证两齿轮啮合时，一齿轮的齿顶与另一齿轮的槽底间有一定的径向间隙，这个间隙称为顶隙，用 c 表示，如图 4－19 所示。顶隙还可以储存润滑油，有利于齿面的润滑。顶隙按下式计算。

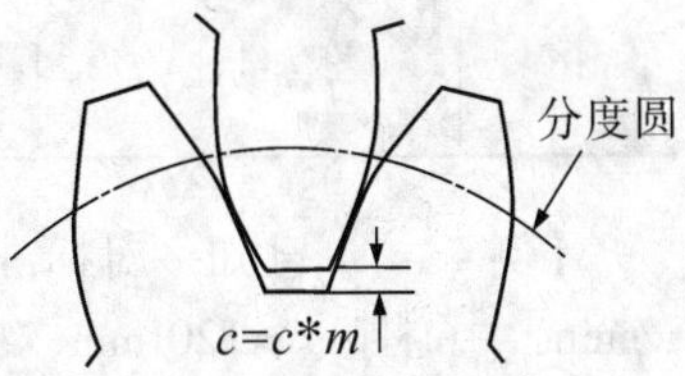

$$c = c^* m \tag{4-7}$$

图 4－19 顶隙

4.3.2.3 标准渐开线圆柱齿轮的几何尺寸计算

若一齿轮的模数、分度圆压力角、齿顶高系数、顶隙系数均为标准值，且其分度圆上齿厚与齿槽宽相等，则称为标准齿轮。

标准直齿圆柱齿轮传动的参数和几何尺寸计算公式列于表4－3。

表4－3　标准直齿圆柱齿轮的几何尺寸计算公式

序　号	名　称	代　号	计算公式及说明
1	齿数	z	根据工作要求确定
2	模数	m	由轮齿的承载能力确定，并按标准值选取
3	压力角	α	$\alpha=20°$
4	分度圆直径	d	$d_1=mz_1$　　$d_2=mz_2$
5	齿顶高	h_a	$h_a=h_a^* m$
6	齿根高	h_f	$h_f=(h_a^*+c^*)m$
7	齿全高	h	$h=h_a+h_f$
8	顶隙	c	$c=c^* m$
9	齿顶圆直径	d_a	$d_{a1}=d_1+2h_a=m(z_1+2h_a^*)$ $d_{a2}=d_2+2h_a=m(z_2+2h_a^*)$
10	齿根圆直径	d_f	$d_{f1}=d_1-2h_f=m(z_1-2h_a^*-2c^*)$ $d_{f2}=d_2-2h_f=m(z_2-2h_a^*-2c^*)$
11	分度圆齿距	p	$p=\pi m$
12	分度圆齿厚	s	$s=\frac{1}{2}\pi m$
13	分度圆齿槽宽	e	$e=\frac{1}{2}\pi m$
14	基圆直径	d_b	$d_{b1}=d_1\cos\alpha=mz_1\cos\alpha$ $d_{b2}=d_2\cos\alpha=mz_2\cos\alpha$
15	中心距	a	$a=\frac{1}{2}(d_1+d_2)=\frac{1}{2}m(z_1+z_2)$
16	传动比	i	$i=\frac{n_1}{n_2}=\frac{d_2}{d_1}=\frac{z_2}{z_1}$

【例4－1】已知一对标准直齿圆柱齿轮传动，其传动比 $i=4$，主动轮转速 $n_1=1\,600$ r/min，中心距 $a=120$ mm，模数 $m=3$ mm。试求：

① 从动轮的转速 n_2；

② 主动轮、从动轮的齿数 z_1 和 z_2；

③ 齿轮传动的主要尺寸：分度圆直径、齿顶圆直径、齿根圆直径、基圆直径、齿距、齿厚、齿槽宽、齿顶高、齿根高、齿全高。

解：① 由 $i=\frac{n_1}{n_2}=4$，得 $n_2=\frac{n_1}{4}=400$ r/min

② 由 $i=\frac{z_2}{z_1}=4$，中心距 $a=\frac{1}{2}m(z_1+z_2)$，模数 $m=3$，得 $z_1=16$，$z_2=64$

③ 分度圆直径：$d_1=mz_1=3\times16=48\text{mm}$　$d_2=mz_2=3\times64=192\text{mm}$

齿顶圆直径：$d_{a1}=d_1+2h_a=m(z_1+2h_a^*)=3\times(16+2\times1)=54\text{mm}$

$d_{a2}=d_2+2h_a=m(z_2+2h_a^*)=3\times(64+2\times1)=198\text{mm}$

齿根圆直径：$d_{f1}=d_1-2h_f=m(z_1-2h_a^*-2c^*)=40.5\text{mm}$

$d_{f2}=d_2-2h_f=m(z_2-2h_a^*-2c^*)=184.5\text{mm}$

基圆直径：$d_{b1}=d_1\cos\alpha=mz_1\cos\alpha=3\times16\times\cos20°=45.1\text{mm}$

$d_{b2}=d_1\cos\alpha=mz_2\cos\alpha=3\times64\times\cos20°=180.42\text{mm}$

齿距：$p=\pi m=9.425\text{mm}$

齿厚：$s=\frac{1}{2}\pi m=4.7125\text{mm}$

齿槽宽：$e=\frac{1}{2}\pi m=4.7125\text{mm}$

齿顶高：$h_a=h_a^*m=1\times3=3\text{mm}$

齿根高：$h_f=(h_a^*+c^*)m=(1+0.25)\times3=3.75\text{mm}$

齿全高：$h=h_a+h_f=3+3.75=6.75\text{mm}$

4.3.3 标准直齿圆柱齿轮正确啮合条件和连续传动条件

1. 直齿圆柱齿轮的正确啮合条件

一对齿轮能连续顺利传动，需要每对轮齿依次正确啮合互不干涉。为保证齿轮传动时不出现相互卡死或冲击现象，必须满足齿轮正确啮合的条件，即

(1)两齿轮的模数必须相等，并且等于标准模数，即 $m_1=m_2=m$。

(2)两齿轮分度圆上的压力角必须相等，并且等于标准压力角，$\alpha_1=\alpha_2=\alpha$。

根据齿轮正确啮合条件，齿轮的传动比可写成

$$i=\frac{n_1}{n_2}=\frac{d_2}{d_1}=\frac{z_2}{z_1}$$

2. 渐开线齿轮连续传动的条件

当齿轮啮合传动时，在前一对轮齿即将脱离啮合的瞬间，后一对轮齿必须进入啮合；否则，传动就会出现中断现象，发生冲击，无法保持传动的连续平稳性。为了保证传动平稳地进行，就要求齿轮传动在任一瞬时必须有一对或一对以上的轮齿处于啮合状态。通常用齿轮重合度(用 ε 表示)来衡量齿轮的连续运动状态。重合度越大，相啮合的齿数越多，传动的连续平稳性就越好。

理论上当重合度 $\varepsilon=1$ 时，就能保证一对齿轮连续传动，但考虑齿轮的制造、安装误差和啮合传动中轮齿的变形，实际上应使 $\varepsilon>1$。对于标准齿轮传动，其重合度都大于 1，都能满足连续传动的条件，故通常不必进行验算。

3. 齿轮精度

根据齿轮的使用要求，对齿轮设计制造提出以下几方面的要求。

(1)传递运动的准确性，要求齿轮在旋转一周内最大角误差不超过允许值。

(2)传动平稳性，要求齿轮在旋转一周内传动比变化不能过大，以免引起动载荷，产生噪音和振动。

(3)载荷分布的均匀性，要求齿轮在啮合时齿面接触良好，以免引起载荷集中，造成齿面局部磨损，影响齿轮寿命。

(4)齿侧间隙，齿轮在传动中，不仅要保证齿廓间能存留一定的润滑油，而且为了防止由于齿轮的制造误差和热变形导致齿轮被卡，因此，要求要有一定的齿侧间隙。

渐开线圆柱齿轮的精度等级按国家标准规定分为 12 等级，1 级精度最高，12 级精度最低。

齿轮精度的选择应根据齿轮的用途、工作条件、传递功率、圆周速度以及经济性等决定。常用的齿轮精度等级为 6～9 级，具体见表 4－4。

表 4－4　齿轮精度等级

精度等级	圆周速度/(m/s)		应用范围
	直齿	斜齿	
6 （高精度等级）	≤15	≤30	用于在高速下平稳地回转，并要求有较高的效率和低噪声的齿轮。分度机构用齿轮——特别重要的飞机齿轮
7 （比较高精度等级）	≤10	≤15	用于高速、载荷小或反转的齿轮。机床的进给齿轮，需要有配合的齿轮、中速减速齿轮、飞机齿轮
8 （中等精度等级）	≤6	≤10	对精度没有特别要求的有一般机械用齿轮、机床齿轮，特别不重要的飞机、汽车、拖拉机齿轮，起重机、农业机械、普通减速器用齿轮
9 （低精度等级）	≤2	≤4	用于对精度要求不高，并且在低速下工作的齿轮

4.3.4　渐开线齿轮轮齿的加工方法

1. 齿轮轮齿加工方法

轮齿的切削加工方法按其原理可分为成形法和范成法两类。

(1)成形法

成形法是用与齿轮齿槽形状相同的圆盘铣刀或指状铣刀在铣床上进行加工，也叫仿形法，如图 4－20 所示。加工时铣刀绕本身的轴线旋转，当加工完一个齿后，齿轮轮坯转过 $2\pi/z$，再铣第二个齿槽，其余依此类推，便加工出齿数为 z 的齿轮。这种加工方法简单，不需要专用机床，但精度差，而且是逐个齿加工，故生产率低，仅适用于单件生产及精度要求不高的齿轮加工。

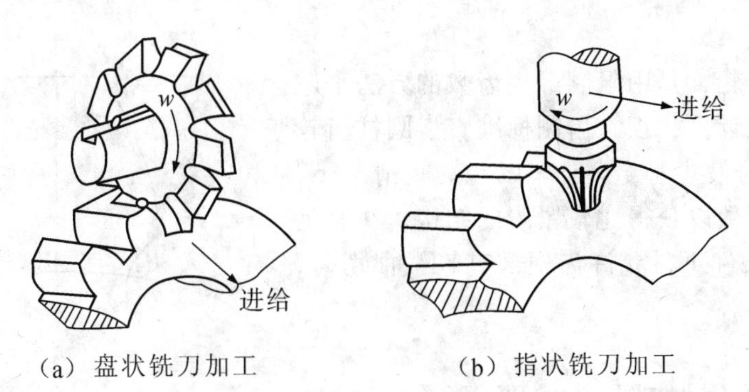

（a）盘状铣刀加工　　（b）指状铣刀加工

图 4－20　成形法加工齿轮

(2)范成法

范成法是利用一对齿轮(或齿轮与齿条)互相啮合时其共轭齿廓互为包络线的原理来切齿的(见图 4－21a)。如果把其中一个齿轮(或齿条)做成刀具，就可以切出与它共轭的渐开线齿廓。

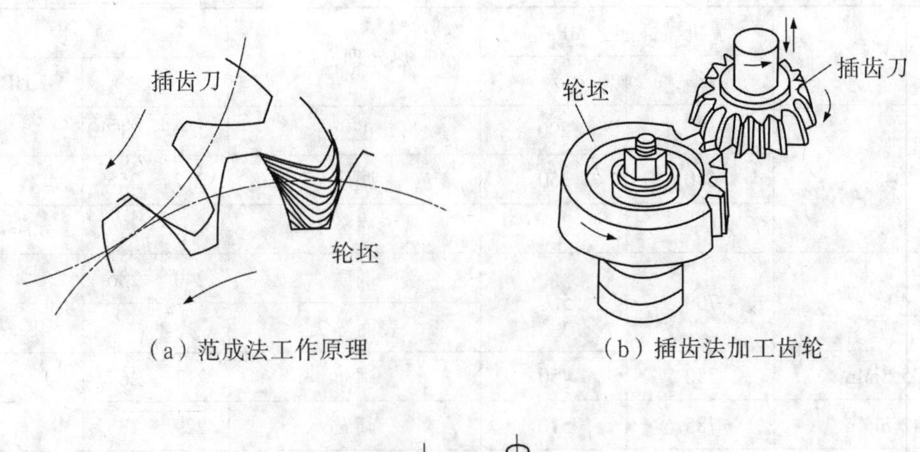

（a）范成法工作原理　　（b）插齿法加工齿轮

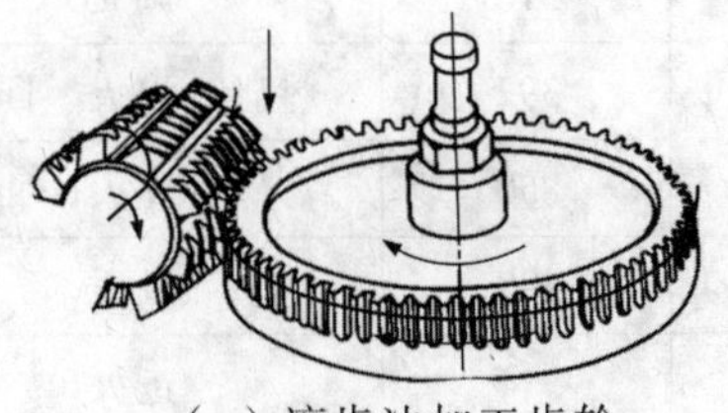

（c）滚齿法加工齿轮

图 4－21　范成法加工齿轮

范成法种类很多，有插齿、滚齿、剃齿、磨齿等，其中最常用的是插齿和滚齿，剃齿和磨齿用于精度和粗糙度要求较高的场合。图 4－21b 所示为插齿法加工齿轮。图 4－21c 所示为滚齿法加工齿轮。

2. 轮齿的根切现象与齿轮的最小齿数

用范成法加工齿数较少的齿轮时，常会将轮齿根部的渐开线齿廓切去一部分，如图 4－22 所示。这种现象称为根切。根切将使轮齿的抗弯强度降低，重合度减小，故应设法避免。

对于标准齿轮，是用限制最少齿数的方法来避免根切的。根据计算，正常齿制标准直齿圆柱齿轮时不发生根切的最少齿数 $z_{\min}=17$。某些情况下，为了尽量减少齿数以获得比较紧凑的结构，在满足轮齿弯曲强度条件下，允许齿根部有轻微根切时，$z_{\min}=14$。

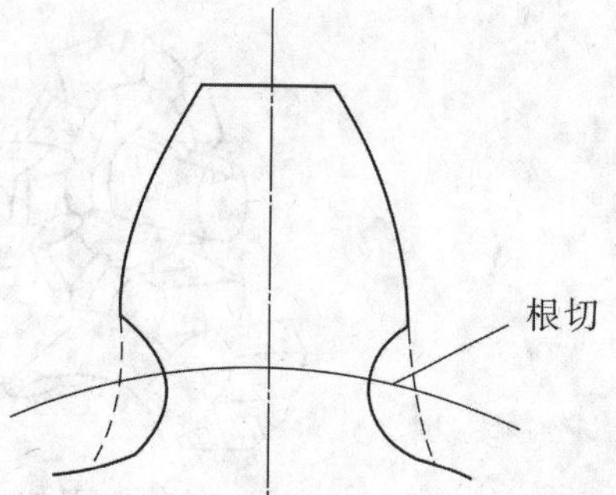

根切

图 4－22　轮齿的根切现象

4.3.5　齿轮常用材料及热处理

对齿轮材料的要求是：齿面有足够的硬度和耐磨性，轮齿心部有较强韧性，以承受冲击载荷和变载荷。常用的齿轮材料是各种牌号的优质碳素钢、合金结构钢、铸钢和铸铁等，一般多采用锻件或轧制钢材。表 4－5 列出了常用齿轮材料及其热处理后的硬度。

表 4－5　常用的齿轮材料

材　料	机械性能 / MPa		热处理方法	硬　度	
	σ_b	σ_s		HBS	HRC
45	580	290	正火	160～217	
	640	350	调质	217～255	
			表面淬火		40～50
40 Cr	700	500	调质	240～286	
			表面淬火		48～55
35 SiMn	750	450	调质	217～269	
42 SiMn	785	510	调质	229～286	
20 Cr	637	392	渗碳、淬火、回火		56～62
20 CrMnTi	1100	850	渗碳、淬火、回火		56～62
40 MnB	735	490	调质	241～286	
ZG 45	569	314	正火	163～197	
ZG 35 SiMn	569	343	正火、回火	163～217	
	637	412	调质	197～248	
HT 200	200			170～230	
HT 300	300			187～255	
QT 500—5	500			147～241	
QT 600—2	600			229～302	

齿轮常用的热处理方法有以下几种：

1. 表面淬火

表面淬火一般用于中碳钢和中碳合金钢。表面淬火处理后齿面硬度可达 HRC52～56，耐磨性好，齿面接触强度高。表面淬火的方法有高频淬火和火焰淬火等。

2. 渗碳淬火

渗碳淬火用于处理低碳钢和低碳合金钢，渗碳淬火后齿面硬度可达 HRC56～62，齿面接触强度高，耐磨性好，而轮齿心部仍保持有较高的韧性，常用于受冲击载荷的重要齿轮传动。

3. 调质

调质处理一般用于处理中碳钢和中碳合金钢。调质处理后齿面硬度可达 HBS220～260。

4. 正火

正火能消除内应力、细化晶粒，改善力学性能和切削性能。中碳钢正火处理可用于机械强度要求不高的齿轮传动中。

经热处理后齿面硬度 HBS≤350 的齿轮称为软齿面齿轮，多用于中、低速机械。当大小齿轮都是软齿面时，考虑到小齿轮齿根较薄，弯曲强度较低，且受载次数较多，因此应使小齿轮齿面硬度比大齿轮高 HBS20～50。

齿面硬度 HBS>350 的齿轮称为硬齿面齿轮，其最终热处理在轮齿精切后进行。因热处理后轮齿会产生变形，故对于精度要求高的齿轮需进行磨齿。当大小齿轮都是硬齿面时，小齿轮的硬度应略高，也可和大齿轮相等。

近年，由于齿轮材质和齿轮加工工艺技术的迅速发展，越来越广泛地选用硬齿面齿轮。

4.3.6 直齿圆柱齿轮的强度计算

4.3.6.1 齿轮的失效形式

齿轮传动在工作到一定时间以后，都会出现这样或那样的失效。一般来说，齿轮的失效主要是轮齿的失效，其失效形式主要有以下几种形式。

1. 轮齿折断

齿轮工作时，若轮齿危险剖面的应力超过材料所允许的极限值，轮齿将发生折断。轮齿的折断有两种情况：一种是因短时意外的严重过载或受到冲击载荷时突然折断，称为过载折断；另一种是由于循环变化的弯曲应力的反复作用而引起的疲劳折断。轮齿折断一般发生在轮齿根部。直齿轮轮齿的折断一般是全齿折断，如图 4－23a 所示，斜齿轮由于接触线倾斜，一般是局部齿折断，如图 4－23b 所示。

2. 齿面点蚀

在润滑良好的闭式齿轮传动中，当齿轮工作了一定时间后，在轮齿工作表面上会产生

（a）全齿折断

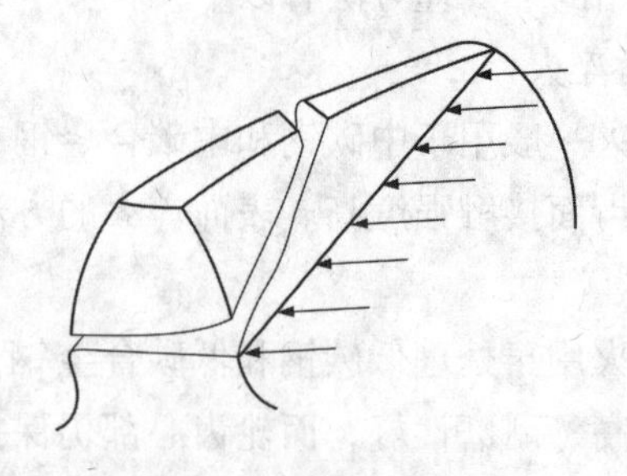

（b）局部齿折断

图 4－23　轮齿折断

一些细小的凹坑，称为点蚀(图 4－24)。点蚀的产生主要是由于轮齿啮合时，齿面的接触应力按脉动循环变化，在这种脉动循环变化接触应力的多次重复作用下，由于疲劳，在轮齿表面层会产生疲劳裂纹，裂纹的扩展使金属微粒剥落下来而形成疲劳点蚀。通常疲劳点蚀首先发生在节线附近的齿根表面处。点蚀使齿面有效承载面积减小，点蚀的扩展将会严重损坏齿廓表面，引起冲击和噪音，造成传动的不平稳。齿面抗点蚀能力主要与齿面硬度有关，齿面硬度越高，抗点蚀能力越强。点蚀是闭式软齿面齿轮传动的主要失效形式。

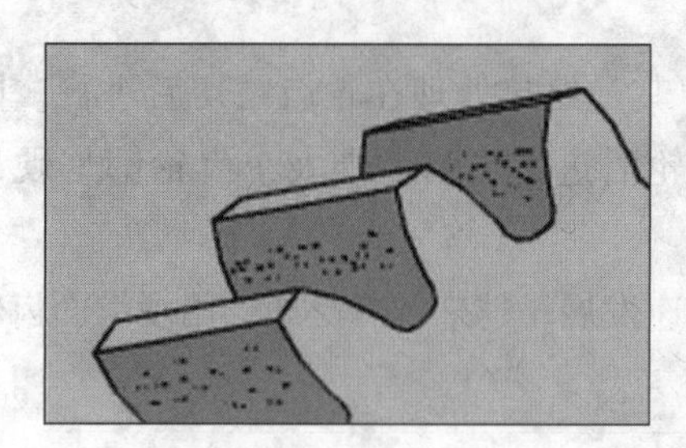

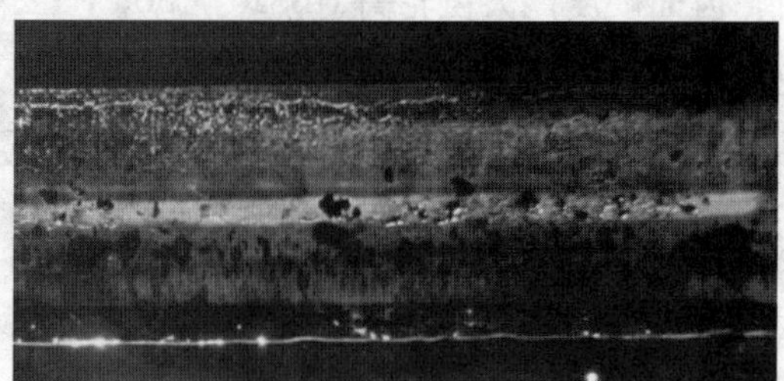

图 4－24　齿面点蚀

而对于开式齿轮传动，由于齿面磨损速度较快，即使轮齿表层产生疲劳裂纹，但还未扩展到金属剥落时，表面层就已被磨掉，因而一般看不到点蚀现象。

3. 齿面胶合

在高速重载传动中，由于齿面啮合区的压力很大，润滑油膜因温度升高容易破裂，造成齿面金属直接接触，其接触区产生瞬时高温，致使两轮齿表面焊粘在一起，当两齿面相对运动时，较软的齿面金属被撕下，在轮齿工作表面形成与滑动方向一致的沟痕(见图 4－25)，这种现象称为齿面胶合。

4. 齿面磨损

互相啮合的两齿廓表面间有相对滑动，在载荷作用下会引起齿面的磨损。尤其在开式传动中，由于灰尘、砂粒等硬颗粒容易进入齿面间而发生磨损。齿面严重磨损后，轮齿将失去正确的齿形，会导致重噪音和振动，影响轮齿正常工作，最终使传动失效，如图 4－26 所示。采用闭式传动，减小齿面粗糙度值和保持良好的润滑可以减少齿面磨损。

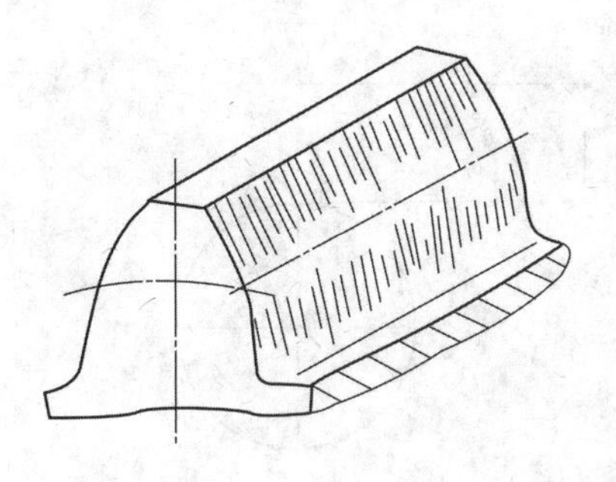

图4-25　齿面胶合

图4-26　轮齿磨损

图4-27　齿面塑性变形

5. 齿面塑性变形

在重载的条件下，较软的齿面上表层金属可能沿滑动方向滑移，出现局部金属流动现象，使齿面产生塑性变形，齿廓失去正确的齿形。在起动和过载频繁的传动中较易产生这种失效形式，如图4-27所示。

4.3.6.2　圆柱齿轮的设计准则

综上所述，齿轮在具体的工作情况下，必须具有足够的强度和相应的工作能力，以保证在工作寿命期间内不发生失效。齿轮传动的设计准则是根据齿轮可能出现的失效形式来进行的。目前在齿轮传动设计中，通常按保证齿根弯曲疲劳强度和齿面接触疲劳强度进行计算。而对于高速重载齿轮传动，还要按保证齿面抗胶合能力的准则进行计算。

由工程实际得知，在闭式齿轮传动中，对于软齿面齿轮，按接触疲劳强度进行设计，弯曲疲劳强度校核；而对于硬齿面齿轮，按弯曲疲劳强度进行设计，接触疲劳强度校核。开式(半开式)齿轮传动，按弯曲疲劳强度进行设计，不必校核齿面接触疲劳强度。

4.3.6.3　齿轮的受力分析

为了计算轮齿的强度以及设计轴和轴承装置等，需确定作用在轮齿上的力。

图4-28所示为一对直齿圆柱齿轮啮合传动时的受力情况。若忽略齿面间的摩擦力，则轮齿之间的总作用力 F_n 将沿着轮齿啮合点的公法线方向，故也称法向力。法向力 F_n 可分解为两个分力：圆周力 F_t 和径向力 F_r。

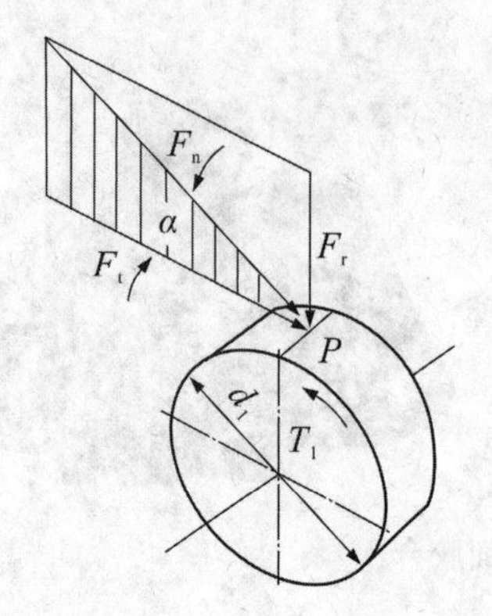

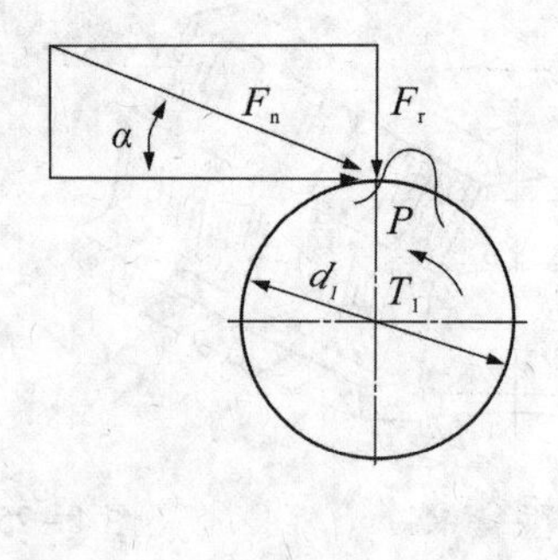

图 4－28　直齿圆柱齿轮传动的作用力

$$\text{圆周力}\quad F_t=\frac{2T_1}{d_1}$$

$$\text{径向力}\quad F_r=F_t\tan\alpha \tag{4-8}$$

$$\text{法向力}\quad F_n=\frac{F_t}{\cos\alpha}$$

式中　T_1——小齿轮上的转矩，$T_1=9.55\times10^6\dfrac{P}{n_1}$，N · mm；

P——小齿轮传递的功率，kW；

d_1——小齿轮的分度圆直径，mm；

α——分度圆压力角。

圆周力 F_t 的方向，在主动轮上与圆周速度方向相反，在从动轮上与圆周速度方向相同。径向力 F_r 的方向对两轮都是由作用点指向轮心，如图 4－29 所示。

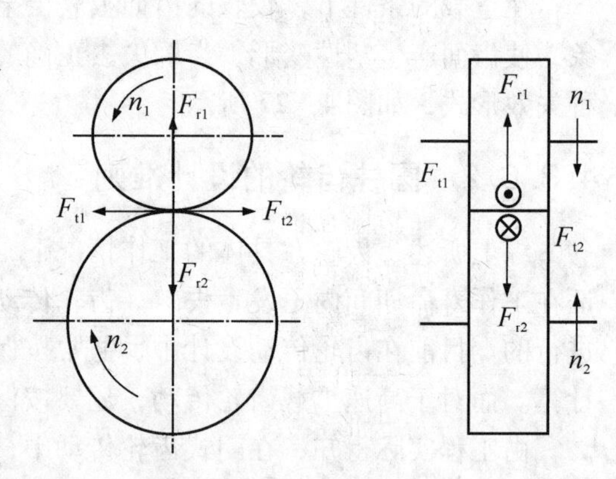

图 4－29　齿轮受力分析

4.3.6.4　计算载荷

上述受力分析是在载荷沿齿宽均匀分布的理想条件下进行的。但实际运转时，由于齿轮、轴、支承等存在制造、安装误差以及受载时产生变形等，载荷沿齿宽不是均匀分布，造成载荷局部集中。轴和轴承的刚度越小，齿宽 b 越宽，载荷集中越严重。此外，由于各种原动机和工作机的特性不同（例如机械的起动和制动、工作机构速度的突然变化和过载等），导致在齿轮传动中还将引起附加动载荷。因此在计算齿轮强度时，通常考虑齿轮的载荷系数，用 K 表示，其值由表 4－6 查取。斜齿圆柱齿轮圆周速度低、精度高、齿宽系数小时取小值；直齿圆柱齿轮圆周速度高、精度低、齿宽系数大时取大值。齿轮在两轴承之间对称布置时取小值，不对称布置及悬臂布置时取较大值。

表4－6 载荷系数 K

原动机	工作机特性		
	工作平稳	中等冲击	较大冲击
电动机	1～1.2	1.2～1.5	1.5～1.8
多缸内燃机	1.2～1.5	1.5～1.8	1.8～2.1
单缸内燃机	1.6～1.8	1.8～2.0	2.1～2.4

4.3.6.5 齿根弯曲疲劳强度计算

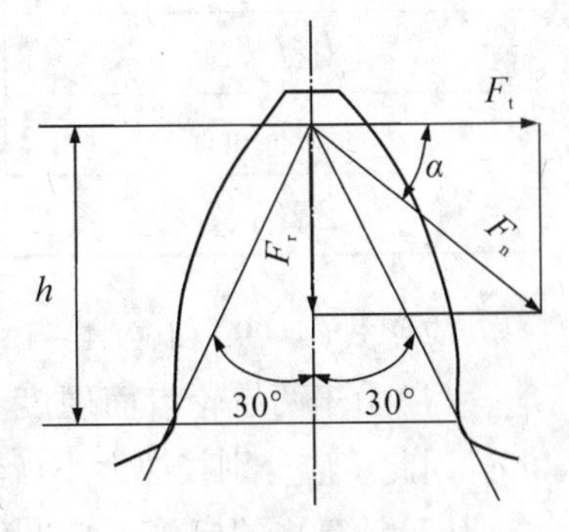

图4－30 轮齿受力分析

为了防止齿轮在工作时发生轮齿折断，应限制在轮齿根部的弯曲应力。

进行轮齿弯曲应力计算时，假定全部载荷由一对轮齿承受且作用于齿顶处，这时齿根所受的弯曲力矩最大。计算轮齿弯曲应力时，将轮齿看作宽度为 b 的悬臂梁(见图4－30)。根据弯曲应力理论，一般齿轮的根部受的弯曲应力最大，其根部所在的截面为危险截面。

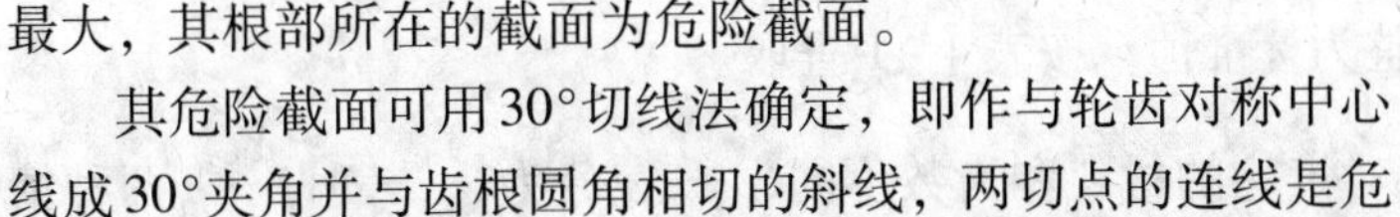

其危险截面可用30°切线法确定，即作与轮齿对称中心线成30°夹角并与齿根圆角相切的斜线，两切点的连线是危险截面位置。设法向力 F_n 移至轮齿中线并分解成相互垂直的两个分力，即 F_t 和 F_r，其中 F_t 使齿根产生弯曲应力，F_r 则产生压应力。因压应力数值较小，为简化计算，在计算轮齿弯曲强度时只考虑弯曲应力。

经过推导得出齿根危险截面的弯曲应力验算公式，也就是校核公式为：

$$\sigma_F = \frac{M}{W} = \frac{2KT_1 Y_F}{bm^2 z_1} = \frac{2KT_1 Y_F}{d_1 bm} \leq [\sigma_F] \quad (\text{MPa}) \qquad (4-9)$$

式中 M——危险截面(齿根)的最大弯矩，N·mm；

W——危险截面的抗弯截面系数，mm^3；

b——齿轮宽度；

$[\sigma_F]$——许用弯曲应力，MPa；

Y_F——齿形系数，齿形系数与齿数有关。正常齿制标准齿轮的 Y_F 值可参考表4－7。

表4－7 齿形系数

$Z(z_v)$	17	18	19	20	21	22	23	24	25	26	27	28	29
Y_F	2.97	2.91	2.85	2.80	2.76	2.72	2.69	2.65	2.62	2.60	2.57	2.55	2.53
$Z(z_v)$	30	35	40	45	50	60	70	80	90	100	150	200	∞
Y_F	2.5	2.45	2.40	2.35	2.32	2.28	2.24	2.22	2.20	2.18	2.14	2.12	2.06

在式(4－9)中，令 $\phi_d = b/d_1$，则得齿轮齿根弯曲强度设计公式为

$$m \geqslant \sqrt[3]{\frac{2KT_1}{\phi_d z_1^2} \frac{Y_F}{[\sigma_F]}} \quad (\text{mm}) \tag{4-10}$$

式中 ϕ_d——齿宽系数，由表4-8查取。

表4-8 齿宽系数

齿轮相对轴承的位置	齿面硬度	
	软齿面（≤350HBS）	硬齿面（>350HBS）
对称布置	0.8～1.4	0.4～0.9
非对称布置	0.6～1.2	0.3～0.6
悬臂布置	0.3～0.4	0.2～0.25

应用式(4-9)和式(4-10)进行计算时，应注意以下几点：

(1)由于两齿轮齿面硬度和齿数的不同，其大小齿轮的许用应力及齿形系数也不相等，因此，应分别校核大小齿轮的弯曲强度，即保证满足$\sigma_{F1} \leqslant [\sigma_{F1}]$，$\sigma_{F2} \leqslant [\sigma_{F2}]$。

(2)计算出的模数 m 应圆整为标准值，按表4-1查取。

(3)式(4-10)中，由于配对齿轮的材料和齿数不同，$\frac{Y_F}{[\sigma_F]}$分为$\frac{Y_{F1}}{[\sigma_{F1}]}$和$\frac{Y_{F2}}{[\sigma_{F2}]}$两种情况，应取两者中的较大值代入计算。

4.3.6.6 齿面接触疲劳强度计算

为避免齿面发生点蚀，应限制齿面的接触应力。实践证明，点蚀通常首先发生在齿根部分靠近节线处，故取节点处的接触应力为计算依据。根据弹性力学接触理论可推导出钢制标准直齿圆柱齿轮在节点处最大接触应力的校核公式为

$$\sigma_H = 670 \sqrt{\frac{KT_1}{bd_1^2} \frac{i+1}{i}} \leqslant [\sigma_H] \quad (\text{MPa}) \tag{4-11}$$

将 $\phi_d = b/d_1$ 代入上式，可得齿面接触强度设计公式

$$d_1 \geqslant \sqrt[3]{\left(\frac{670}{[\sigma_H]}\right)^2 \frac{KT_1}{\phi_d} \frac{i+1}{i}} \quad (\text{mm}) \tag{4-12}$$

式中 σ_H——齿面接触应力，MPa；

$[\sigma_H]$——齿轮材料的许用接触应力，MPa。

应用式(4-11)和式(4-12)进行计算时，应注意以下几点：

(1)两齿轮啮合时齿面接触应力相等，即$\sigma_{H1} = \sigma_{H2}$，但两齿轮材料、齿面硬度不同，因此其许用应力也不同，故在计算时应取$[\sigma_{H1}]$、$[\sigma_{H2}]$中的较小值。

(2)式(4-11)和式(4-12)中齿轮均为钢制标准齿轮，如两配对齿轮并非钢—钢，则式中的常数不等于670，应重新推导公式。

(3)式中"+"用于外啮合齿轮，如齿轮为内啮合时，应改为"-"。

4.3.6.7 齿轮许用应力

1. 许用弯曲应力$[\sigma_F]$的计算

$$[\sigma_F]=\frac{\sigma_{F\lim}}{S_F} \tag{4-13}$$

式中 $\sigma_{F\lim}$——试验齿轮的齿根弯曲疲劳极限，单位为MPa，按图4-31查取；

S_F——轮齿弯曲疲劳安全系数，按表4-9查取。

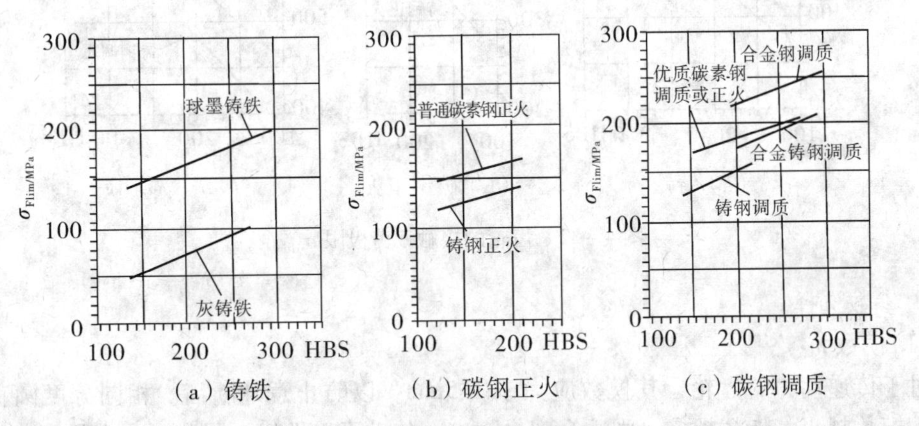

（a）铸铁 （b）碳钢正火 （c）碳钢调质

图4-31 齿轮的弯曲疲劳极限σ_{Flim}

表4-9 安全系数 S_F 和 S_H

安全系数	软齿面	硬齿面	重要的传动、渗碳淬火齿轮或铸造齿轮
S_F	1.3～1.4	1.4～1.6	1.6～2.2
S_H	1.0～1.1	1.1～1.2	1.3

2. 许用接触应力$[\sigma_H]$的计算

$$[\sigma_H]=\frac{\sigma_{H\lim}}{S_H} \tag{4-14}$$

式中 $\sigma_{H\lim}$——试验齿轮的接触疲劳极限，MPa，其值可由图4-32查出；

S_H——齿面接触疲劳安全系数，其值由表4-9查出。

4.3.6.8 直齿圆柱齿轮传动设计步骤及参数选择

1. 设计步骤

在闭式软齿面齿轮传动中，按接触疲劳强度进行设计，计算分度圆直径d，然后计算出模数m和齿轮的其他参数和尺寸，再根据弯曲疲劳强度进行校核；而对于硬齿面齿轮传动，一般按弯曲疲劳强度进行设计，计算出模数，然后确定齿轮参数和相关尺寸，再按接触疲劳强度进行校核。对于开式(半开式)齿轮传动，由于不会出现接触疲劳问题，一般按弯曲疲劳强度进行设计即可，不必校核齿面接触疲劳强度。

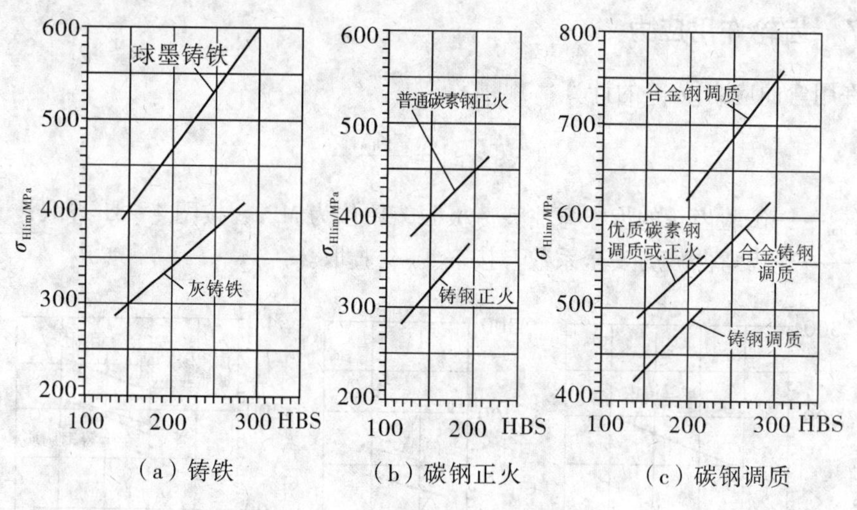

图4－32　齿轮的接触疲劳极限 σ_{Hlim}

2. 参数选择

（1）模数 m

对于传递动力的齿轮，其模数应大于1.5mm，以防止意外断齿。相同分度圆直径条件下，模数越小，齿数越多，则重合度也越大，传动平稳性好。因此，在满足弯曲强度的条件下，应尽量增加齿数使传动的重合度增大，以改善传动平稳性和载荷分配；在中心距 a 一定时，齿数增加则模数减小，齿顶高和齿根高都随之减小，能节约材料并减少金属切削量。

（2）齿数 z_1

对标准齿轮，应使 $z_1 \geqslant 17$，一般可取 $z_1 = 20 \sim 40$。对闭式齿轮及软齿面齿轮传动，因承载能力主要取决于接触强度，故在保证弯曲强度的条件下，z_1 尽量取多一些。

对开式齿轮传动和硬齿面齿轮传动，工作能力主要取决于弯曲强度，可以适当减少齿数，增大模数，以防轮齿折断。

（3）传动比 i

一般对于单级齿轮传动，$i \leqslant 3 \sim 6$，当传动比大于6～8时应采用两级齿轮传动。

【例4－2】图4－33所示为一单级直齿圆柱齿轮减速器，减速器用电动机驱动，传动功率 $P = 10\text{kW}$，单向运转，载荷有中等冲击，齿轮对称分布。传动比 $i = 3.5$，输入轴转速 $n_1 = 980\text{r/min}$，采用软齿面，试设计此齿轮传动。

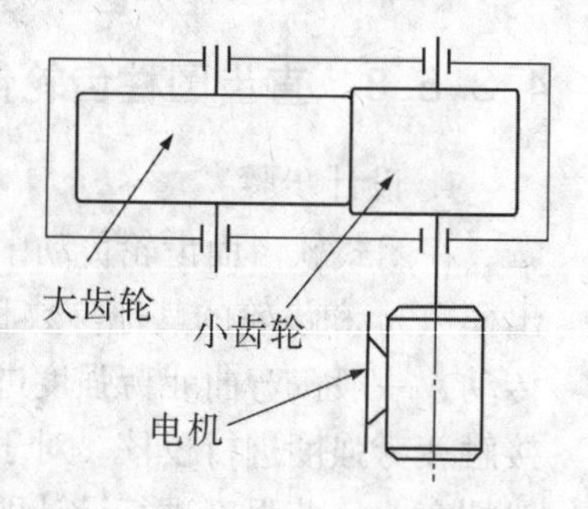

图4－33　一级齿轮减速器

解：（1）选择材料及确定许用应力

由表4－5可知，小齿轮用优质碳素钢45钢，调质处理，齿面硬度为HBS217—255；大齿轮用45钢，正火处理，齿面硬度为HBS160—217。

根据弯曲疲劳极限图4－31、接触疲劳极限图4－32及

安全系数公式得

$$\sigma_{\text{Flim1}} = 205\text{MPa},\ \sigma_{\text{Flim2}} = 185\text{MPa},\ S_{\text{F}} = 1.3$$

$$[\sigma_{\text{F1}}] = \frac{\sigma_{\text{Flim1}}}{S_{\text{F}}} = \frac{225}{1.3} = 158\text{MPa}$$

$$[\sigma_{\text{F2}}] = \frac{\sigma_{\text{Flim2}}}{S_{\text{F}}} = \frac{210}{1.3} = 142\text{MPa}$$

$$\sigma_{\text{Hlim1}} = 590\text{MPa},\ \sigma_{\text{Hlim2}} = 550\text{MPa},\ S_{\text{H}} = 1.0,$$

$$[\sigma_{\text{H1}}] = \frac{\sigma_{\text{Hlim1}}}{S_{\text{H}}} = \frac{590}{1.0} = 590\text{MPa}$$

$$[\sigma_{\text{H2}}] = \frac{\sigma_{\text{Hlim2}}}{S_{\text{H}}} = \frac{550}{1.0} = 550\text{MPa}$$

(2)按齿面接触强度进行设计

软齿面齿轮传动应按照齿面接触强度进行设计，按齿根弯曲疲劳强度进行校核。按公式(4－12)计算小齿轮的直径，按表4－6取载荷系数$K=1.2$，根据表4－8选取齿宽系数$\phi_{\text{d}}=1$。

小齿轮上的转矩：

$T_1 = 9.55\times10^6\times\dfrac{P}{n_1} = 9.55\times10^6\times\dfrac{10}{980} = 97\ 450(\text{N}\cdot\text{mm})$，代入齿轮设计公式

$$d_1 \geqslant \sqrt[3]{\left(\frac{670}{[\sigma_{\text{H}}]}\right)^2 \frac{KT_1}{\phi_{\text{d}}} \frac{i+1}{i}}$$

$$= \sqrt[3]{\left(\frac{670}{550}\right)^2 \frac{1.2\times97\ 450}{1} \frac{(3.5+1)}{3.5}}$$

$$= 60.65\quad(\text{mm})$$

(3)确定齿轮的参数和尺寸

① 选齿数z，取$z_1=28$，$z_2=iz_1=3.5\times28=98$，z_2的齿数可以有一定的变动，但要计算实际的传动比，工程上一般允许的传动比误差为5%左右。

② 确定模数m，$m=\dfrac{d_1}{z_1}=\dfrac{60.65}{28}=2.16(\text{mm})$，根据表4－1，取标准值$m=2.5$ mm。

③ 中心距a，$a=\dfrac{m}{2}(z_1+z_2)=\dfrac{2.5}{2}(28+98)=157.5(\text{mm})$。

④ 齿轮其他主要尺寸：

分度圆直径：$d_1=mz_1=2.5\times28=70(\text{mm})$，$d_2=mz_2=2.5\times98=245(\text{mm})$

齿宽：$b=d_1\phi_d=70\times1=70(\text{mm})$，取大齿轮的齿宽$b_2=70(\text{mm})$，考虑到齿轮安装误差，小齿轮的齿宽一般比大齿轮的齿宽要宽5～10(mm)，因此$b_1=b_2+5=75(\text{mm})$。

其他齿轮尺寸如齿顶高、齿根高、齿顶圆直径、齿根圆直径等按有关公式计算。

(4)根据齿根弯曲疲劳强度校核

根据表4－7查得齿形系数$Y_{\text{F1}}=2.55$，Y_{F2}按插值法求得$Y_{\text{F2}}=2.184$，根据齿根弯曲疲劳强度校核公式(4－9)，有

$$\sigma_{F1}=\frac{2KT_1Y_{F1}}{d_1bm}=\frac{2\times1.2\times97\ 450\times2.55}{70\times70\times2.5}=48.68(\text{MPa})\leqslant[\sigma_{F1}]$$

$$\sigma_{F2}=\frac{2KT_1Y_{F2}}{d_1bm}=\sigma_{F1}\frac{Y_{F2}}{Y_{F1}}=48.68\ \frac{2.184}{2.55}=41.7(\text{MPa})\leqslant[\sigma_{F2}]$$

由于齿轮 σ_{F1}、σ_{F2} 分别小于各自的许用应力，故安全。

(5)确定齿轮的精度等级

根据齿轮的速度

$$v=\frac{\pi d_1n_1}{60\times1\ 000}=\frac{\pi\times70\times980}{60\times1\ 000}=3.59(\text{m/s})$$

根据齿轮的圆周速度查表4－4，得齿轮精度为8级。

(6)齿轮结构设计及齿轮零件图

齿轮的结构可以参考4.5节有关齿轮的结构设计，图4－34为大齿轮工程图。

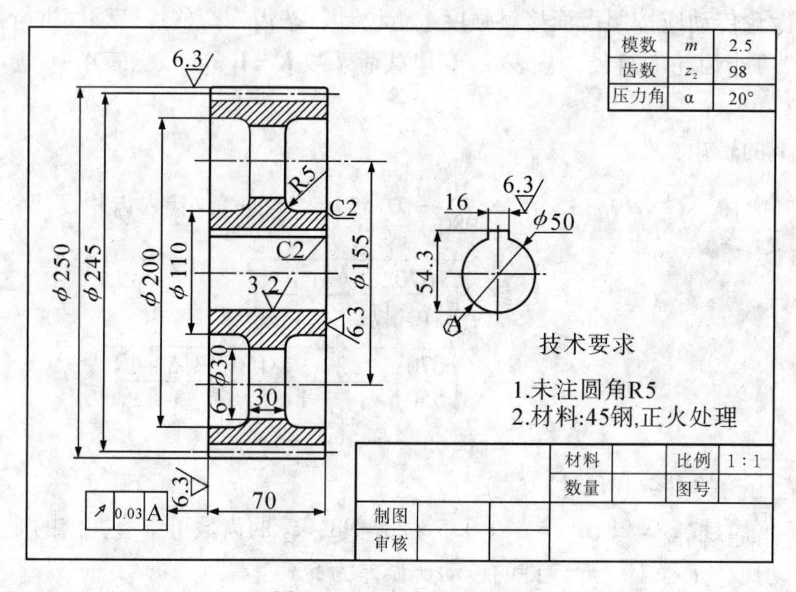

图4－34　大齿轮工程图

4.4　斜齿圆柱齿轮传动

4.4.1　斜齿圆柱齿轮齿廓的形成

一对直齿圆柱齿轮啮合时，两轮齿廓曲面的接触线是与轴线平行的直线，也就是说，直齿圆柱齿轮的轮齿与齿轮的轴线是平行的，如图4－35所示。直齿圆柱齿轮在传动过程中，一对轮齿沿着整个齿宽同时进入啮合，并同时退出啮合，轮齿受到的作用力也会突然产生并突然消失。因此，这种齿廓接触方式使得直齿圆柱齿轮传动容易产生冲击和振动，传动平稳性较差，不适宜用于高速齿轮传动。

随着工业的发展，要求齿轮传动具有更高的承载能力和更好的传动性能，于是在直齿圆柱齿轮的基础上发展了斜齿圆柱齿轮传动。

简单地说，斜齿圆柱齿轮就是齿轮轮齿并不与齿轮轴线平行，而是与轴线有一角度。这种齿轮轮齿与轴线的夹角称为螺旋角，用β表示，如图 4－36 所示。螺旋角是表示斜齿轮轮齿倾斜程度的重要参数。显然，当$\beta=0$时，斜齿圆柱齿轮就变成了直齿圆柱齿轮，如图 4－37 为斜齿圆柱齿轮实物图。

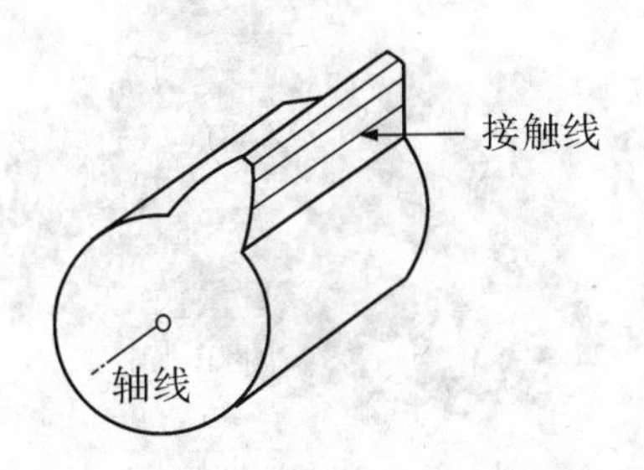

图 4－35　直齿圆柱齿轮

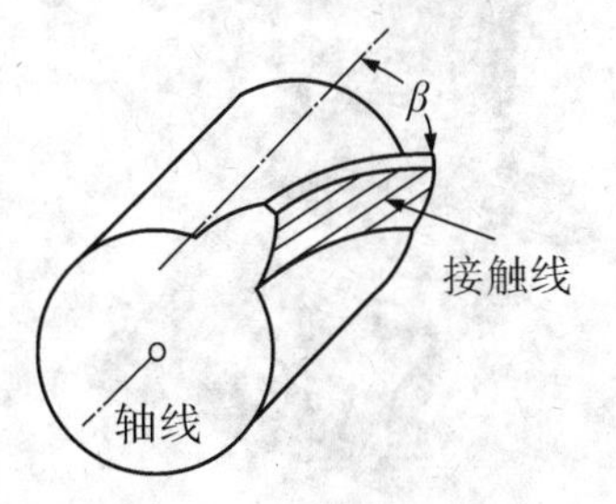

图 4－36　斜齿圆柱齿轮

图 4－37　斜齿圆柱齿轮实物图

4.4.2　斜齿圆柱齿轮的特点及应用

如图 4－38 所示，根据斜齿轮的形成特点，由于斜齿圆柱齿轮的接触线并不与轴线平行，因此一对斜齿圆柱齿轮在啮合过程中，从动轮的齿面从前端面上的齿顶 b_2 开始进入啮合，其接触线长度由零逐渐增长，从某一位置以后又逐渐缩短，最后在后端面上靠近齿根的 b_2' 点脱离啮合，即斜齿轮进入和脱离接触并不像直齿圆柱齿轮那样突然接触和突然脱离，而是逐渐进入啮合然后又逐渐脱离啮合。这种啮合方式，减少了齿轮传动的冲击和噪音，提高了传动的平稳性。此外，与相应的直齿轮相比，由于斜齿轮的轮齿是倾斜的，实际啮合线长度增加，同时啮合的轮齿对数比直齿轮多，故重合度比直齿轮大。

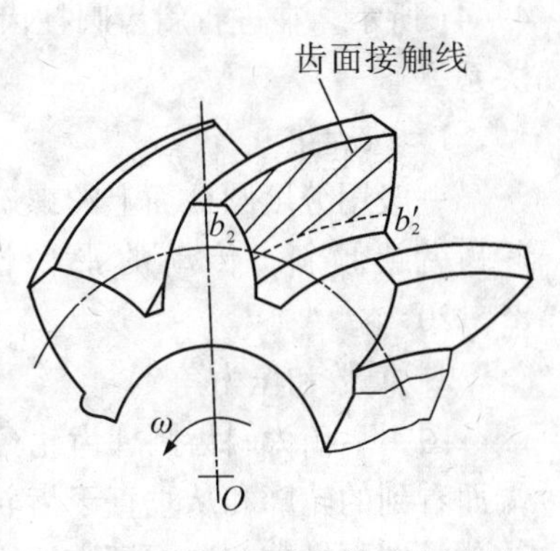

图 4－38　斜齿圆柱齿轮啮合原理

由于斜齿轮的传动性能和承载能力比直齿轮好，而且工作平稳、噪声小、刚性高，因此已被广泛用于高速、重载传动如国防、矿山、汽车、冶金、化工、纺织、起重运输、建筑工程、食品工业和仪表制造等工业部门的机械设备中，如图 4－39 减速器中的斜齿轮和图 4－40 汽车离合器中的斜齿轮。

图 4－39　减速器中的斜齿轮

图 4－40　汽车离合器中的斜齿轮

斜齿轮的另一个特点是，由于斜齿轮的中心距与螺旋角有关，因此，在设计时，可以在不改变模数和齿数的情况下，通过改变螺旋角获得不变的中心距，这给齿轮设计带来很大的方便。但由于螺旋角的存在使斜齿轮在传动过程中产生轴向力，给轴和支撑设计带来不利的影响。

斜齿圆柱齿轮分为左旋和右旋。斜齿轮旋向的判断方法：沿着齿轮轴线方向，若齿轮螺旋线右高左低为右旋齿轮，若螺旋线右低左高为左旋齿轮。如图 4－37 中的小齿轮为左旋齿轮，大齿轮为右旋齿轮。

4.4.3　斜齿圆柱齿轮的几何参数和尺寸计算

垂直于斜齿轮轴线的平面称为端面，与分度圆柱螺旋线垂直的平面称为法面，如图 4－41 所示。在进行斜齿圆柱齿轮几何尺寸计算时，应当注意端面参数与法面参数之间的关系。

1. 螺旋角

一般用分度圆柱面上的螺旋角 β 表示斜齿圆柱齿轮轮齿的倾斜程度。螺旋角 β 越大，轮齿就越倾斜，传动的平稳性也越好，但轴向力也越大，斜齿轮的螺旋角一般为 $8°\sim20°$。

2. 模数和压力角

图 4－42 为斜齿圆柱齿轮分度圆柱面展开图。由于斜齿轮存在螺旋角 β，所以从齿轮端面看到的轮廓和从垂直于齿轮螺旋线的平面（法面）看到的齿廓并不一样。因此，将模数分为端面模数和法面模数，分别用 m_t 和 m_n 表示。同样，斜齿轮的压力角也分为端面压力角和法面压力角，分别用 α_t 和 α_n 表示。

从图上可知，法面模数 m_n 和端面模数 m_t 之间的关系，以及法面压力角和端面压力

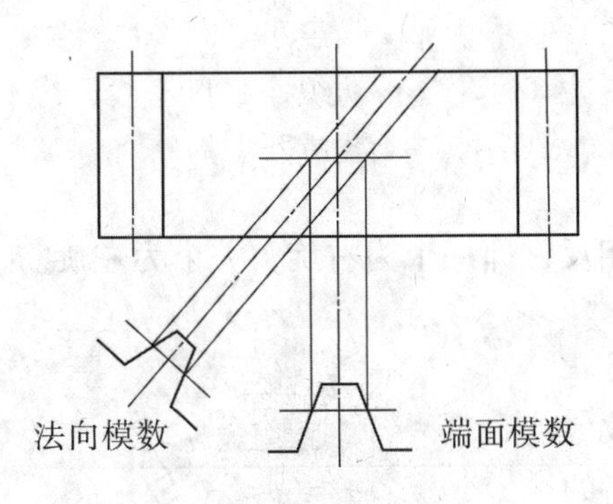

图 4－41　端面与法面

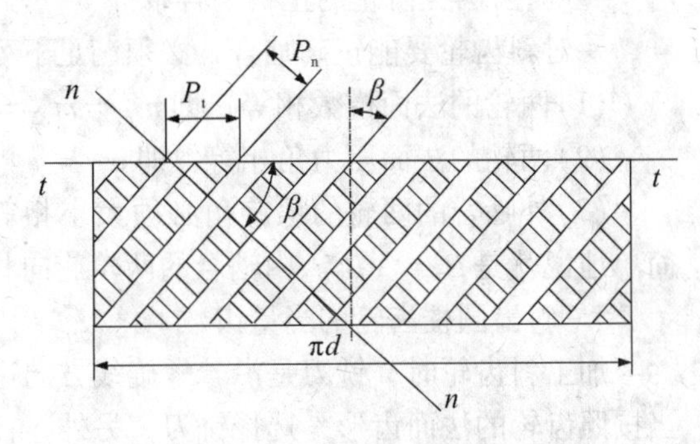

图 4－42　斜齿圆柱齿轮分度圆柱面展开图

角的关系为

$$m_n = m_t \cos\beta$$
$$\tan\alpha_n = \tan\alpha_t \cos\beta \qquad (4-15)$$

用铣刀或滚刀加工斜齿轮时，刀具沿着螺旋齿槽方向进行切削，刀刃位于法面上，故一般规定斜齿圆柱齿轮的法面模数和法面压力角为标准值，由相关资料查取。

3．斜齿圆柱齿轮的几何尺寸计算

由斜齿轮齿廓曲面的形成可知，斜齿轮的端面齿廓曲线为渐开线。从端面看，一对渐开线斜齿轮传动相当于一对渐开线直齿轮传动，故可将直齿轮的几何尺寸计算公式用于斜齿轮的端面。渐开线标准斜齿轮的几何尺寸按表 4－10 所示的公式计算。

表 4－10　渐开线标准斜齿轮的几何尺寸计算公式

名　称	代　号	计算公式
端面模数	m_t	$m_t = \dfrac{m_n}{\cos\beta}$，$m_n$ 为标准值
螺旋角	β	$\beta = 8° \sim 20°$
端面压力角	α_t	$\alpha_t = \arctan\dfrac{\tan\alpha_n}{\cos\beta}$，$\alpha_n$ 为标准值
分度圆直径	d_1，d_2	$d_1 = m_t z_1 = \dfrac{m_n z_1}{\cos\beta}$，$d_2 = m_t z_2 = \dfrac{m_n z_2}{\cos\beta}$
齿顶高	h_a	$h_a = m_n$
齿根高	h_f	$h_f = 1.25 m_n$
全齿高	h	$h = h_a + h_f = 2.25 m_n$
顶隙	c	$c = h_f - h_a = 0.25 m_n$
齿顶圆直径	d_{a1}，d_{a2}	$d_{a1} = d_1 + 2h_a$　　$d_{a2} = d_2 + 2h_a$
齿根圆直径	d_{f1}，d_{f2}	$d_{f1} = d_1 - 2h_f$　　$d_{f2} = d_2 - 2h_f$
中心距	a	$a = \dfrac{d_1 + d_2}{2} = \dfrac{m_t}{2}(z_1 + z_2) = \dfrac{m_n(z_1 + z_2)}{2\cos\beta}$

4. 斜齿圆柱齿轮的正确啮合条件

一对斜齿轮要能正确啮合，必须满足下列条件：

(1)两轮的法面模数相等，即 $m_{n1} = m_{n2} = m_n$；

(2)两轮的法面压力角相等，即 $\alpha_{n1} = a_{n2} = \alpha_n$；

(3)外啮合的两轮的螺旋角必须大小相等，旋向相反，即一个为右旋，一个为左旋。简单地说就是 $\beta_1 = -\beta_2$。内啮合的两轮旋向相同。

5. 斜齿圆柱齿轮的当量齿数

加工斜齿轮时，铣刀是沿着螺旋线方向进刀的，故应当按照齿轮的法面齿形来选择铣刀。另外，在计算轮齿的强度时，因为力作用在法面内，所以也需要知道法面的齿形。通常采用近似方法确定。

如图 4－43 所示，过分度圆柱面上 C 点作轮齿螺旋线的法平面 nn，它与分度圆柱面的交线为一椭圆。

以 ρ 为分度圆半径，以斜齿轮的法面模数 m_n 为模数，$\alpha_n = 20°$，作一直齿圆柱齿轮，它与斜齿轮的法面齿形十分接近。这个假想的直齿圆柱齿轮称为斜齿圆柱齿轮的当量齿轮，它的齿数 z_v 称为当量齿数。

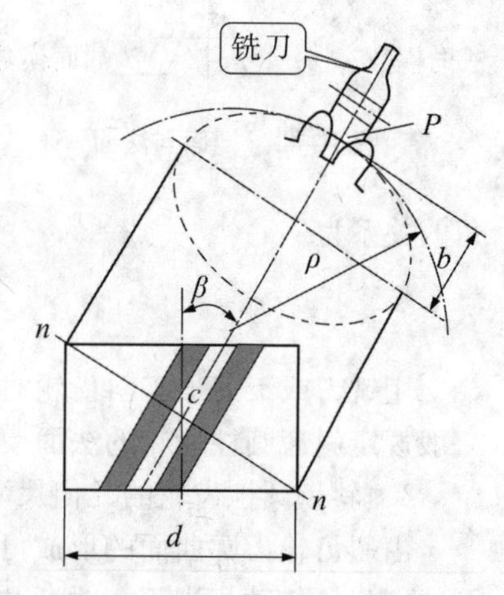

图 4－43　斜齿轮的当量齿轮

$$z_v = \frac{z}{\cos^3\beta} \tag{4-16}$$

式中，z 为斜齿轮的实际齿数。

由式(4－16)可知，斜齿轮的当量齿数总是大于实际齿数，并且往往不是整数。

因斜齿轮的当量齿轮为一直齿圆柱齿轮，其不发生根切的最少齿数 $z_{vmin} = 17$，则正常齿标准斜齿轮不发生根切的最少齿数为

$$z_{min} = z_{v\,min}\cos^3\beta \tag{4-17}$$

4.4.4　斜齿圆柱齿轮强度设计

1. 轮齿上的作用力

如图 4－44 所示，作用在斜齿圆柱齿轮轮齿上的法向力 F_n 可以分解为三个互相垂直的分力，即圆周力 F_t、径向力 F_r 和轴向力 F_a，其大小可以按下式计算。

$$\left.\begin{aligned} &\text{圆周力} && F_t = \frac{2T_1}{d_1} \\ &\text{径向力} && F_r = \frac{F_t\tan\alpha_n}{\cos\beta} \\ &\text{轴向力} && F_a = F_t\tan\beta \end{aligned}\right\} \tag{4-18}$$

圆周力 F_t 和径向力 F_r 的方向与直齿圆柱齿轮相同，圆周力 F_t 的方向在主动轮上与圆周速度方向相反，在从动轮上与圆周速度方向相同。径向力 F_r 的方向对两轮都是由作用点指向轮心。

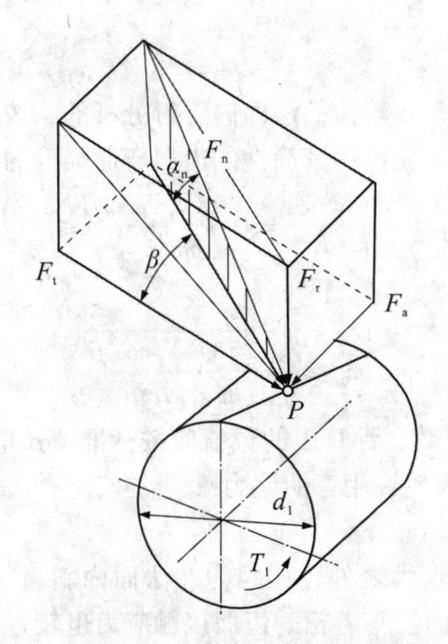

图4-44 轮齿上的作用力

轴向力 F_a 的方向取决于轮齿螺旋线的方向和齿轮的转动方向。确定主动轮的轴向力方向可利用左、右手定则，例如对于主动右旋齿轮，以右手四指弯曲方向表示它的旋转方向，则大拇指的指向表示主动轮所受轴向力的方向。从动轮上所受各力的方向与主动轮相反，但大小相等。

【例4-3】如图4-45所示为主动轮左旋、从动轮右旋的斜齿轮传动，根据左右手定则，左手四指与主动轮的旋转方向相同，则拇指指向为小齿轮的轴向力 F_{a1} 方向，F_{a2} 与 F_{a1} 大小相等，方向相反。

【例4-4】已知主动轮为右旋齿轮，旋转方向为逆时针。齿轮的受力分析如图4-46所示。

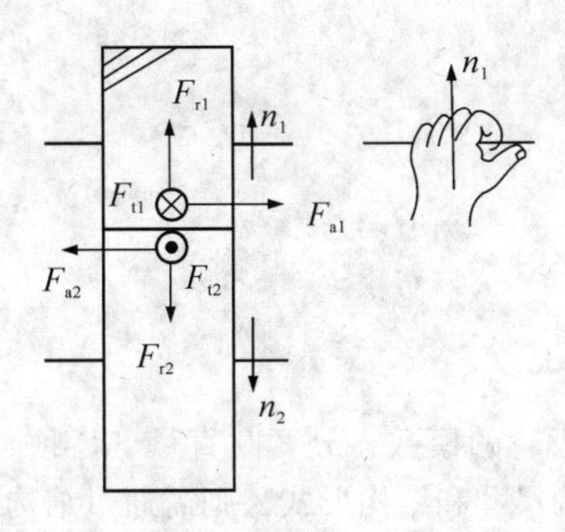

图4-45 例4-3图

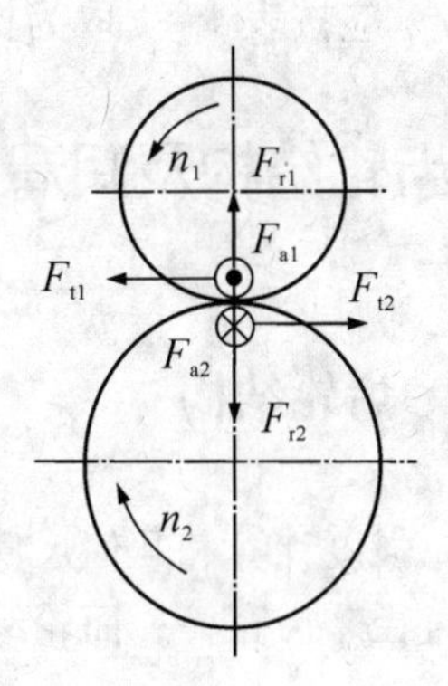

图4-46 例4-4图

2. 强度计算

斜齿轮的强度设计跟直齿圆柱齿轮中所述的方法一样，也分为齿根弯曲强度设计和齿面接触疲劳强度设计。

（1）齿根弯曲强度计算

斜齿轮轮齿的弯曲应力是在轮齿的法面内进行分析的，按照法向上的当量直齿圆柱齿轮计算。对于钢制的标准斜齿轮传动其简化的齿根弯曲强度的校核方式为

$$\sigma_F = \frac{1.6KT_1Y_F}{bm_nd_1} = \frac{1.6KT_1Y_F\cos\beta}{bm_n^2z_1} \leqslant [\sigma_F] \tag{4-19}$$

简化的弯曲强度设计公式

$$m_n \geqslant \sqrt[3]{\frac{1.6KT_1Y_F\cos^2\beta}{\phi_d z_1^2[\sigma_F]}} \tag{4-20}$$

式中，m_n 为斜齿轮的法面模数，计算出的数值应按标准值选取；Y_F 为齿形系数，根据当量齿数 z_v 由表 4－7 查得；齿轮许用弯曲应力$[\sigma_F]$的确定方法与直齿轮相同。

（2）齿面接触强度计算

斜齿轮传动除了重合度较大之外，还因为在法面内斜齿轮当量齿轮的分度圆半径增大，齿廓的曲率半径增大，而使斜齿轮的齿面接触应力也较直齿轮有所降低。因此斜齿轮轮齿的抗点蚀能力也较直齿轮高，由于上述特点，可得一对钢制标准斜齿轮传动齿面接触强度的校核公式和设计公式。

$$\sigma_H = 590\sqrt{\frac{KT_1}{bd_1^2}\,\frac{i+1}{i}} \leqslant [\sigma_H] \tag{4-21}$$

$$d_1 \geqslant \sqrt[3]{\left(\frac{590}{[\sigma_H]}\right)^2 \frac{KT_1}{\phi_d}\,\frac{i+1}{i}} \tag{4-22}$$

上式中各参数的意义和单位同前述。

按式(4－22)求出主动轮的分度圆直径 d_1，根据已选定的 z_1、z_2 和螺旋角 β，由式(4－23)计算模数 m_n。

$$m_n = \frac{d_1\cos\beta}{z_1} \tag{4-23}$$

求得的 m_n 应按表 4－1 取为标准值。

4.5　齿轮结构及润滑

4.5.1　齿轮结构

齿轮强度计算和几何尺寸计算，主要是确定齿轮的模数、分度圆直径、齿顶圆直径、齿根圆直径、齿宽等；而轮缘、轮辐和轮毂等结构尺寸和结构形式，则需通过结构设计来确定。

齿轮结构与齿轮的几何尺寸、毛坯、材料、加工方法、使用要求以及经济性等因素有关。齿轮的结构设计一般先按齿轮的直径大小，选定合适的结构形式，然后再根据推荐的经验数据或经验公式确定。

一般齿轮结构，按尺寸大小可以分为：齿轮轴、实心齿轮、腹板式齿轮、轮辐式齿轮。

(1)当齿轮齿顶圆直径与轴径接近时，应将齿轮与轴做成一体，称为齿轮轴(见图4－47)。

图4－47　齿轮轴

(2)当齿顶圆直径 $d_a \leq 160$ mm 时，可做成实心结构的齿轮，如图4－48所示。

图4－48　实心结构的齿轮

(3)当齿顶圆直径 $d_a \leq 500$ mm 时，为减轻重量，节约材料，一般采用腹板式结构。为了减轻齿轮重量，腹板上常开有孔，开孔的数目按结构尺寸大小及需要而定，如图4－49所示。

图4－49　腹板式齿轮

(4)对于大型齿轮($d_a > 500$ mm)，为节省材料，可做成轮辐式齿轮，如图 4－50 所示。

图 4－50　轮辐式齿轮

4.5.2　齿轮传动的润滑

半开式及开式齿轮传动，或速度较低的闭式齿轮传动，可采用人工定期添加润滑油或润滑脂进行润滑。

闭式齿轮传动通常采用油润滑，其润滑方式根据齿轮的圆周速度 v 而定，当 $v \leqslant 12$ m/s 时可用油浴式(见图 4－51)，大齿轮浸入油池一定的深度，齿轮转动时把润滑油带到啮合区。齿轮浸油深度可根据齿轮的圆周速度大小而定，对圆柱齿轮通常不宜超过一个齿高，但一般亦不应小于 10 mm。当齿轮的圆周速度 $v > 12$ m/s 时，应采用喷油润滑(见图 4－52)，用油泵以一定的压力供油，借喷嘴将润滑油喷到齿面上。

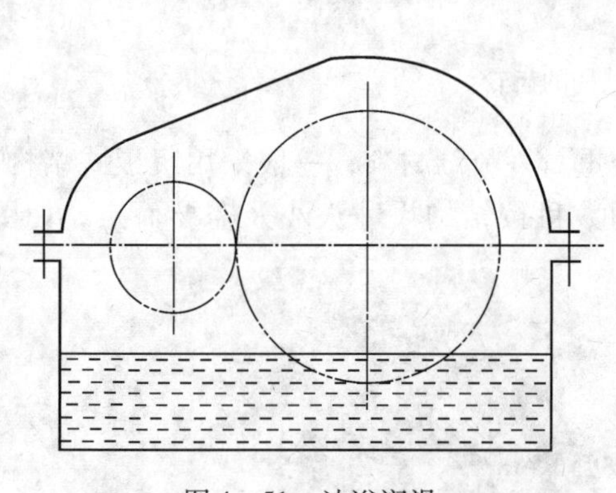

图 4－51　油浴润滑

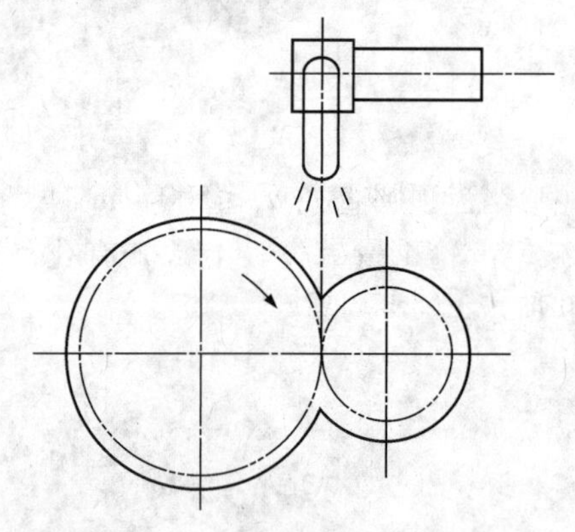

图 4－52　喷油润滑

对于蜗轮蜗杆(见第五章)的润滑，具有特别重要的意义。当润滑不良时，传动效率显著减低，并且会造成剧烈的磨损和产生胶合的危险，所以，一般采用黏度较大的矿物油进行良好的润滑，并在润滑油中常加入添加剂，使其提高抗胶合的能力。

本章学习要点

1. 齿轮传动是应用最广泛的一种机械传动，依靠齿廓之间的啮合来传递运动和动力。而渐开线齿廓的几何特性可以使齿轮传动具有恒定的传动比。

2. 圆柱齿轮传动包括直齿齿轮传动和斜齿齿轮传动，用于平行轴间的传动。齿轮模数 m、齿轮压力角 α、齿数 z 是齿轮的主要参数；对于斜齿轮，模数分为端面模数和法向模数，分别用 m_t 和 m_n 表示。同样，斜齿轮的压力角也分为端面压力角和法面压力角，分别用 α_t 和 α_n 表示。

3. 齿轮模数 m 决定轮齿的大小及承载能力，模数越大其轮齿越粗，承载能力越大。

4. 标准圆柱齿轮是指齿轮模数、压力角、齿顶高系数、顶隙系数均为标准值，而且分度圆上的齿厚等于齿槽宽的齿轮。

5. 直齿圆柱齿轮正确啮合的条件：两齿轮的模数和压力角分别相等。

6. 齿轮加工方法分为成型法和范成法。用范成法加工齿轮，当齿数 $z<17$ 齿时，会发生根切。

7. 斜齿圆柱齿轮正确啮合的条件：两齿轮的法面模数和法面压力角分别相等；外啮合的两轮螺旋角必须大小相等，旋向相反，内啮合的两轮旋向相同。

习　　题

一、填空题

1. 一对齿轮传动，已知主动齿轮转速 $n_1=960$ r/min，从动轮转速 $n_2=384$ r/min，齿数 $z_1=20$，则该齿轮传动比__________，从动轮的齿数________。

2. 齿轮传动应满足的基本要求是__________。

3. 渐开线形状取决于______________圆的大小。

4. 直齿圆柱齿轮的正确啮合条件是______________________。

5. 斜齿圆柱齿轮的正确啮合条件为_______________________。

6. 一对标准渐开线齿轮传动中，当一个齿轮的齿数无限增加时，齿轮就变成_________________。

7. 轮齿加工方法，就其加工原理分___________和___________。

8. 斜齿圆柱齿轮的重合度__________直齿圆柱齿轮的重合度，所以斜齿轮传动平稳，承载能力__________，可用于高速重载的场合。

二、判断题

1. 齿轮传动能保证恒定的瞬时传动比。（　　）

2. 渐开线上任意一点的法线必切于分度圆。（　　）

3. 远离基圆的渐开线趋于平直。（　　）

4. 模数越小，轮齿的承载能力越小。 （ ）

5. 用仿形法加工齿轮，若被切削的齿轮齿数 $z<17$ 时将产生根切现象。 （ ）

6. 对于标准渐开线圆柱齿轮，其分度圆上的齿厚等于齿槽宽。 （ ）

7. 对于两个压力角相同的渐开线标准直齿圆柱齿轮，若它们的分度圆直径相等，则这两个齿轮就能正确啮合。 （ ）

8. 斜齿圆柱齿轮传动性能和承载能力都比直齿圆柱齿轮传动强，因此被广泛应用于高速、重载传动中。 （ ）

9. 某齿轮传动发生断齿，判定是设计原因，最有效的办法就是增大模数。 （ ）

10. 渐开线形状取决于基圆的大小。 （ ）

11. 直齿圆柱齿轮上，可以直接测量直径的有齿顶圆和齿根圆。 （ ）

12. 斜齿圆柱齿轮的标准模数和压力角在法面上。 （ ）

三、选择题

1. 渐开线的性质有____。

A. 渐开线上任意一点的法线必切于分度圆

B. 基圆半径趋于无穷大时，基圆内的渐开线是一条直线

C. 渐开线上一点离基圆越远，该点渐开线的曲率半径越小

D. 基圆上的渐开线压力角等于零

2. 能保持瞬时传动比准确的传动是____。

A. 齿轮传动　　B. 链传动　　C. 带传动　　D. 摩擦轮传动

3. 渐开线的形状取决于哪个圆的大小？____

A. 基圆　　B. 分度圆　　C. 齿顶圆　　D. 齿根圆

4. 影响齿轮承载能力大小的主要参数是什么？____

A. 齿数　　B. 压力角　　C. 模数　　D. 基圆

5. 齿轮上具有标准模数和压力角的圆是哪个圆？____

A. 分度圆　　B. 齿顶圆　　C. 基圆　　D. 齿根圆

6. 一对外啮合斜齿圆柱齿轮传动，两轮除模数、压力角分别相等外，螺旋角应满足什么条件？____

A. $\beta_1=-\beta_2$　　B. $\beta_1=\beta_2$　　C. $\beta_1+\beta_2=90°$　　D. $\beta_1\neq\beta_2$

7. 要保证一对直齿圆柱齿轮连续运动，其重合度应满足什么条件？____

A. $\varepsilon\geqslant1$　　B. $\varepsilon=0$　　C. $\varepsilon<1$　　D. $\varepsilon>2$

8. 用范成法加工直齿标准圆柱齿轮时，什么条件下会发生根切？____

A. $m<m_{\min}$　　B. $\alpha=20°$　　C. $z<17$　　D. $z>17$

9. 斜齿圆柱齿轮的模数、压力角等在哪个面上的值为标准值？____

A. 法面　　B. 端面　　C. 轴面

10. 中等载荷、低速、开式传动齿轮，一般易发生什么失效形式？____

A. 齿面疲劳点蚀　　B. 齿面磨损　　C. 齿面胶合

11. 圆柱齿轮的结构形式一般根据什么选定？____

A. 齿顶圆直径　　B. 模数　　C. 齿厚

12. 传动比很大，要求平稳并能实现变速、变向的传动选用____传动。____

A. 带传动　　B. 链传动　　C. 齿轮系传动

13. 当齿轮安装中心距稍有变化时，____保持原值不变的性质称为可分性。____

A. 压力角　　B. 传动比　　C. 啮合角

四、计算题

1. C6150 车床主轴箱内有一对标准直齿圆柱齿轮，其模数 $m=3$ mm，齿数 $z_1=22$，$z_2=66$，压力角 $\alpha=20°$，正常齿。试计算两齿轮的主要几何尺寸。

2. 一对正确啮合的标准直齿圆柱齿轮传动，其中心距 $a=200$ mm，模数 $m=4$ mm，转速 $n_1=800$ r/min，$n_2=200$ r/min，试求齿数 z_1、z_2 和分度圆直径 d_1、d_2。

3. 试设计单级直齿圆柱齿轮减速器中的齿轮传动。已知传递功率 $P=7.5$kW，小齿轮转速 $n_1=970$ r/min，大齿轮转速 $n_2=250$ r/min，电动机驱动，工作载荷比较平稳，单向传动，小齿轮齿数已选定 $z_1=25$，材料选 45 钢调质 210HBS，大齿轮材料选 45 钢正火 180HBS。

4. 试设计一对开式直齿圆柱齿轮传动，已知转速 $n_1=980$ r/min，传动比 $i=3$，传递功率 $P=10$kW，电动机驱动，双向运转，载荷中等冲击。要求结构紧凑，小齿轮材料建议采用 45 钢表面淬火 50HRC。

5. 已知在一对斜齿圆柱齿轮传动中，齿轮 1 为主动轮，其螺旋线方向为左旋，圆周力 F_{t1}的方向如图 4－53 所示。在图中标出从动轮 2 的螺旋线方向，两轮轴向力 F_{a1}、F_{a2}，径向力 F_{r1}、F_{r2}及齿轮 2 的圆周力 F_{t2}的方向，以及两轮的转向 n_1、n_2。

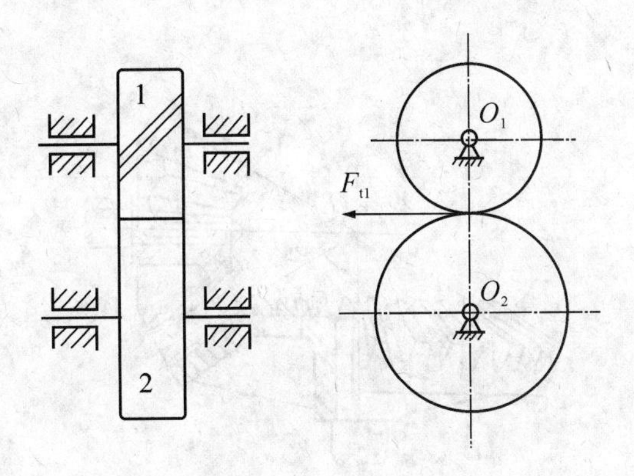

图 4－53　题四－5 图

第五章 其他齿轮传动及轮系

5.1 圆锥齿轮传动

5.1.1 圆锥齿轮传动的特点及应用

1. 圆锥齿轮传动的特点

与圆柱齿轮传动不同，圆锥齿轮的轮齿是在圆锥面上加工出来的，其轮齿尺寸朝锥顶方向逐渐缩小，如图 5－1 所示。因此，圆柱齿轮里的有关“圆柱”就变成了“圆锥”，如分度圆锥、节圆锥、基圆锥、齿顶圆锥等。

根据轮齿方向，圆锥齿轮分为直齿、斜齿和曲线齿（圆弧齿、摆线齿）等多种形式，齿廓曲线多为渐开线。

圆锥齿轮用于相交两轴之间的传动，其中应用最广泛的是两轴交角 $\Sigma=\delta_1+\delta_2=90°$ 的直齿圆锥齿轮。

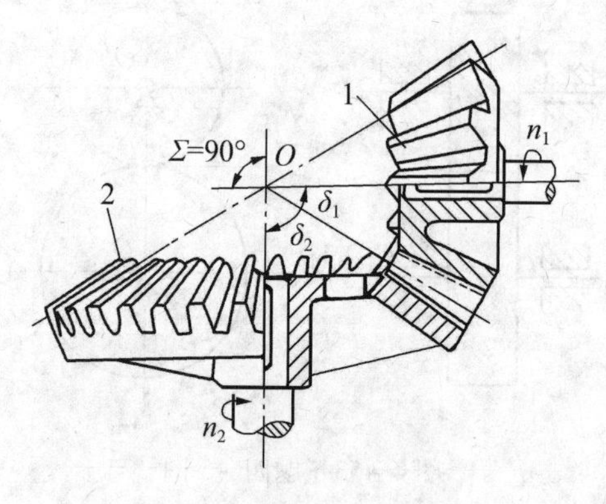

图 5－1 圆锥齿轮啮合图

直齿圆锥齿轮以其大端参数，即大端模数和大端压力角为标准值。图 5－1 为一对标准直齿圆锥齿轮的啮合图，δ_1、δ_2 为节锥角，Σ 为两节圆锥几何轴线的夹角，d_1、d_2 为大端节圆直径，当 $\Sigma=\delta_2+\delta_1=90°$时，其传动比

$$i=\frac{n_1}{n_2}=\frac{d_2}{d_1}=\frac{z_2}{z_1}=\tan\delta_2=\cot\delta_1 \tag{5-1}$$

2. 圆锥齿轮传动的应用

直齿圆锥齿轮的设计、制造和安装均较简单，故在一般机械传动中得到了广泛的应

用。如图5－2为汽车主减速器和差速器中的圆锥齿轮传动，图5－3为手摇咖啡磨。

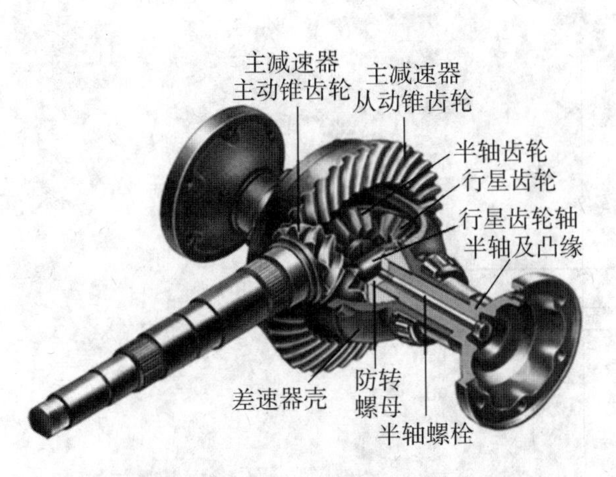

图5－2　汽车中的圆锥齿轮传动

图5－3　手摇咖啡磨

5.1.2　圆锥齿轮的受力分析

将一对直齿锥齿轮传动看作齿宽中点处一对当量直齿圆柱齿轮传动来计算，这样就可直接利用前述直齿圆柱齿轮传动的强度公式。国家标准规定锥齿轮大端参数（如大端模数 m）为标准值，故强度公式中的几何参数应为大端参数。

直齿圆锥齿轮所受的法向力作用在平均分度圆锥面上，如图5－4所示。将法向载荷 F_n 分解为切于分度圆锥面的圆周力 F_t、径向分力 F_r 和轴向分力 F_a，各力大小为

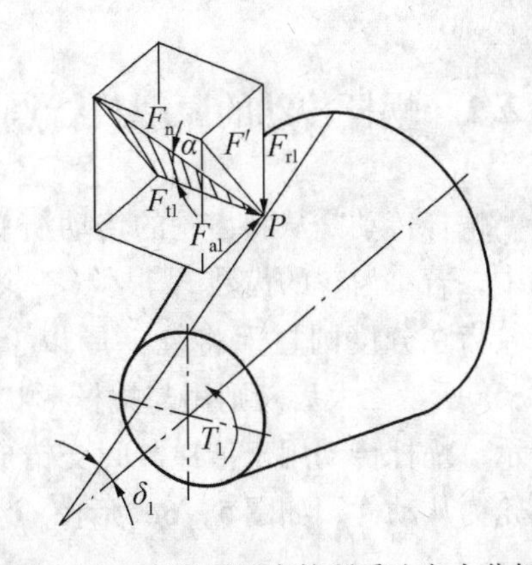

图5－4　直齿圆锥齿轮所受法向力分析

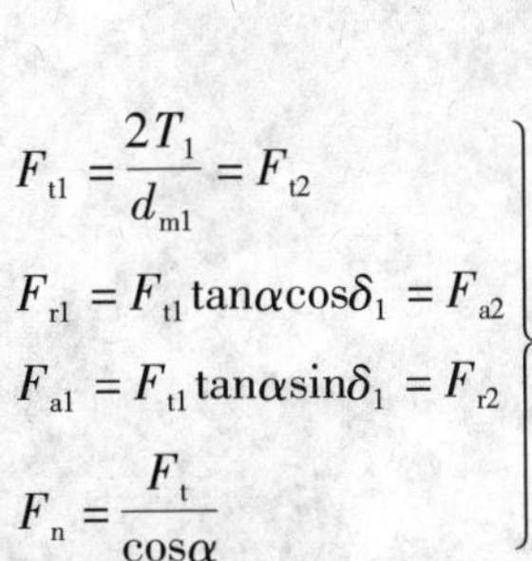

$$\left.\begin{aligned} F_{t1} &= \frac{2T_1}{d_{m1}} = F_{t2} \\ F_{r1} &= F_{t1}\tan\alpha\cos\delta_1 = F_{a2} \\ F_{a1} &= F_{t1}\tan\alpha\sin\delta_1 = F_{r2} \\ F_n &= \frac{F_t}{\cos\alpha} \end{aligned}\right\} \qquad (5-2)$$

d_{m1} 为小齿轮齿宽中点处的分度圆直径。

两齿轮的受力方向判断如下：圆周力的方向在主动轮上与其圆周速度方向相反，在从动轮上与其圆周速度方向相同；径向力方向分别指向各自的轮心；轴向力由小端指向大端。主动轮与从动轮各力关系可用下式表示

$$F_{t2} = -F_{t1};\ F_{r2} = -F_{a1};\ F_{a2} = -F_{r1}$$

【例5－1】如图5－5所示，已知两圆锥齿轮的转动方向，试分析齿轮啮合处各分力的方向。

解： 受力分析如图5－5所示。

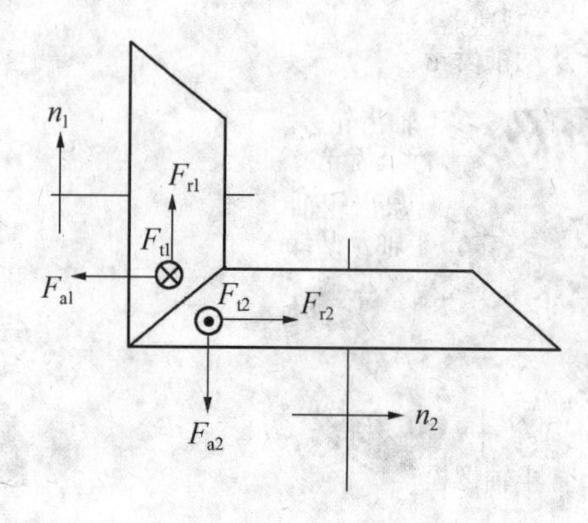

图5－5　圆锥齿轮受力分析

5.2　蜗杆传动

5.2.1　蜗杆传动的原理及特点

蜗杆传动是从斜齿轮的传动演变而来。在一对轴交错角为 $\Sigma=90°$ 的交错轴斜齿轮传动中，若小齿轮的齿数 z_1 很少(一个齿或几个齿)，而螺旋角 β_1 和齿宽 b 很大，这时小齿轮轮齿在分度圆柱上将绕一周以上，使小齿轮外形像螺杆一样，因而称为蜗杆，如图5－6a所示。大齿轮则用与蜗杆形状和参数相同的滚刀加工而成，称为蜗轮，如图5－6b所示。蜗杆传动用于传递空间交错成90°的两轴之间的运动和动力，通常蜗杆为主动件，蜗轮为从动件，如图5－6c所示。

(a) 蜗杆

(b) 蜗轮

(c) 蜗轮蜗杆

图5－6　蜗轮蜗杆传动

根据蜗杆的螺旋线多少，分为单头蜗杆、双头蜗杆和多头蜗杆。对于单头蜗杆，蜗杆转动一圈，蜗轮转过一个轮齿。

机械中常用的为普通圆柱蜗杆传动。根据蜗杆螺旋面的形状，可分为阿基米德蜗杆、渐开线蜗杆及延伸渐开线蜗杆三种。由于阿基米德蜗杆容易加工制造，应用最广。

与其他机械传动比较，蜗杆传动主要有以下特点：

(1)传动比大、结构紧凑。由于蜗杆的头数(齿数)z_1 很小，所以其传动比可以很大。一般情况下，蜗杆传动的传动比 $i=10\sim100$ 之间。在仅传递运动时，传动比甚至可达 1 000。因此，一对蜗轮蜗杆传动相当于多级齿轮传动的传动比，而且结构紧凑。

(2)传动平稳、噪声较小。因为蜗杆齿轮是连续的螺旋齿，所以蜗杆传动连续、平稳，噪音小。

(3)具有自锁性。当蜗杆的导程角小于相啮合轮齿间的当量摩擦角时，蜗杆传动就具有自锁性，即只能由蜗杆作为主动轮带动蜗轮传动，而不能由蜗轮作为主动轮带动蜗杆传动。

(4)传动效率低，摩擦磨损大。在蜗杆啮合传动中，蜗杆与蜗轮的轮齿间存在较大的相对滑动速度，因此，摩擦磨损大，特别是当润滑不够良好时，传动效率很低而且过度发热，使润滑情况恶化。传动效率一般为 70%～80%，相对齿轮传动效率要低，特别是当蜗杆传动自锁时，效率甚至只有 40%。因此，蜗杆传动不适合传递大功率的场合。

(5)制造成本较高。因为蜗杆传动摩擦严重，所以蜗轮采用价格昂贵的减摩材料(青铜)制造，成本较高。

5.2.2 蜗杆传动的应用

由于蜗杆蜗轮传动具有以上特点，故常用于两轴交错、传动比较大、传递功率不太大的场合。当要求传递较大功率时，为提高传动效率，常取 $z_1=2\sim4$。蜗杆传动广泛应用在机床、汽车、仪器、冶金机械及其他机器或设备中。如图 5-7 所示为蜗杆传动减速器。

图 5-7 蜗杆传动减速器

此外，起重设备中的手动蜗杆传动卷扬机常采用可自锁的蜗杆传动来保证生产的安全。如图 5-8 为手动蜗杆传动卷扬机，当用手摇动手柄(蜗杆)时，通过蜗杆蜗轮传动，带动从动轮(蜗轮)转动，这时物体被提升。由于蜗杆传动的自锁功能，当放开手柄时，物体并未自动下落，从而保证了生产上的安全。

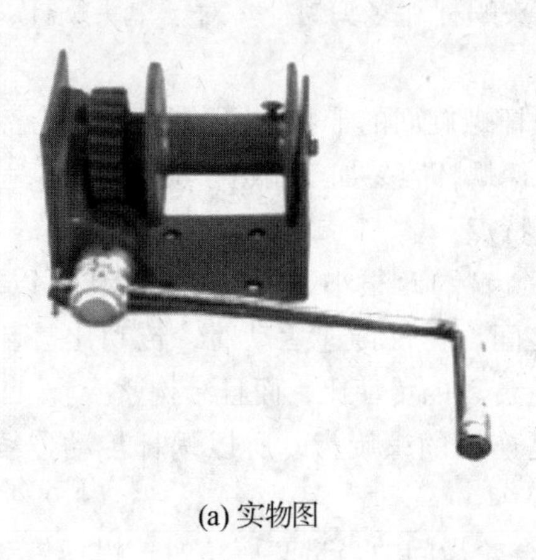

(a) 实物图

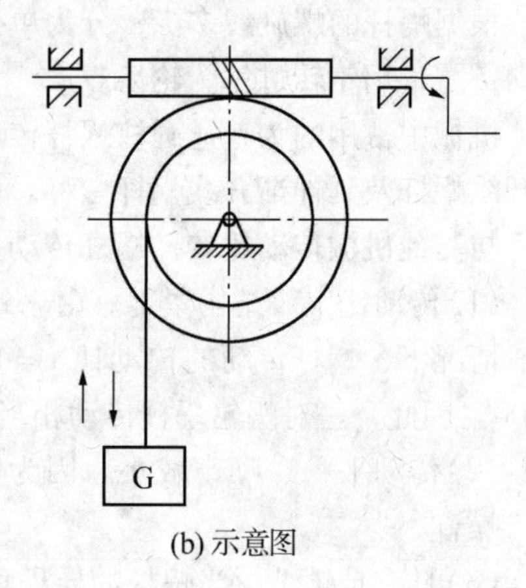

(b) 示意图

图 5－8　手动蜗杆传动卷扬机

5.2.3　蜗杆传动的正确啮合条件

如图 5－9 所示，通过蜗杆轴线并与蜗轮轴线垂直的平面，称为中间平面。在中间平面内蜗轮与蜗杆的啮合传动相当于渐开线齿条与齿轮的啮合传动。因此，蜗杆传动的几何尺寸计算与齿条齿轮传动相似，从而可得蜗杆传动的正确啮合条件为：

(1) 在中间平面内，蜗杆的轴向模数 m_{x1} 与蜗轮的端面模数 m_{t2} 必须相等，并且等于标准值，即 $m_{x1}=m_{t2}=m$。

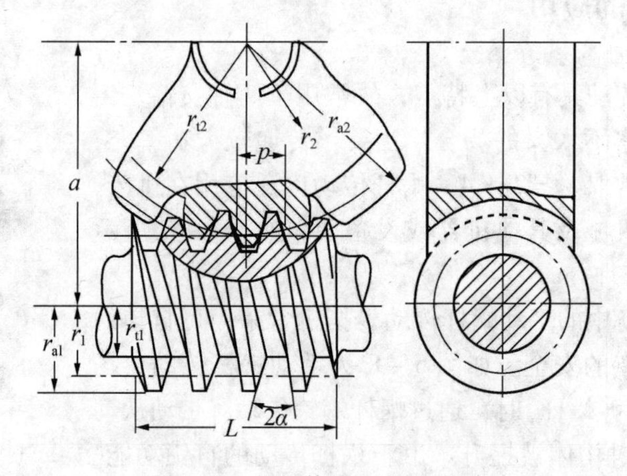

图 5－9　蜗杆传动的中间平面

(2) 蜗杆的轴向压力角 α_{x1} 与蜗轮的端面压力角 α_{t2} 必须相等，并且等于标准值，即 $\alpha_{x1}=\alpha_{t2}=\alpha$。

(3) 两轴线交错角为 90°时，蜗杆分度圆柱上的导程角 γ 应等于蜗轮分度圆柱上的螺旋角 β，且两者的旋向相同，即 $\gamma_1=\beta_2$。

5.2.4 蜗杆传动的主要参数及常用材料

1. 模数 m 和压力角 α

为了方便加工，规定蜗杆的轴向模数为标准模数。蜗轮的端面模数等于蜗杆的轴向模数，因此蜗轮端面模数也应为标准模数，标准模数系列见表 5－1。压力角标准值为 20°。

表 5－1 圆柱蜗杆的基本尺寸和参数

模数 m（mm）	分度圆直径 d_1（mm）	头数 z_1	直径系列 q	m^2d_1（mm^3）	模数 m（mm）	分度圆直径 d_1（mm）	头数 z_1	直径系列 q	m^2d_1（mm^3）
1	18	1	18.000	18	6.3	363	1、2、4、6	10.000	2500
1.25	20	1	16.000	31.25	8	80	1、2、4、6	10.000	5120
1.6	20	1、2、4	12.500	51.2	10	90	1、2、4、6	9.000	9000
2	22.4	1、2、4、6	11.200	89.6	12.5	112	1、2、4	8.960	17500
2.5	28	1、2、4、6	11.200	175	16	140	1、2、4	8.750	35840
3.15	35.5	1、2、4、6	11.270	352	20	160	1、2、4	8.000	64000
4	40	1、2、4、6	10.000	640	25	200	1、2、4	8.000	125000
5	50	1、2、4、6	10.000	1250					

2. 蜗杆头数 z_1、蜗轮齿数 z_2 和传动比 i

选择蜗杆头数 z_1 时，主要考虑传动比、效率及加工等因素。通常蜗杆头数 $z_1=1$、2、4，若要得到大的传动比且要求自锁时，可取 $z_1=1$；当传递功率较大时，为提高传动效率，可采用多头蜗杆，通常取 $z_1=2$ 或 4。

蜗轮蜗杆的传动比为

$$i=\frac{n_1}{n_2}=\frac{z_2}{z_1} \tag{5-3}$$

式中 n_1、n_2——蜗杆和蜗轮的转速，r/min；

z_1、z_2——蜗杆头数和蜗轮齿数。

3. 蜗杆直径系数 q 和导程角 γ

加工蜗轮的滚刀，其参数（m、α、z_1）和分度圆直径 d_1 必须与相应的蜗杆相同，故 d_1 不同的蜗杆，必须采用不同的滚刀。为减少滚刀数量并便于刀具的标准化，制定了蜗杆分度圆直径的标准系列。

令 $q=\dfrac{d_1}{m}$，称为蜗杆直径系数，表示蜗杆分度圆直径与模数的比。当 m 一定时，q 增大，则 d_1 变大，蜗杆的刚度和强度相应提高。

将蜗杆分度圆柱螺旋线展开为如图 5－10 所示的三角形的斜边，p_z 为导程，对于多头蜗杆，$p_z=z_1p_x$，其中 $p_x=\pi m$ 为蜗杆的轴向齿距。

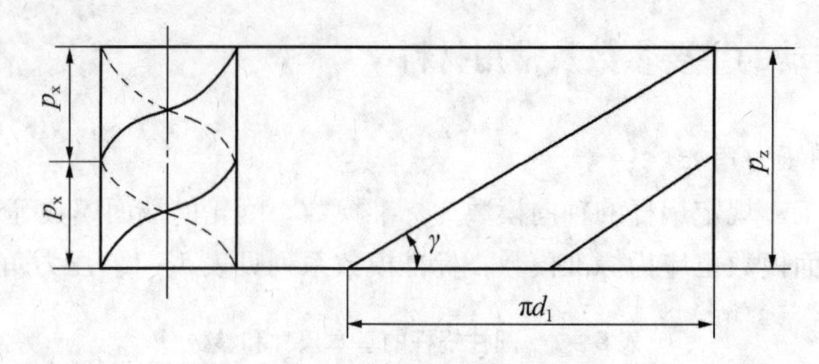

图 5 - 10　导程与螺距的关系

又因 $\tan\gamma = \frac{z_1}{q}$，当 q 减小时，γ 增大，效率 η 随之提高，在蜗杆轴刚度允许的情况下，应尽可能选用较小的 q 值。q 和 m 的搭配列于表 5 - 1。

4. 蜗杆传动的材料

选用蜗杆传动材料时不仅要满足强度要求，更重要的是具有良好的减摩性、抗磨性和抗胶合的能力。蜗杆一般用碳素钢或合金钢制造。对于高速重载的蜗杆，可用 15Cr、20Cr、20CrMnTi 和 20MnVB 等，经渗碳淬火至硬度为 56 ～ 63HRC，也可用 40、45、40Cr、40CrNi 等经表面淬火至硬度为 45 ～ 50HRC。对于不太重要的传动及低速中载蜗杆，常用 45、40 等钢经调质或正火处理，硬度为 220 ～ 230HBS。

蜗轮常用锡青铜、无锡青铜或铸铁制造。锡青铜用于滑动速度 $v_s > 3$ m/s 的传动，常用牌号有 ZQSn10 - 1 和 ZQSn6 - 6 - 3；无锡青铜一般用于 $v_s \leqslant 4$ m/s 的传动，常用牌号为 ZQAl 8 - 4；铸铁用于滑动速度 $v_s < 2$ m/s 的传动，常用牌号有 HT150 和 HT200 等。近年来，随着塑料工业的发展，也可用尼龙或增强尼龙来制造蜗轮。

5.2.5　蜗杆传动的受力分析

可把 F_n 分解为互相垂直的三个分力，分别为圆周力 F_t、径向力 F_r 和轴向力 F_a，如图 5 - 11 所示。在蜗杆和蜗轮间，F_{t1} 与 F_{a2}、F_{r1} 与 F_{r2} 及 F_{a1} 与 F_{t2} 是作用力与反作用力，它们大小相等、方向相反。

$$\left.\begin{aligned} F_{t1} &= F_{a2} = \frac{2T_1}{d_1} \\ F_{a1} &= F_{t2} = \frac{2T_2}{d_2} \\ F_{r1} &= F_{r2} = F_{t2}\tan\alpha \end{aligned}\right\} \tag{5-4}$$

在进行受力分析之前，一般应确定蜗轮蜗杆的旋向或转向，如图 5 - 11 所示，蜗杆为主动件，旋向为右旋。其圆周力 F_t 和径向力 F_r 的方向判断方法与斜齿轮的方法相同。轴向力 F_a 的方向取决于蜗杆螺旋线的方向和转动方向，可参考斜齿轮轴向力的判断方法。

一对蜗轮蜗杆传动，已知蜗杆的旋转方向和螺旋线方向，即可判断蜗轮蜗杆的圆周力

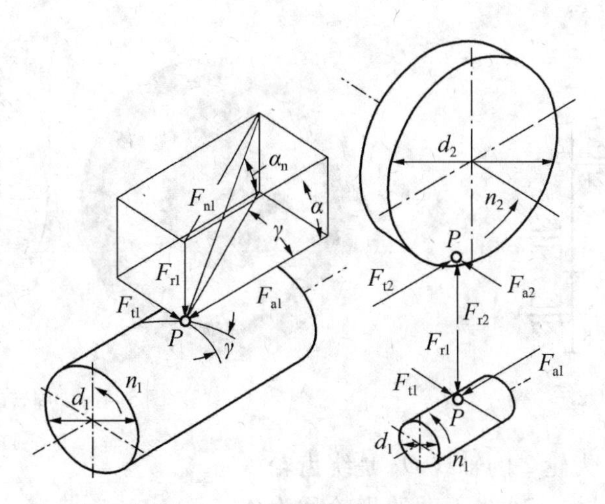

图 5－11　蜗杆传动受力分析

F_t、径向力 F_r 和轴向力 F_a 以及蜗轮的旋转方向，如图 5－12 所示。

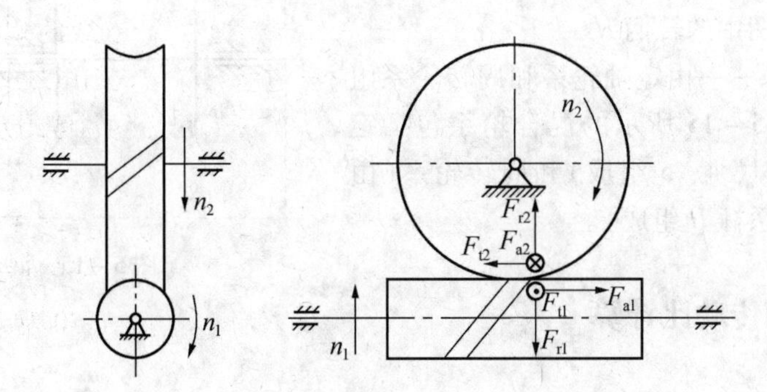

图 5－12　蜗轮蜗杆受力分析

5.3　轮系

齿轮机构是应用最广的传动机构之一。如果用普通的一对齿轮传动实现大传动比传动，不仅机构外廓尺寸庞大，而且大小齿轮直径相差悬殊，使小齿轮易磨损，大齿轮的工作能力不能充分发挥。为了在一台机器上获得更大的传动比，或是获得不同转速，常常采用一系列的齿轮组成传动机构，这种由齿轮组成的传动系称为轮系。采用轮系，可避免上述缺点，且使结构较为紧凑。

5.3.1　轮系的分类

一般轮系可分为：定轴轮系、周转轮系和混合轮系。

(1)定轴轮系——轮系中所有齿轮的几何轴线都是固定的，如图 5－13 所示。

(2)周转轮系——轮系中，至少有一个齿轮的几何轴线是绕另一个齿轮几何轴线转动

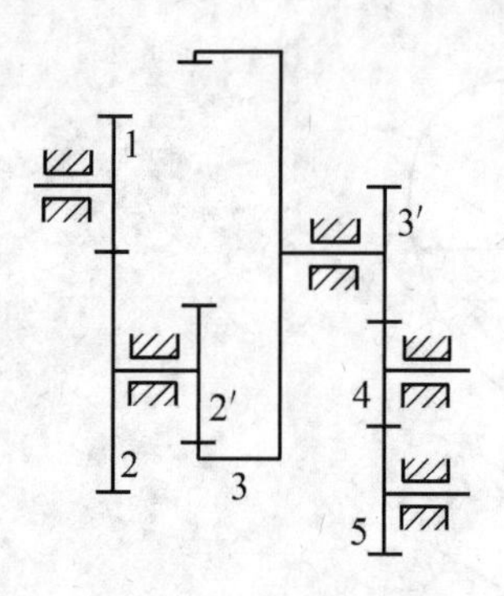

图 5－13　定轴轮系

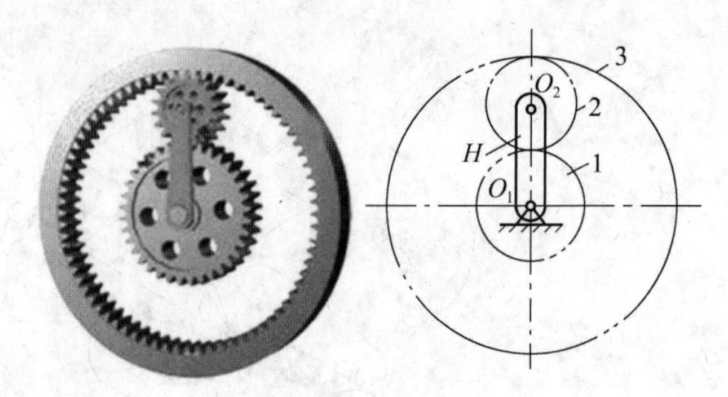

图 5－14　周转轮系

的。如图 5－14 中，齿轮 2 的轴线 O_2 是绕齿轮 1 的固定轴线 O_1 转动的。轴线不动的齿轮称为中心轮，如图中齿轮 1 和 3；轴线转动的齿轮称为行星轮，如图中齿轮 2；作为行星轮轴线的构件称为系杆，如图中的转柄 H。

(3)混合轮系——由定轴轮系和周转轮系组成的轮系。如图 5－15 所示的混合轮系包括定轴轮系(由齿轮 3′、4、5 组成)和周转轮系(由齿轮 1、2、3 和系杆 H 组成)。

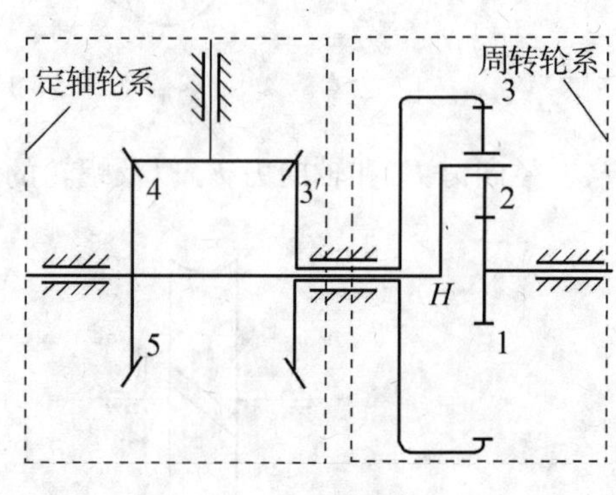

图 5－15　混合轮系

5.3.2　轮系的传动比计算

1．轮系齿轮转动方向及表示方法

如图 5－16 所示为一对相互啮合的齿轮传动，其传动比为

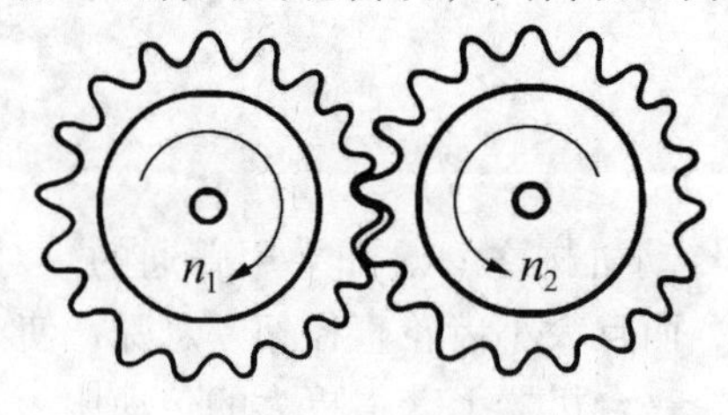

图 5－16　齿轮转向

$$i_{12}=\frac{n_1}{n_2}=\frac{z_2}{z_1} \tag{5－5}$$

式中　n_1、z_1——主动轮的转速和齿数；

n_2、z_2——从动轮的转速和齿数。

外啮合的圆柱齿轮转向相反，要么同时指向啮合点，要么同时指离啮合点，如图 5－17 所示。内啮合的圆柱齿轮的转向相同，如图 5－18 所示。

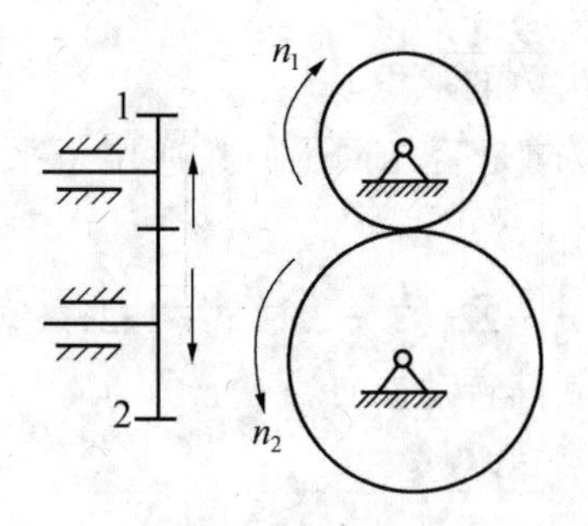

图 5－17 外啮合齿轮传动

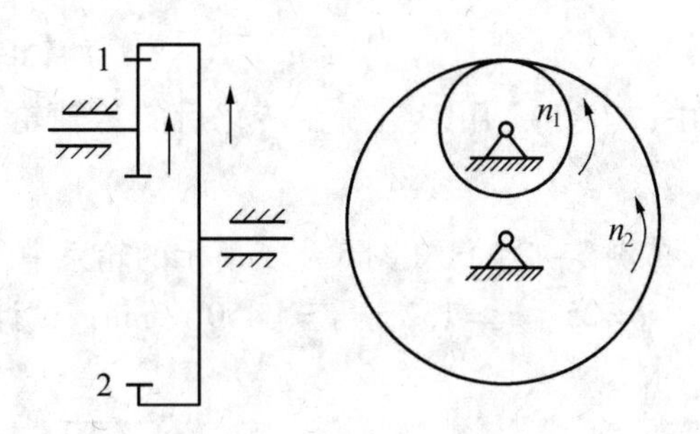

图 5－18 内啮合齿轮传动

圆锥齿轮的转动方向要么同时指向啮合点，要么同时指离啮合点。如图 5－19 所示为圆锥齿轮的转向。

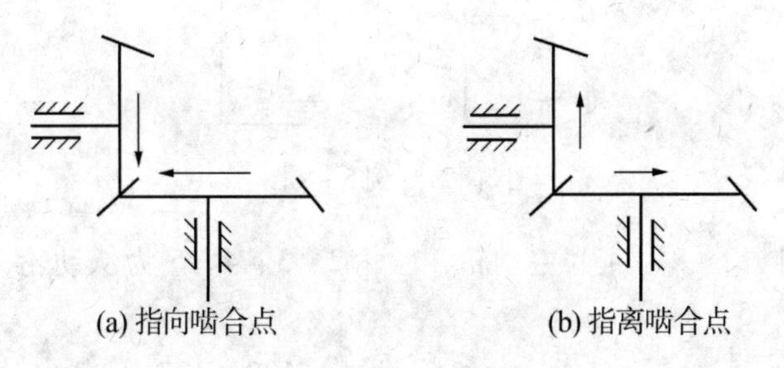
(a) 指向啮合点　(b) 指离啮合点

图 5－19 圆锥齿轮转动方向

根据上述齿轮转向判断方法，可知图 5－20 各轮系齿轮的转向。

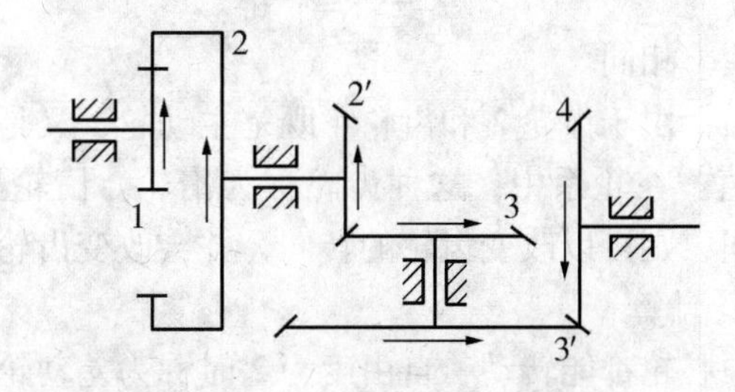

图 5－20 各轮系齿轮的转向

在轮系中，当两轴或齿轮的轴线平行时，可以用正号“＋”或负号“－”表示两轴或齿轮的转向相同或相反，并直接标注在传动比的公式中。例如，$i_{12}=-10$，表明轴 1 和轴 2 的转向相反，转速比为 10。当 $i_{12}=5$，表明轴 1 和轴 2 的转向相同，转速比为 5。因此，两轴或齿轮的转向相同与否，由它们的外啮合次数而定。外啮合为奇数时，主、从动轮转向相反；外啮合为偶数时，主、从动轮转向相同。

注意：上述符号表示法不能用于判断轴线不平行的从动轮的转向传动比计算中。

2．定轴轮系的传动比计算

已知定轴轮系各齿轮的齿数，可利用式(5－5)一步步地通过计算每对啮合齿轮的传动比，得到所求的两轴间的传动比。以图 5－13 所示的定轴轮系为例，传动比为

$$i_{1N}=\frac{n_1}{n_N}=(-1)^m\frac{\text{两轴间所有从动轮齿数的乘积}}{\text{两轴间所有主动轮齿数的乘积}} \tag{5-6}$$

式中，$(-1)^m$ 用来判断在转化后的定轴轮系中两轴的转向是否相同，但只适用于平行轮系。

【例 5-2】 已知图 5-21 所示的轮系中各齿轮齿数为 $z_1=22$，$z_2=25$，$z_3=132$，$z'_3=33$，$z_4=25$，$z_5=132$。$n_1=1\,450$ r/min。试计算 n_5，并判断其转动方向。

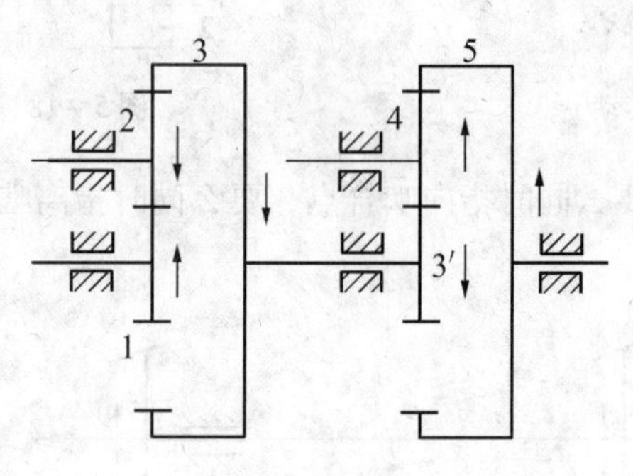

图 5-21　例 5-2 图

解： 因为齿轮 1、2、3′、4 为主动轮，齿轮 2、3、4、5 为从动轮，共有 2 次外啮合，2 次内啮合。代入式(5-6)得

$$i_{15}=(-1)^2\frac{z_2z_3z_4z_5}{z_1z_2z'_3z_4}=\frac{z_3z_5}{z_1z'_3}-\frac{132\times132}{22\times33}=24$$

所以

$$n_5=\frac{n_1}{i_{15}}=\frac{1\,440}{24}=60(\text{r/min})$$

可见，齿轮 5 转向与齿轮 1 相同。

从上例中还可以看出：由于齿轮 2 和齿轮 4 既是主动轮，又是从动轮，因此在计算中并未用到它的具体齿数值。在轮系中，这种齿轮称为惰轮。惰轮虽然不影响传动比的大小，但若啮合的方式不同，则可以改变齿轮的转向，并会改变齿轮的排列位置和距离。

3. 周转轮系的传动比计算

当周转轮系的两个中心轮都能转动，自由度为 2 时称为差动轮系，如图 5-22a 所示。若固定住其中一个中心轮，轮系的自由度为 1 时，称为行星轮系，如图 5-22b 所示。

由于周转运动是兼有自转和公转的复杂运动，因此需要通过在整个轮系上加上一个与系杆 H 旋转方向相反的相同大小的角速度 n_H，把周转轮系转化成定轴轮系。对这一转化后的轮系，可以使用定轴轮系的传动比计算公式。因此，周转轮系的转化轮系的传动比可以写成

$$i_{1N}^{H}=\frac{n_1-n_H}{n_N-n_H}=(-1)^m\frac{\text{两轴间所有从动轮齿数的乘积}}{\text{两轴间所有主动轮齿数的乘积}} \tag{5-7}$$

【例 5-3】 如图 5-22a 所示的差动轮系，已知 $z_1=32$，$z_2=16$，$z_3=64$，求下列三种情况下齿轮 3 的转速及转向。

(1) $n_1=20$ r/min，$n_H=10$ r/min，转向相同；

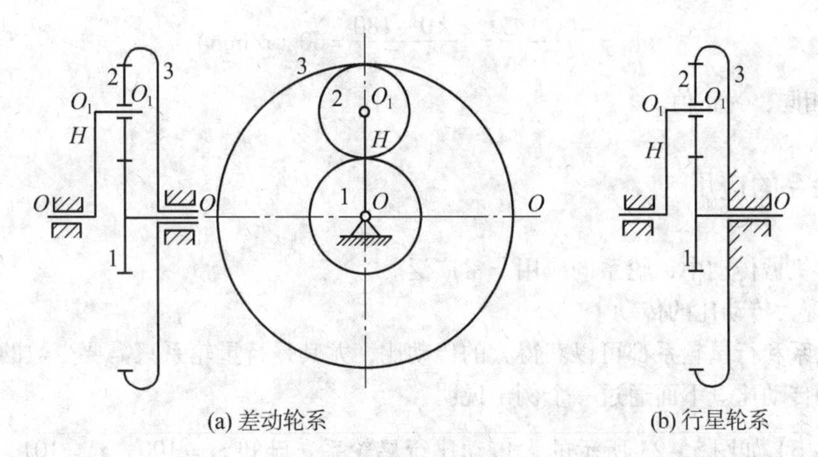

图 5－22　周转轮系的类型

（2）$n_1=20$ r/min，$n_H=10$ r/min，转向相反（设 n_1 为正值，则 n_H 为负值）；

（3）$n_1=40$ r/min，$n_H=10$ r/min，转向相同。

解：将各已知量代入式（5－7）有

$$i_{13}^{H}=\frac{n_1-n_H}{n_3-n_H}=-\frac{z_2z_3}{z_1z_2}=-\frac{64}{32}=-2 \tag{a}$$

化简得

$$n_3=\frac{3n_H-n_1}{2} \tag{b}$$

（1）因 n_1、n_H 转向相同，则可在式（b）中均代入正值，得

$$n_3=\frac{3n_H-n_1}{2}=\frac{3\times10-20}{2}=5\ (\text{r/min})$$

显然 n_1、n_3 转向相同，并为正值。

（2）因 n_1、n_H 转向相反，而且 n_1 为正值，n_H 为负值，则根据式（b）得

$$n_3=\frac{3n_H-n_1}{2}=\frac{3\times(-10)-20}{2}=-25\ (\text{r/min})$$

显然 n_1、n_3 转向相反，n_3 为负值。

（3）因 n_1、n_H 转向相同，则可在式（b）中均代入正值，得

$$n_3=\frac{3n_H-n_1}{2}=\frac{3\times10-40}{2}=-5\ (\text{r/min})$$

显然 n_1、n_3 转向相反，n_3 为负值。

需要指出：周转轮系的传动比计算一般只适用于平行轮系。

【例 5－4】如图 5－22b 所示的行星轮系，已知 $z_1=32$，$z_2=16$，$z_3=64$，$n_1=180$ r/min，求系杆 n_H 的转速及转向。

解：$i_{13}^{H}=\frac{n_1-n_H}{n_3-n_H}=-\frac{z_2z_3}{z_1z_2}=-\frac{64}{32}=-2$

化简得：$n_H=\frac{2n_3+n_1}{3}$，由于行星轮系中的 $n_3=0$，因此

$$n_H = \frac{2n_3 + n_1}{3} = \frac{2 \times 0 + 180}{3} = 60 \text{ (r/min)}$$

转向与 n_1 相同，为正值。

5.3.3　轮系的应用

在实际机械传动中，轮系的应用非常广泛。

1. 实现大传动比的传动

定轴轮系和行星轮系都可以获得大的传动比，尤其是行星轮系只需要少数的齿就可以获得很大的传动比。下面通过一个例子说明。

【例 5－5】 如图 5－23 所示的大传动比行星轮系，已知 $z_1 = 100$，$z_2 = 101$，$z_3 = 100$，$z_4 = 99$。试求，原动件 H 对从动件 1 的传动比 i_{H1}。

解： $i_{13}^H = \frac{n_1 - n_H}{n_3 - n_H} = \frac{n_1 - n_H}{0 - n_H} = 1 - \frac{n_1}{n_H} = (-1)^2 \frac{z_2 z_4}{z_1 z_3}$，简化得

$$\frac{n_1}{n_H} = 1 - \frac{101 \times 99}{100 \times 100}$$

因此

$$i_{H1} = \frac{n_H}{n_1} = 10\,000$$

可见，该行星轮系可以获得很大的传动比，但是这种结构效率很低，当取齿轮 1 为主动件用于增速时，结构将发生自锁而不能转动。故这种机构只适用以行星架 H 为主动件，用于减速的场合，广泛应用于航空发动机的主减速器中。

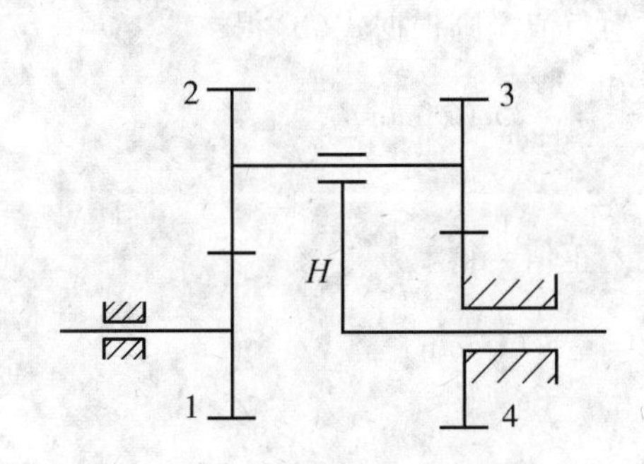

图 5－23　大传动比行星轮系

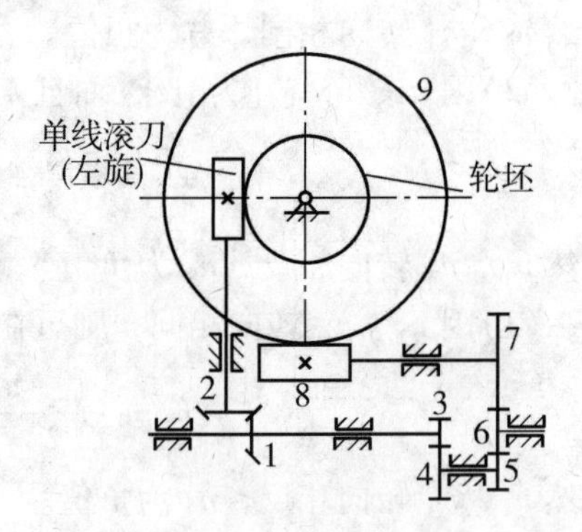

图 5－24　滚齿机工作台传动系统

2. 实现多路传动

在某些机械中，有时需要由一个主动轴带动几个从动轴一起转动，这时可以通过轮系把一个主动轴的运动分几路传出。如图 5－24 为滚齿机工作台传动系统。运动由 1 轴输入，一路由 1—2 传到滚刀；另一路由 3—4—5—6—7—8—9 传到齿轮毛坯。

3. 实现变速、换向的传动

广泛应用于汽车变速箱和各种减速器中实现减速和换向，如图 5－25 所示。

(a) 汽车变速箱　　(b) 减速器

图 5－25　变速箱

4．实现运动的合成和分解

如图 5－26 所示为一差动轮系，可以用作运动的合成，如以齿轮 1 和齿轮 3 为原动件时，则行星架 H 的转速是齿轮 1 和齿轮 3 转速的合成。计算其传动比为

$$i_{13}^{\mathrm{H}}=\frac{n_1-n_{\mathrm{H}}}{n_3-n_{\mathrm{H}}}=-\frac{z_3}{z_1}=-1$$

则 $n_1+n_3=2n_{\mathrm{H}}$，行星架的转速是齿轮 1 和齿轮 3 转速之和的一半。这种机构广泛应用于机床。

差动轮系也可以用作运动的分解，即把主动件的一种运动按一定要求分解成两个从动件的运动，差动轮系的这种功能称为运动分解，广泛应用于汽车后桥的差速器中，如图 5－27 所示。

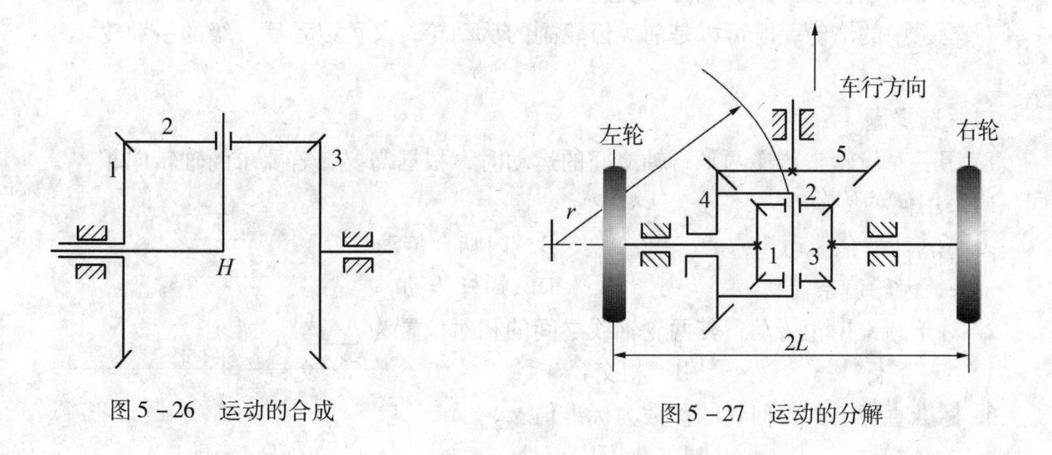

图 5－26　运动的合成　　图 5－27　运动的分解

本章学习要点

1．蜗轮蜗杆传动用于传递两空间交错轴之间的运动和动力，常用交错角为 $\Sigma=90°$。

蜗杆传动比大，结构紧凑；但轮齿间相对滑动速度大，摩擦损耗大，效率低，不适合传递大功率的传动。

2. 圆锥齿轮传动用于传递两相交轴的运动和动力，以大端模数和大端压力角为标准值。当 $\Sigma=\delta_1+\delta_2=90°$时，其传动比 $i=\frac{n_1}{n_2}=\frac{d_2}{d_1}=\frac{z_2}{z_1}=\tan\delta_2=\cot\delta_1$。

3. 按照所有齿轮的轴线是否都固定分为定轴轮系、行星轮系和混合轮系。

4. 定轴轮系的传动比计算：

$$i_{1N}=\frac{n_1}{n_N}=(-1)^m\frac{\text{两轴间所有从动轮齿数的乘积}}{\text{两轴间所有主动轮齿数的乘积}}$$

5. 周转轮系的传动比计算：

$$i_{1N}^{H}=\frac{n_1-n_H}{n_N-n_H}=(-1)^m\frac{\text{两轴间所有从动轮齿数的乘积}}{\text{两轴间所有主动轮齿数的乘积}}$$

习　题

一、判断题

1. 蜗杆传动一般用于传动大功率、大速比的场合。（　）
2. 圆锥齿轮传动用于传递两相交轴之间的运动和动力。（　）
3. 蜗杆传动的自锁性是指只能由蜗轮带动蜗杆，反之则不能运动。（　）
4. 定轴轮系中每个齿轮的几何轴线位置都是固定的。（　）
5. 轮系中加惰轮既会改变总传动比的大小，又会改变从动轮的旋转方向。（　）
6. 采用轮系传动可以实现无极变速。（　）
7. 轮系中的惰轮，既可以是前级齿轮副的从动轮，又可以是后一级的主动轮。（　）

二、选择题

1. 用一对齿轮来传递两平行轴之间的运动时，根据需要，若要求两轴转向相同，应采用何种传动？____

A. 外啮合传动　　B. 内啮合传动
C. 齿轮齿条传动　　D. 蜗杆传动

2. 对于圆锥齿轮传动，其两轮轴线之间的相对位置为____。

A. 平行　　B. 相交　　C. 交错

3. 标准直齿锥齿轮何处的参数为标准值？____

A. 大端　　B. 齿宽中点处　　C. 小端

4. 按规定蜗杆传动中间平面的参数为标准值，也即下列哪些参数为标准值？____

A. 蜗杆的轴向参数和蜗轮的端面参数
B. 蜗轮的轴向参数和蜗杆的端面参数
C. 蜗杆和蜗轮的端面参数

5. 在蜗杆传动中，当需要自锁时，应使蜗杆导程角____当量摩擦角。____

A. 小于　　B. 大于　　C. 等于

6. 在其他条件都相同的情况下，蜗杆头数增多，则____。____

A. 传动效率降低　　B. 传动效率提高　　C. 对传动效率没有影响

7. 定轴轮系的传动比大小与轮系中惰轮的齿数____。____

A. 有关　　B. 无关　　C. 成正比

三、计算题

1. 已知齿轮 1 的转向，试标出图 5－28 轮系各齿轮的转向。

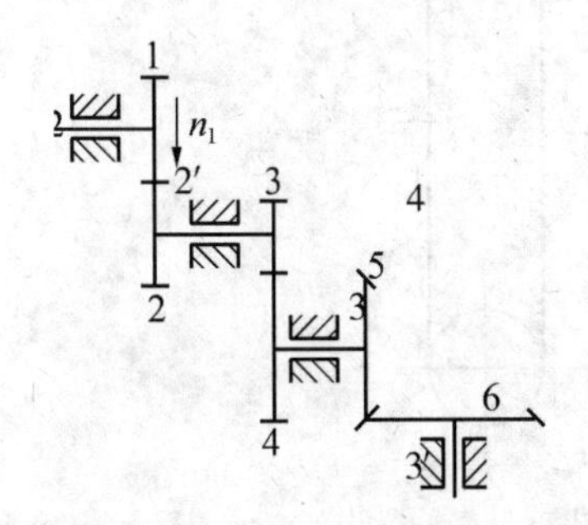

图 5－28　题三－1 图

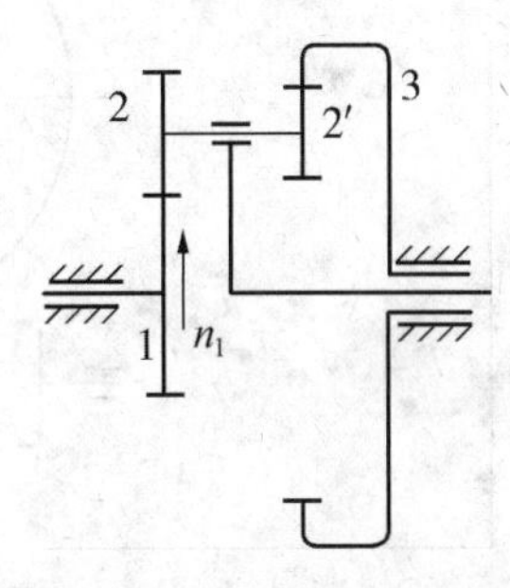

图 5－29　题三－3 图

2. 计算如图 5－20 所示的定轴轮系的传动比 i_{14}。已知 $z_1=24$，$z_2=72$，$z'_2=20$，$z_3=45$，$z'_3=50$，$z_4=45$。

3. 计算如图 5－29 所示的周转轮系的传动比 i_{13}。已知 $z_1=40$，$z_2=20$，$z'_2=20$，$z_3=80$，$n_1=50$ r/min，$n_H=10$ r/min。

4. 如图 5－30 所示为一圆锥齿轮传动，已知主动轮 1 的转向，试分析齿轮 2 的转向及两齿轮啮合处各分力（F_{t1}、F_{t2}、F_{r1}、F_{r2}、F_{a1}、F_{a2}）的方向。

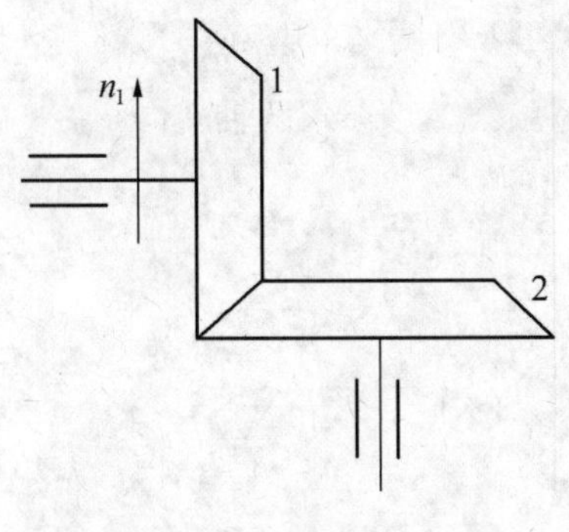

图 5－30　题三－4 图

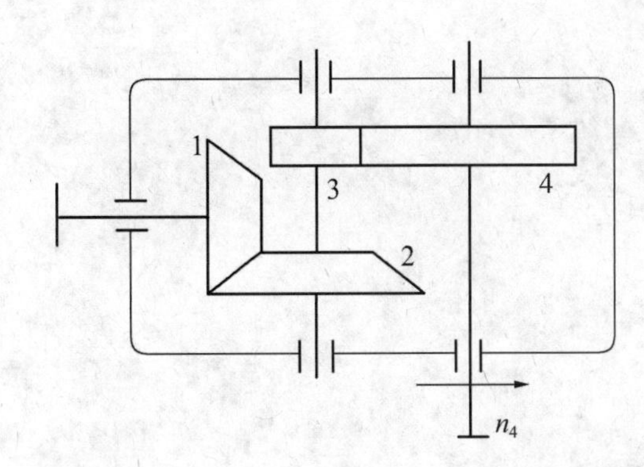

图 5－31　题三－5 图

5. 已知一直齿圆锥—斜齿轮减速器布置和转向如图 5－31 所示，齿轮 1 为主动轮，已知 n_4 的转向，欲使轴Ⅱ上的轴向力相互部分抵消，要求：

（1）标出各齿轮的转向；

(2)标出斜齿轮 3 和 4 的旋向方向；

(3)标出齿轮啮合处各分力的方向。

6. 如图 5－32 所示为一对蜗轮蜗杆传动，已知蜗轮的转向和蜗杆的螺旋线方向，要求：

(1)试标出蜗杆的转向和蜗轮的螺旋线方向；

(2)标出蜗轮蜗杆啮合处各分力的方向。

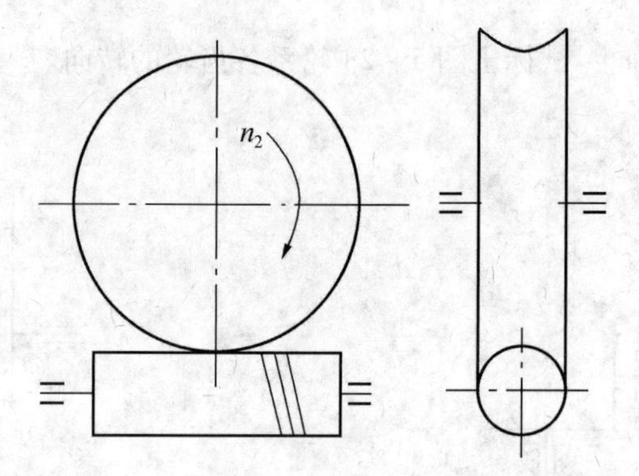

图 5－32　题三－6 图

第六章　带传动和链传动

6.1　带传动

6.1.1　带传动的类型及应用

带传动是一种应用广泛的机械传动。一般由主动轮、从动轮和张紧在两轮上的挠性传动带组成，如图 6－1 所示。当动力驱动主动轮转动时，借助带与带轮之间的摩擦力或带与带轮之间的啮合，带动从动轮一起转动，实现把动力和运动从主动轮传到从动轮。

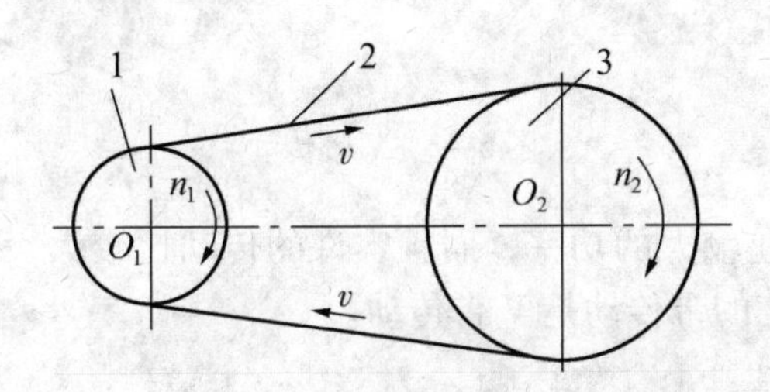

图 6－1　带传动

1—主动轮；2—传动带；3—从动轮

根据带的工作原理的不同，带传动分为摩擦型带传动和啮合型带传动。

1. 摩擦型带传动

传动带紧套在两个带轮上，使带与带轮的接触面间产生正压力，当主动轮转动时，依靠带与带轮之间的摩擦力带动从动轮转动，从而将主动轴的运动和动力传递给从动轴。

摩擦型带传动的种类很多，按照带横截面形状的不同可分为平带转动、V 带传动、多楔带传动和圆带传动。

(1)平带传动

平带的横截面为扁平矩形，其工作面是带与带轮接触的内表面。

平带机构简单，带轮制造方便，平带质量轻且挠曲性好，多用于高速和中心距较大的传动，如图 6－2 所示。

(2)V 带传动

V 带的横截面为等腰梯形，如图 6－3 所示，带轮为 V 形槽带轮。摩擦力由带与带轮接触的两个侧面产生，因此，两个侧面为工作面。

根据摩擦学原理，在带的预紧力相同的情况下，V 带传动所产生的摩擦力约为平带传

图 6－2　平带传动

图 6－3　V 带传动

动的 3 倍，故 V 带能传递较大的功率，而且容许的传动比较大，结构紧凑。因此，在一般机械传动中，应用最广的带传动是 V 带传动。

(3)多楔带传动

多楔带是在平带的基础上接有纵向三角形楔的环形带，工作面为楔的两侧面，如图 6－4 所示。这种带兼有平带的柔性和 V 带摩擦力大的优点，与普通 V 带传动相比，多楔带传动的功率可增大 30%，且克服了多根 V 带受力不均的缺点，传动平稳，效率高，故适用于传递功率较大而且结构紧凑的场合。

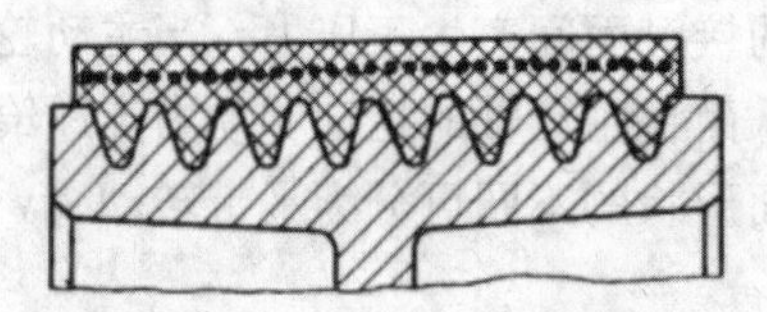
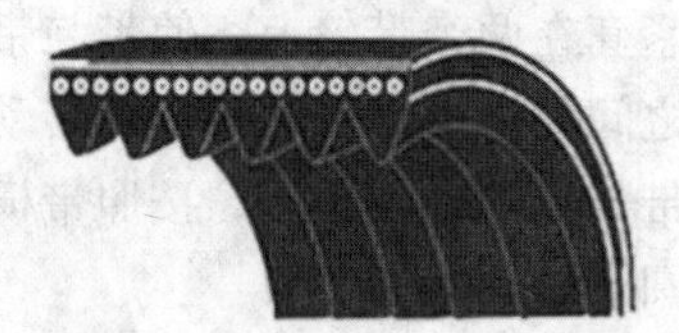

图 6－4　多楔带传动

2. 啮合型带传动

啮合型带传动依靠带内侧齿与带轮轮齿的啮合来传递动力和运动，如图 6－5 所示。由于带与带轮均制成齿形，带与带轮之间无相对滑动，能保持两轮的圆周速度同步，故称为同步带，也称齿型带。

3. 带传动的特点

与齿轮传动比较，摩擦型带传动的优点是：

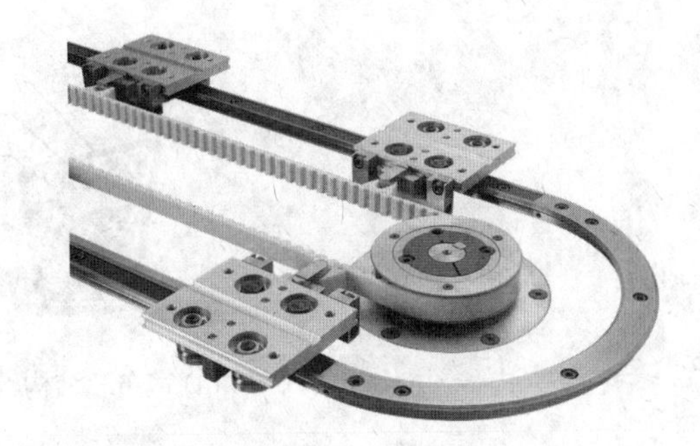

图 6－5　同步带传动

(1)适用于中心距较大的传动；

(2)带具有弹性，可缓冲和吸振，因此传动平稳，噪音小；

(3)过载时带与带轮间会出现打滑，可防止其他零件损坏，起安全保护作用；

(4)结构简单，制造容易，维护方便，成本低；

(5)传动的外廓尺寸较大；带作用于轴的径向力较大；传动效率较低，一般为 $\eta=0.90\sim0.95$；带的寿命较短。

摩擦型带传动一般适用于中小功率、无需保证准确的传动比而传动平稳的远距离场合。在多级减速装置中，带传动通常置于与电动机相连的高速级。

与 V 带传动相比，同步带具有以下特点：

(1)结构紧凑、传动比可达 10；

(2)带的初拉力较小，轴和轴承所受载荷较小；

(3)传动效率较高，$\eta=0.98$ 以上；

(4)安装精度要求高、中心距要求严格；

(5)工作时齿形带与带轮间不会产生滑动，能保证两轮同步转动，传动比准确。故多用于传动精度高、传动平稳的场合。

4. V 带的结构和规格

V 带已标准化，根据国家标准(GB/T 11544—2012)，V 带按其宽度和高度相对尺寸的不同，分为普通 V 带、窄 V 带、宽 V 带、齿形 V 带等。普通 V 带分为 Y，Z，A，B，C，D，E 等七种型号，本章主要介绍普通 V 带。

V 带的横剖面结构如图 6－6 所示，其中图 6－6a 是帘布芯结构，图 6－6b 是绳芯结构，均由下面几部分组成：

(1)包布层：由胶帆布制成，起保护作用；

(2)顶胶层：由橡胶制成，当带弯曲时承受拉伸；

(3)底胶层：由橡胶制成，当带弯曲时承受压缩；

(4)抗拉层：承受基本拉伸载荷。

V 带的基本尺寸和截面尺寸如图 6－7 所示。当带受纵向弯曲时，在带中保持原长度不变的任一条周线称为节线，由全部节线构成的面称为节面，带的节面宽度称为节宽 b_p，当带受纵向弯曲时，该宽度保持不变。V 带的高度 h 与其节宽之比称为相对高度，普通 V

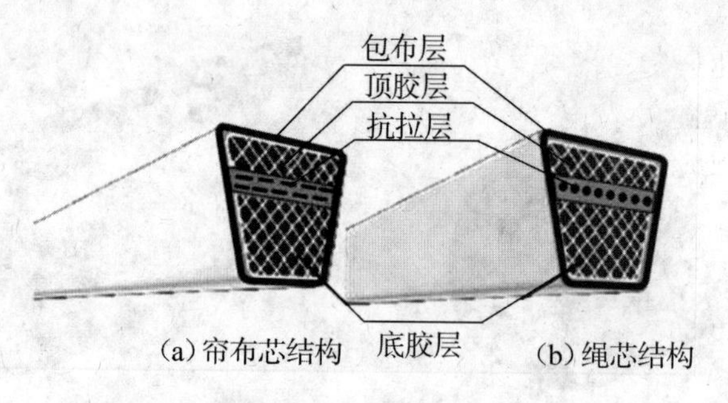

图6－6　V带结构

带的相对高度约为0.7，窄V带的相对高度约为0.9。

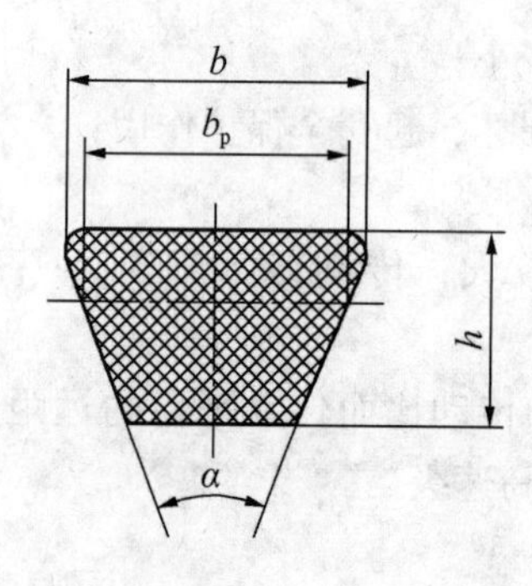

图6－7　V带截面示意图

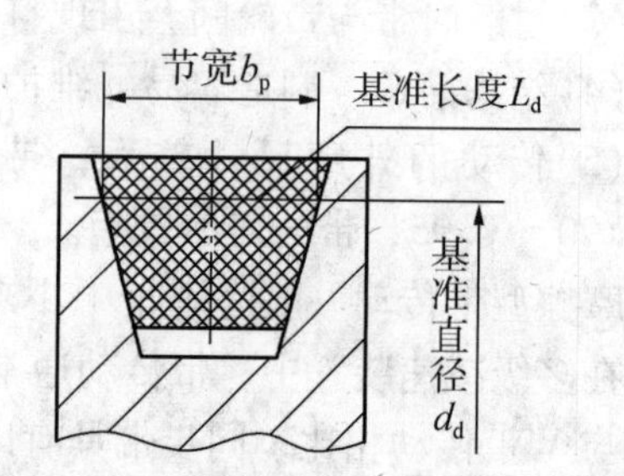

图6－8　V带轮基准直径

在V带轮上，与所配用的带的节宽 b_p 相对应的带轮直径称为节径 d_p，通常它又是基准直径 d_d（见图6－8）。V带在规定的张紧力下，位于带轮基准直径上的周线长度称为基准长度 L_d。普通V带的长度系列见表6－1。

表6－1　普通V带截面基本尺寸　　单位：mm

带　型	节宽 b_p	顶宽 b	高度 h	楔角 α
Y	5.3	6.0	4.0	40°
Z	8.5	10.0	6.0	
A	11	13.0	8.0	
B	14	17.0	11.0	
C	19	22.0	14.0	
D	27	32.0	19.0	
E	32	38.0	23.0	

5. 带传动的几何参数

带传动的主要几何参数有中心距 a、带轮直径 d、带长 L 和包角 α 等，如图 6－9 所示。

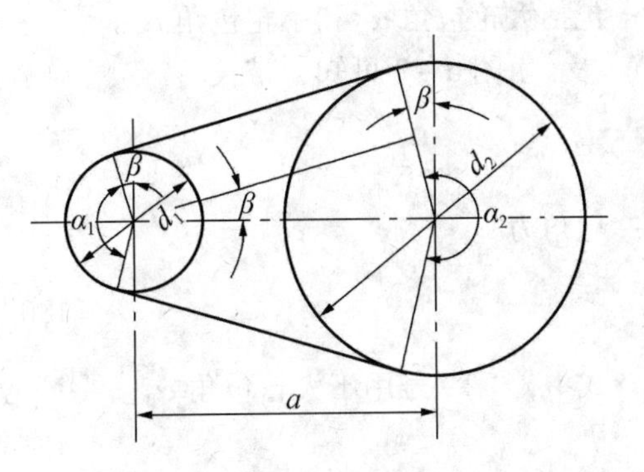

图 6－9　带传动的几何参数

(1) 中心距 a：当带处于规定张紧力时，两带轮轴线间的距离。

(2) 带轮直径 d：在 V 带传动中，指带轮的基准直径，用 d_d 表示带轮的基准直径。

(3) 带长 L：对 V 带传动，指带的基准长度。用 L_d 表示带的基准长度，如表 6－2 所示。

(4) 包角 α：带与带轮接触弧所对的中心角，

表 6－2　普通 V 带基准长度（GB/T 1357.1—2008）　　单位：mm

截面型号						
Y	Z	A	B	C	D	E
200	406	630	930	1 565	2 740	4 660
224	475	700	1 000	1 760	3 100	5 040
250	530	790	1 100	1 950	3 330	5 420
280	625	890	1 210	2 195	3 730	6 100
315	700	990	1 370	2 420	4 080	6 850
355	780	1 100	1 560	2 715	4 620	7 650
400	920	1 250	1 760	2 880	5 400	9 150
450	1 080	1 430	1 950	3 080	6100	12 230
500	1 330	1 550	2 180	3 520	6840	13 750
	1 420	1 640	2 300	4 060	7 620	15 280
	1 540	1 750	2 500	4 600	9 140	16 800
		1 940	2 700	5 380	10 700	
		2 050	2 870	6 100	12 200	
		2 200	3 200	6 815	13 700	
		2 300	3 600	7 600	15 200	
		2 480	4 060	9 100		
		2 700	4 430	10 700		
			4 820			
			5 370			
			6 070			

包括大轮包角 α_2 和小轮包角 α_1。

由图 6－9 可知，带长

$$L_d = 2a + \frac{\pi}{2}(d_{d1} + d_{d2}) + \frac{(d_{d2} - d_{d1})^2}{4a} \tag{6-1}$$

包角为

$$\alpha = 180^\circ \pm \frac{d_{d2} - d_{d1}}{a} \times 57.3^\circ \tag{6-2}$$

式中，“＋”号用于大轮包角 α_2，“－”号用于小轮包角 α_1。

6.1.2 带传动的工作能力分析

6.1.2.1 带传动的工作原理

如图 6－10a 所示，带必须以一定的初拉力张紧在带轮上，使带与带轮的接触面上产生正压力。带传动未工作时，带的两边具有相等的初拉力 F_0。

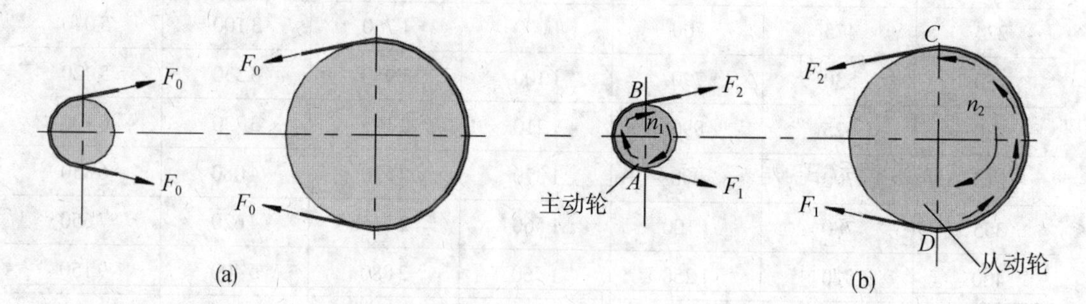

图 6－10 带传动的力分析

当主动轮在转矩作用下以转速 n_1 转动时，由图 6－10b 可知，由于摩擦力的作用，主动轮拖动带，带又驱动从动轮以转速 n_2 转动，从而把主动轮上的运动和动力传到从动轮上。在传动中，两轮与带的摩擦力方向如图 6－10b 所示，这就使进入主动轮一边的带拉得更紧(如图下边)，拉力由 F_0 加到 F_1，称为紧边。而离开主动轮一边的带拉变松(如图上边)，拉力由 F_0 加到 F_2，称为松边。设带的总长不变，则在紧边拉力的增加量 $F_1 - F_0$ 应等于在松边拉力的减少量 $F_0 - F_2$，则

$$F_0 = \frac{1}{2}(F_1 + F_2) \tag{6-3}$$

带紧边和松边的拉力差应等于带与带轮接触面上产生的摩擦力的总和 $\sum F_f$，称为带传动的有效拉力，也就是带所传递的圆周力 F，即

$$F = \sum F_f = F_1 - F_2 \tag{6-4}$$

圆周力 F(N)、带速 v(m/s)和传递功率 P(kW)之间的关系为

$$P = \frac{Fv}{1000} \tag{6-5}$$

由式(6-5)可知，当功率 P 一定时，带速 v 小，则圆周力 F 大，反之，则圆周力 F 小，因此通常把带传动布置在机械设备的高速级传动上，以减小带传递的圆周力；当带速一定时，传递的功率 P 愈大，则圆周力 F 愈大，需要带与带轮之间的摩擦力也愈大。实际上，在一定的条件下，摩擦力的大小有一个极限值，即最大摩擦力 $\sum F_{max}$，若带所需传递的圆周力超过这个极限值，带与带轮将发生显著的相对滑动，这种现象称为打滑。出现打滑时，虽然主动轮还在转动，但带和从动轮都不能正常运动，甚至完全不动，这就使传动失效。经常出现打滑将使带的磨损加剧，传动效率降低，故在带传动中应防止出现打滑现象。

在一定条件下，当摩擦力达到极限值时，带的紧边拉力 F_1 与松边拉力 F_2 之间的关系可用柔韧体摩擦的欧拉公式来表示

$$\frac{F_1}{F_2}=e^{f\alpha} \tag{6-6}$$

式中 F_1，F_2——紧边和松边拉力，N；
f——带与轮之间的摩擦系数；
α——带在带轮上的包角，rad。

由式(6-6)可知，增大包角和增大摩擦系数，以及适当增加预紧力都可提高带传动所能传递的圆周力。对于带传动，在一定的条件下 f 为一定值，且 $\alpha_2>\alpha_1$，所以摩擦力的最大值取决于 α_1。

6.1.2.2 带传动的运动分析

带是弹性体，它在受力情况下会产生弹性变形。由于带在紧边和松边上所受的拉力不相等，因而产生的弹性变形也不相同。从图6-10b可知，在主动轮上，带由 A 点运动到 B 点时，带中拉力由 F_1 降到 F_2，带的弹性伸长相应地逐渐减小，即带在轮上逐渐缩短并沿轮面滑动，使带的速度小于主动轮的圆周速度(即 $v_{带}<v_1$)。在从动轮上，带从 C 点到 D 点时，带中拉力由 F_2 逐渐增加到 F_1，带的弹性伸长也逐渐增大，也会沿轮面滑动，所以，从动轮的圆周速度又小于带速(即 $v_2<v_{带}$)。这种由于材料的弹性变形而产生的滑动称为弹性滑动。带传动中弹性滑动是不可避免的。若忽略弹性滑动影响，则带速为

$$v=\frac{\pi d_{d1}n_1}{60\times1000}=\frac{\pi d_{d2}n_2}{60\times1000}\ (\mathrm{m/s}) \tag{6-7}$$

由式(6-7)可得出带传动的理论传动比 i

$$i=\frac{n_1}{n_2}=\frac{d_{d2}}{d_{d1}} \tag{6-8}$$

式中 n_1，n_2——主动轮和从动轮的转速，r/min；
d_{d1}，d_{d2}——主动轮和从动轮的基准直径，mm。

6.1.2.3 带的应力分析

带传动时，带中产生的应力有：

1. 由拉力产生的拉应力 σ

紧边拉应力
$$\sigma_1=\frac{F_1}{A} \tag{6-9}$$

松边拉应力
$$\sigma_2=\frac{F_2}{A} \tag{6-10}$$

式中，A 为带的横截面积，mm^2。

2. 弯曲应力 σ_b

带绕过带轮时，由于带的弯曲而产生弯曲应力 σ_b

$$\sigma_b=\frac{2Eh_a}{d_d} \tag{6-11}$$

式中　E——带的弹性模量，MPa；

d_d——V 带轮的基准直径，mm；

h_a——V 带的节线到最外层的垂直距离，mm。

从式(6－11)可知，带在两轮上产生的弯曲应力的大小与带轮基准直径成反比，故小轮上的弯曲应力较大。

3. 由离心力产生的应力 σ_c

当带沿带轮轮缘作圆周运动时，带上每一质点都受离心力作用。离心拉力为 $F_c=qv^2$，它在带的所有横剖面上所产生的离心拉应力 σ_c 是相等的。

$$\sigma_c=\frac{F_c}{A}=\frac{qv^2}{A} \tag{6-12}$$

式中　q——每米带长的质量，kg/m；

v——带速，m/s。

图 6－11 所示为带的应力分布情况，从图中可见，带上的应力是变化的。最大应力发生在紧边与小轮的接触处，最大应力为

$$\sigma_{max}=\sigma_1+\sigma_c+\sigma_{b1} \tag{6-13}$$

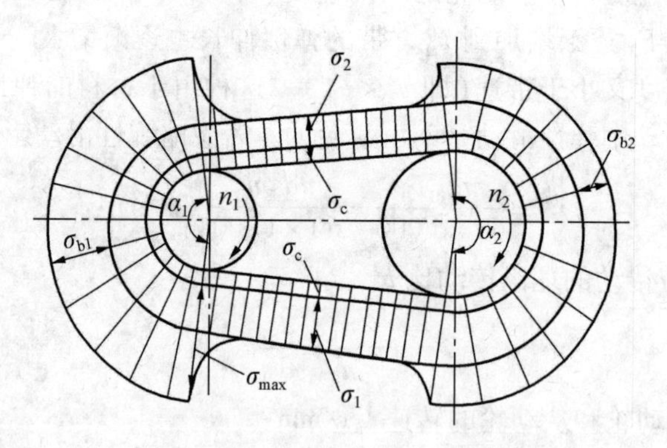

图 6－11　带的应力分布

6.1.3 普通V带传动设计

6.1.3.1 带传动的主要失效形式和设计准则

1. 主要失效形式

(1)打滑

当传递的圆周力 F 超过了带与带轮接触面之间摩擦力总和的极限时，发生过载打滑，使传动失效。

(2)疲劳破坏

传动带在变应力的反复作用下，发生裂纹、脱层、松散，直至断裂。

2. 设计准则

保证带传动不发生打滑的前提下，具有一定的疲劳强度和寿命。

6.1.3.2 V带传动设计计算和参数选择

进行普通V带传动设计计算时，通常已知传动的用途和工作情况；传递的功率为 P，主动轮、从动轮的转速 n_1、n_2(或传动比 i)，传动位置要求和外廓尺寸要求，原动机类型等。

设计时主要确定带的型号、长度和根数，带轮的尺寸、结构和材料，传动的中心距，带的初拉力和压轴力，张紧和防护等。

1. 确定计算功率

设 P 为传动的额定功率(kW)，考虑到工作机受到工作环境的影响，一般将额定功率乘以工作情况系数作为带轮设计计算功率(设计功率)。

$$P_d = K_A P \tag{6-14}$$

式中 P_d——计算功率；

K_A——工作情况系数，如表6-3所示。

表6-3 工作情况系数 K_A

载荷性质	工作机	原动机					
		空、轻载启动			重载启动		
		每天工作时间(h)					
		<10	10～16	>16	<10	10～16	>16
载荷平稳	离心式水泵、通风机(≤7.5kW)、轻型输送机、离心式压缩机	1.0	1.1	1.2	1.1	1.2	1.3
载荷变动小	带式运输机、通风机(>7.5kW)、发电机、旋转式水泵、机床、剪床、压力机、印刷机、振动筛	1.1	1.2	1.3	1.2	1.3	1.4

续表 6－3

载荷性质	工作机	原动机					
		空、轻载启动			重载启动		
		每天工作时间(h)					
		<10	10～16	>16	<10	10～16	>16
载荷变动较大	螺旋式输送机、斗式提升机、往复式水泵和压缩机、锻锤、磨粉机、锯木机、纺织机械	1.2	1.3	1.4	1.4	1.5	1.6
载荷变动很大	破碎机（旋转式、颚式等）、球磨机、起重机、挖掘机、辊压机	1.3	1.4	1.5	1.5	1.6	1.8

2. 选定 V 带的型号

普通 V 带的型号根据计算功率 P_d 和小轮转速 n_1 按图 6－12 选取。若临近两种型号的交界线时，可按两种型号同时计算，通过分析比较决定取舍。

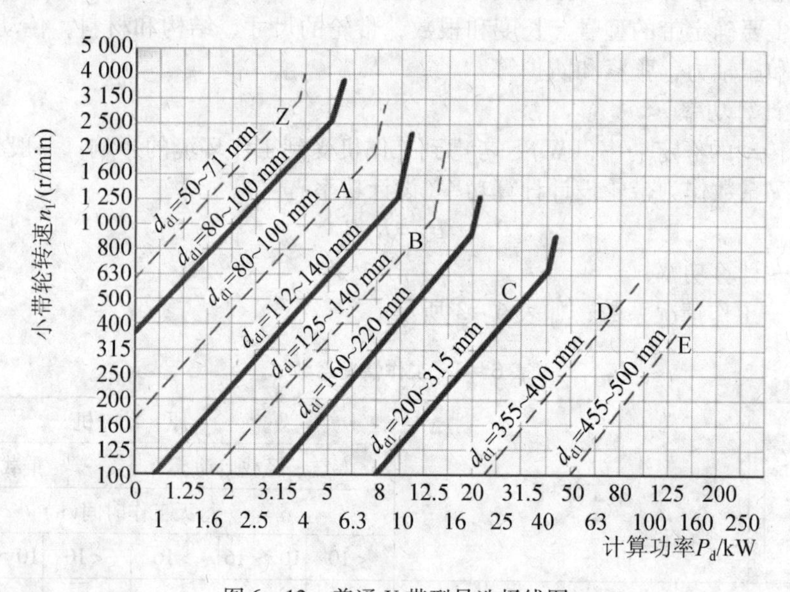

图 6－12　普通 V 带型号选择线图

3. 确定带轮基准直径 d_{d1}，d_{d2}

表 6－4 列出了 V 带轮的最小基准直径，选择小带轮基准直径时，应使 $d_{d1} > d_{min}$，以减小带内的弯曲应力。大带轮的基准直径 d_{d2} 由下式确定：

$$d_{d2} = \frac{n_1}{n_2} d_{d1} = i d_{d1} \tag{6-15}$$

d_{d2} 值应取整数，并从 V 带轮基准直径系列中选取。

表 6-4 普通 V 带轮最小基准直径 单位：mm

型 号	Y	Z	A	B	C	D	E
最小基准直径 d_{dmin}	20	50	75	125	200	355	500

4. 验算带速 v

由式(6-7)得

$$v=\frac{\pi d_{d1}n_1}{60\times 1\,000} \tag{6-16}$$

带速 v 应在 5～25m/s 的范围内，其中以 10～20m/s 为宜，若 $v>25$m/s，则因带绕过带轮时离心力过大，使带与带轮之间的压紧力减小，摩擦力降低而使传动能力下降，而且离心力过大降低了带的疲劳强度和寿命。而当 $v<5$m/s 时，根据 $P=\frac{Fv}{1\,000}$，在传递相同功率时带所传递的圆周力增大，使带的根数增加。

5. 确定中心距 a 和基准长度 L_d

由于带是中间挠性件，故中心距可取大些或小些。中心距增大，有利于增大包角，但太大则使结构外廓尺寸增大，还会因载荷变化引起带的颤动，从而降低其工作能力。

由式(6-1)可得初定的 V 带基准长度

$$L_0=2a_0+\frac{\pi}{2}(d_{d1}+d_{d2})+\frac{(d_{d2}-d_{d1})^2}{4a_0} \tag{6-17}$$

式中 L_0——计算带的基准长度，mm；

a_0——设计要求的传动中心距。

若已知条件未对中心距提出具体的要求，一般可按下式初选中心距 a_0，即

$$0.7(d_{d1}+d_{d2})\leqslant a_0\leqslant 2(d_{d1}+d_{d2}) \tag{6-18}$$

根据初定的 L_0，由表 6-2 选取相近的基准长度 L_d。最后按下式计算实际的中心距

$$a=a_0+\frac{L_d-L_0}{2} \tag{6-19}$$

考虑安装和张紧的需要，应使中心距有 $\pm 0.03L_d$ 的调整量。

6. 验算小轮包角 α_1

由式(6-2)计算 α_1

$$\alpha_1=180°-\frac{d_{d2}-d_{d1}}{a}\times 57.3°$$

一般要求 $\alpha\geqslant 90°\sim 120°$，否则可加大中心距或增设张紧轮。

7. 确定带的根数 z

$$z=\frac{P_d}{(P_0+\Delta P_0)K_\alpha K_L} \tag{6-20}$$

式中 P_0——单根普通 V 带的基本额定功率，即在包角 $\alpha=180°$、特定长度、平稳工作条

件下的功率见表 6－5；

ΔP_0——由于传动比不同($i\neq1$)，单根 V 带所附加的功率见表 6－6；

K_L——带长修正系数，考虑带长不等于特定长度时对传动能力的影响(见表 6－7)；

K_α——包角修正系数，考虑 $\alpha\neq180°$时，传动能力有所下降(见表 6－8)。

z 应取整数，通常 $z<8$，以使各根带受力均匀。

表 6－5　单根普通 V 带的基本额定功率 P_0(kW)

带　型	小带轮基准直径 d_{d1}(mm)	小带轮转速 n_1(r/min)						
		400	730	800	980	1 200	1 460	2 800
Z	50	0.06	0.09	0.10	0.12	0.14	0.16	0.26
	63	0.08	0.13	0.15	0.18	0.22	0.25	0.41
	71	0.09	0.17	0.20	0.23	0.27	0.31	0.50
	80	0.14	0.20	0.22	0.26	0.30	0.36	0.56
A	75	0.27	0.42	0.45	0.52	0.60	0.68	1.00
	90	0.39	0.63	0.68	0.79	0.93	1.07	1.64
	100	0.47	0.77	0.83	0.97	1.14	1.32	2.05
	112	0.56	0.93	1.00	1.18	1.39	1.62	2.51
	125	0.67	1.11	1.19	1.40	1.66	1.93	2.98
B	125	0.84	1.34	1.44	1.67	1.93	2.20	2.96
	140	1.05	1.69	1.82	2.13	2.47	2.83	3.85
	160	1.32	2.16	2.32	2.72	3.17	3.64	4.89
	180	1.59	2.61	2.81	3.30	3.85	4.41	5.76
	200	1.85	3.05	3.30	3.86	4.50	5.15	6.43
C	200	2.41	3.80	4.07	4.66	5.29	5.86	5.01
	224	2.99	4.78	5.12	5.89	6.71	7.47	6.08
	250	3.62	5.82	6.23	7.18	8.21	9.06	6.56
	280	4.32	6.99	7.52	8.65	9.81	10.74	6.13
	315	5.14	8.34	8.92	10.23	11.53	12.48	4.16
	400	7.06	11.52	12.10	13.67	15.04	15.51	—

表6-6 单根普通V带额定功率的增量ΔP_0(kW)

带型	小带轮转速 n_1 (r/min)	传动比 i									
		1.00～1.01	1.02～1.04	1.05～1.08	1.09～1.12	1.13～1.18	1.19～1.24	1.25～1.34	1.35～1.51	1.52～1.99	≥2.0
Z	400	0.00	0.00	0.00	0.00	0.00	0.00	0.00	0.00	0.01	0.01
	730	0.00	0.00	0.00	0.00	0.00	0.00	0.01	0.01	0.01	0.02
	800	0.00	0.00	0.00	0.00	0.01	0.01	0.01	0.01	0.02	0.02
	980	0.00	0.00	0.00	0.00	0.01	0.01	0.01	0.02	0.02	0.02
	1 200	0.00	0.00	0.01	0.01	0.01	0.01	0.02	0.02	0.02	0.03
	1 460	0.00	0.00	0.01	0.01	0.01	0.02	0.02	0.02	0.02	0.03
	2 800	0.00	0.01	0.02	0.02	0.03	0.03	0.03	0.04	0.04	0.04
A	400	0.00	0.01	0.01	0.02	0.02	0.03	0.03	0.04	0.04	0.05
	730	0.00	0.01	0.02	0.03	0.04	0.05	0.06	0.07	0.08	0.09
	800	0.00	0.01	0.02	0.03	0.04	0.05	0.06	0.08	0.09	0.10
	980	0.00	0.01	0.03	0.04	0.05	0.06	0.07	0.08	0.10	0.11
	1 200	0.00	0.02	0.03	0.05	0.07	0.08	0.10	0.11	0.13	0.15
	1 460	0.00	0.02	0.04	0.06	0.08	0.09	0.11	0.13	0.15	0.17
	2 800	0.00	0.04	0.08	0.11	0.15	0.19	0.23	0.26	0.30	0.34
B	400	0.00	0.01	0.03	0.04	0.06	0.07	0.08	0.10	0.11	0.13
	730	0.00	0.02	0.05	0.07	0.10	0.12	0.15	0.17	0.20	0.22
	800	0.00	0.03	0.06	0.08	0.11	0.14	0.17	0.20	0.23	0.25
	980	0.00	0.03	0.07	0.10	0.13	0.17	0.20	0.23	0.26	0.30
	1 200	0.00	0.04	0.08	0.13	0.17	0.21	0.25	0.30	0.34	0.38
	1 460	0.00	0.05	0.10	0.15	0.20	0.25	0.31	0.36	0.40	0.46
	2 800	0.00	0.10	0.20	0.29	0.39	0.49	0.59	0.69	0.79	0.89
C	400	0.00	0.04	0.08	0.12	0.16	0.20	0.23	0.27	0.31	0.35
	730	0.00	0.07	0.14	0.21	0.27	0.34	0.41	0.48	0.55	0.62
	800	0.00	0.08	0.16	0.23	0.31	0.39	0.47	0.55	0.63	0.71
	980	0.00	0.09	0.19	0.27	0.37	0.47	0.56	0.65	0.74	0.83
	1 200	0.00	0.12	0.24	0.35	0.47	0.59	0.70	0.82	0.94	1.06
	1 460	0.00	0.14	0.28	0.42	0.58	0.71	0.85	0.99	1.14	1.27
	2 800	0.00	0.27	0.55	0.82	1.10	1.37	1.64	1.92	2.19	2.47

表 6－7　普通 V 带的长度系列和带长修正系数 K_L

基准长度 L_d(mm)	K_L					基准长度 L_d(mm)	K_L			
	Y	Z	A	B	C		Z	A	B	C
200	0.81					1 600	1.04	0.99	0.92	0.83
224	0.82					1 800	1.06	1.01	0.95	0.86
250	0.84					2 000	1.08	1.03	0.98	0.88
280	0.87					2 240	1.10	1.06	1.00	0.91
315	0.89					2 500	1.30	1.09	1.03	0.93
355	0.92					2 800		1.11	1.05	0.95
400	0.96	0.79				3 150		1.13	1.07	0.97
450	1.00	0.80				3 550		1.17	1.09	0.99
500	1.02	0.81				4 000		1.19	1.13	1.02
560		0.82				4 500			1.15	1.04
630		0.84	0.81			5 000			1.18	1.07
710		0.86	0.83			5 600				1.09
800		0.90	0.85			6 300				1.12
900		0.92	0.87	0.82		7 100				1.15
1 000		0.94	0.89	0.84		8 000				1.18
1 120		0.95	0.91	0.86		9 000				1.21
1 250		0.98	0.93	0.88		10 000				1.23
1 400		1.01	0.96	0.90						

表 6－8　包角修正系数 K_α

包角 α	180°	170°	160°	150°	140°	130°	120°	110°	100°	90°
K_α	1.00	0.98	0.95	0.92	0.89	0.86	0.82	0.78	0.74	0.69

8. 确定初拉力 F_0 并计算作用在轴上的载荷 F_Q

保持适当的初拉力是带传动工作的首要条件。初拉力不足，极限摩擦力小，传动能力下降；初拉力过大，增大作用在轴上的载荷并降低带的寿命。单根普通 V 带合适的初拉力 F_0 可按下式计算。

$$F_0 = 0.9\left[500 \times \frac{P_d}{zv}\left(\frac{2.5 - K_\alpha}{K_\alpha}\right) + qv^2\right] \tag{6-21}$$

式中，各符号的意义同前。

F_Q 可近似地按带两边的初拉力 F_0 的合力来计算，由图 6－13 可得，作用在轴上的载荷 F_Q 为

$$F_Q = 2zF_0 \sin\frac{\alpha_1}{2} \tag{6-22}$$

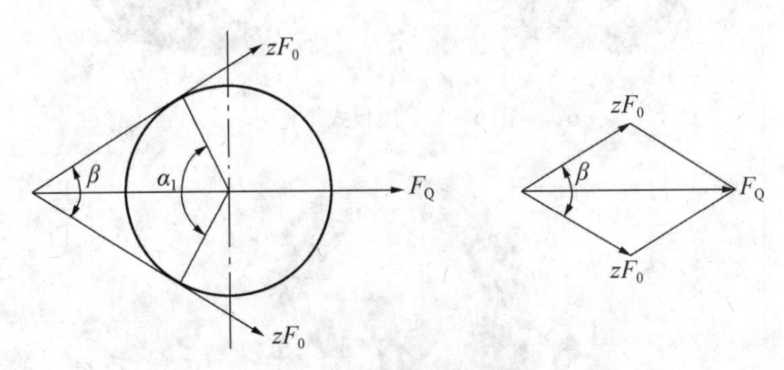

图 6－13　带传动的轴上载荷

6.1.4　V 带轮的结构

V 带轮是普通 V 带传动的重要零件，它必须具有足够的强度，但又要重量轻，质量分布均匀；轮槽的工作面对带必须有足够的摩擦，又要减少对带的磨损。

V 带轮的结构与齿轮类似，直径较小时可采用实心式(见图 6－14)；中等直径的带轮可采用腹板式(见图 6－15)；直径大于 350mm 时可采用轮辐式(见图 6－16)。

图 6－14　实心式带轮

普通 V 带轮轮缘的截面图及轮槽尺寸如表 6－9 所示。普通 V 带两侧面的夹角均为 40°，由于 V 带绕在带轮上弯曲时，其截面变形使两侧面的夹角减小，为使 V 带能紧贴轮槽两侧，轮槽的楔角规定为 32°，34°，36°和 38°。

图 6 - 15　腹板式带轮

图 6 - 16　轮辐式带轮

表 6 - 9　普通 V 带轮的轮槽尺寸　　单位：mm

	槽型	Y	Z	A	B	C
	基准宽度 b_d	5.3	8.5	11	14	19
	基准线上槽深 h_{amin}	1.6	2.0	2.75	3.5	4.8
	基准线下槽深 h_{fmin}	4.7	7.0	8.7	10.8	14.3
	槽间距 e	8 ±0.3	12 ±0.3	15 ±0.3	19 ±0.4	25.5 ±0.5
	槽边距 f_{min}	6	7	9	11.5	16
	轮缘厚 δ_{min}	5	5.5	6	7.5	10
	外径 d_a	$d_a = d_d + 2h_a$				
φ 32°	基准直径 d_d	≤60				
φ 34°	基准直径 d_d		≤80	≤118	≤190	≤315
φ 36°	基准直径 d_d	>60				
φ 38°	基准直径 d_d		>80	>118	>190	>315

V 带轮一般采用铸铁 HT150 或 HT200 制造，其允许的最大圆周速度为 25m/s。速度更高时，可采用铸钢或钢板冲压后焊接。塑料带轮的重量轻、摩擦系数大，常用于机床中。

6.1.5 带传动的张紧装置及维护

普通 V 带不是完全的弹性体，长期在张紧状态下工作，会因出现塑性变形而松弛，使初拉力 F_0 减小，传动能力下降。因此，必须将带重新张紧，以保证带传动正常工作。

带传动常用的张紧方法是调节中心距。常见的张紧装置有以下两类。

1. 定期张紧装置

图 6－17 所示是采用导轨和调节螺钉或采用摆动架和调节螺栓改变中心距的张紧方法。前者适用于水平或倾斜不大的布置，后者适用于垂直或接近垂直的布置。

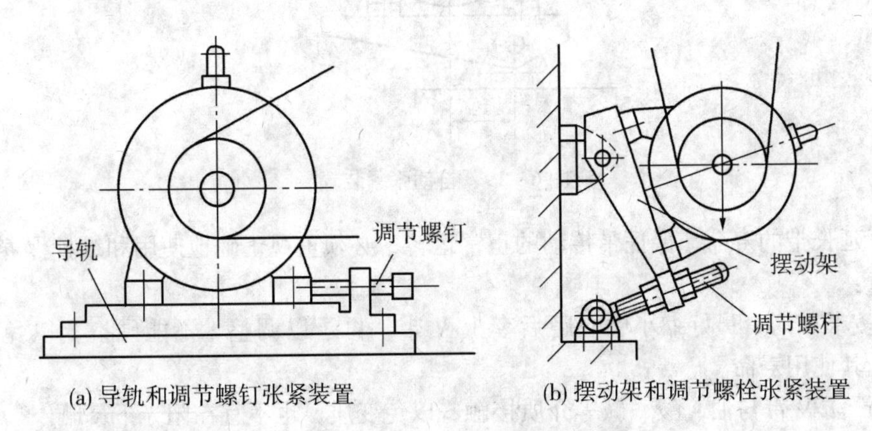

(a) 导轨和调节螺钉张紧装置　(b) 摆动架和调节螺栓张紧装置

图 6－17　定期张紧装置

2. 张紧轮装置

若中心距不能调节时，可采用具有张紧轮的装置（见图 6－18），其中，图 6－18b 所示为靠平衡锤将张紧轮压在带上，以保持带的张紧。

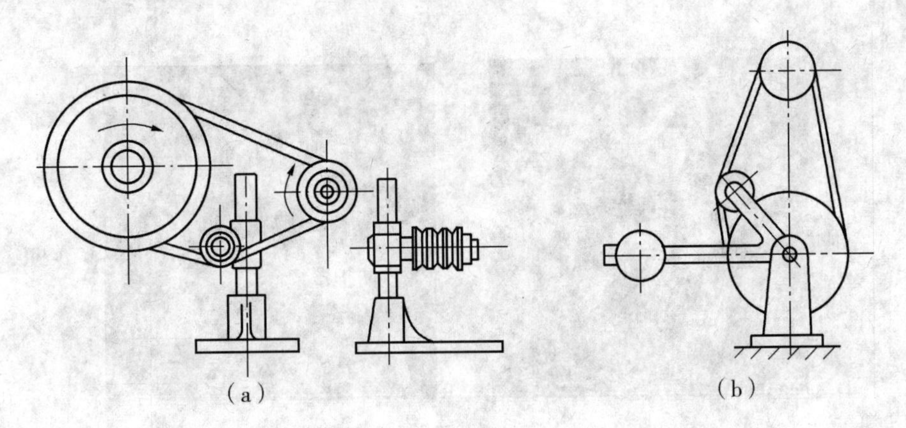

（a）　（b）

图 6－18　张紧轮装置

3. 自动张紧装置

图 6－19 所示是采用重力和带轮上的制动力矩，使带轮随浮动架绕固定轴摆动而改变中心距的自动张紧方法。

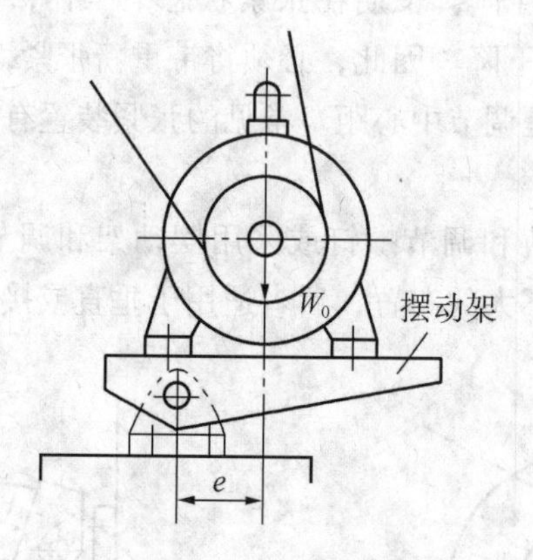

图 6－19　自动张紧装置

为了延长带的寿命，保证带传动的正常运转，必须重视正确地使用和维护保养。使用时要注意：

(1)安装带时，最好缩小中心距后套上 V 带，再予以调整，不能硬撬，以免损坏胶带，降低其使用寿命。

(2)严防 V 带与油、酸、碱等介质接触，以免变质，也不宜在阳光下暴晒。

(3)带根数较多的传动，若坏了少数几根需进行更换时，应全部更换，不要只更换坏带而使新旧带一起使用，这样会造成载荷分配不匀，反而加速新带的损坏。

(4)带传动在运动的时候，为了保证安全生产，带传动须安装防护罩护栏、护板等防护装置(见图 6－20)，防止人体接触带的转动危险部位。拆掉这些安全装置时，须经上级部门批准。

图 6－20　带传动的防护罩

【例 6－1】 设计某振动筛的 V 带传动，已知电动机功率 $P=1.7\text{kW}$，转速 $n_1=1\,430$ r/min，工作机的转速 $n_2=285$ r/min，根据空间尺寸，要求中心距约为 500 mm，带的质量

分布 $q=0.06\ kg/m$。带传动每天工作 16h，试设计该 V 带传动。

解：

(1)确定计算功率 P_d

由式(6－14)，根据 V 带传动工作条件，查表 6－3，可得工作情况系数 $K_A=1.3$，所以

$$P_d=K_AP=1.3\times1.7=2.21\ (kW)$$

(2)选取 V 带型号

根据 P_d、n_1，由图 6－12，选用 A 型 V 带。

(3)确定带轮基准直径 d_{d1}、d_{d2}

由表 6－4 选 $d_{d1}=85\ mm$，从动轮的基准直径为

$$d_{d2}=\frac{n_1}{n_2}d_{d1}=\frac{1\,430}{285}\times85=426.5\ (mm)$$

取 $d_{d2}=425\ mm$。

(4)验算带速 v

$$v=\frac{\pi d_{d1}n_1}{60\times1\,000}=\frac{3.14\times85\times1\,430}{60\times1\,000}=6.36\ (m/s)$$

v 在 5～15 m/s 范围内，故带的速度合适。

(5)确定 V 带的基准长度和传动中心距

根据题目要求，初选中心距 $a_0=500\ mm$。

根据式(6－1)计算带所需的基准长度

$$\begin{aligned}L_0&=2a_0+\frac{\pi}{2}(d_{d1}+d_{d2})+\frac{(d_{d2}-d_{d1})^2}{4a_0}\\&=2\times500+\frac{\pi}{2}(85+425)+\frac{(425-85)^2}{4\times500}\\&=1\,858.5\ (mm)\end{aligned}$$

由表 6－2，选取带的基准长度 $L_d=1\,940\ mm$。按式(6－19)计算实际中心距

$$a=a_0+\frac{L_d-L_0}{2}=500+\frac{1\,940-1\,858.5}{2}=540.75\ (mm)$$

(6)验算主动轮上的包角 α_1

由式(6－2)得

$$\alpha_1=180°-\frac{d_{d2}-d_{d1}}{a}\times57.3°=180°-\frac{425-85}{540.75}\times57.3°=143.97°$$

故主动轮上的包角合适。

(7)计算 V 带的根数 z

由表 6－5，由插值法求得 $p_0=0.926\ kW$。

因为 $n_1=1\,430\ r/min$，由表 6－6 用插值法求得 $\Delta P_0=0.167\,7\ kW$。

由表 6－7，用插值法求得 $K_L=1.024$，查表 6－8 得 $K_\alpha=0.906$，所以

$$z=\frac{P_d}{(P_0+\Delta P_0)K_\alpha K_L}=\frac{2.21}{(0.926+0.167\,7)\times0.906\times1.024}=2.178$$

取 $z=3$ 根。

(8)计算V带合适的初拉力 F_0

由式(6-21)得

$$F_0=\left[\frac{500P_d}{zv}\left(\frac{2.5}{K_\alpha}-1\right)+qv^2\right]\times 0.9$$
$$=\left[\frac{500\times 2.21}{3\times 6.36}\left(\frac{2.5}{0.906}-1\right)+0.06\times 6.36^2\right]\times 0.9$$
$$=93.87\ (\text{N})$$

(9)计算作用在轴上的载荷 F_Q

由式(6-22)得

$$F_Q=2zF_0\sin\frac{\alpha_1}{2}=2\times 3\times 93.87\times\sin\frac{143.97°}{2}=175.6\ (\text{N})$$

(10)带轮结构设计

由于主动轮直径较小，可采用实心式带轮，从动轮可采用腹板式带轮。

6.2 链传动

6.2.1 链传动的特点及应用

链传动是应用较广的一种机械传动。它是由主动链轮、从动链轮以及跨绕在两链轮上的链条所组成(见图6-21)，以链条作中间挠性件，靠链条与链轮轮齿的啮合来传递运动和动力。

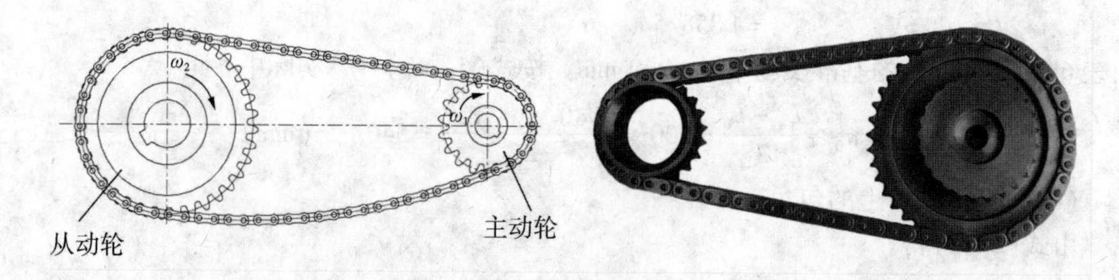

图6-21 链传动

链传动属于带有挠性件的啮合传动。与带传动相比，链传动能保持准确的平均传动比；没有弹性滑动和打滑；又因链条不需要像带传动那样张得很紧，所以作用在轴上的径向压力小；在相同条件下，链传动结构紧凑，同时链传动能在温度较高、有油污等恶劣环境下工作。

与齿轮传动相比，链传动的制造和安装精度要求较低，成本低廉，能实现远距离传动，但瞬时速度不均匀，瞬时传动比不恒定；传动中有一定的冲击和噪音，磨损后容易跳齿，不宜在载荷变化很大的传动中应用。

链传动结构简单、耐用、维护容易，主要用于中心距较大的场合，以及其他不宜采用齿轮传动和带传动的场合。广泛用于矿山机械、农业机械、石油机械、机床及摩托车中。在我国广泛使用于自行车中的传动就是链传动。一般链传动的应用范围为：传动比 $i \leqslant 8$，中心距 $a \leqslant 6$ m，传递功率 $P \leqslant 100$ kW，圆周速度 $v \leqslant 15$ m/s，传动效率 $\eta = 0.92 \sim 0.96$。

6.2.2 链传动的结构及主要参数

按照链条的结构不同，传递动力所用的链条主要有滚子链和齿形链两种(见图6-22)。其中齿形链结构复杂，价格较高，因此其应用不如滚子链广泛。

(a) 滚子链

(a) 齿形链

图 6-22 链传动类型

滚子链的结构如图 6-23 所示，其内链板和套筒、外链板和销轴分别用过盈配合固联在一起，分别称为内、外链节，构成铰链。滚子与套筒、套筒与销轴均为间隙配合。当链条啮入和啮出时，内、外链节作相对转动，同时，滚子沿链轮轮齿滚动，可减少链条与轮

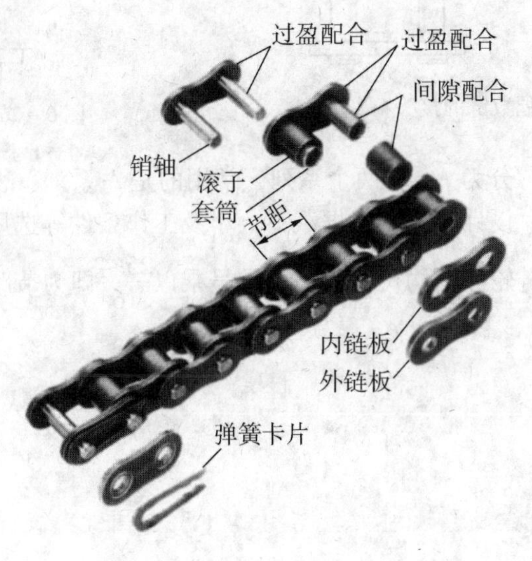

图 6-23 滚子链的结构

齿的磨损。

为减轻链条的重量并使链板各横剖面的抗拉强度大致相等，内、外链板均制成“∞”字形。组成链条的各零件由碳钢或合金钢制成，并进行热处理，以提高强度和耐磨性。

滚子链相邻两滚子中心的距离称为链节距，用 p 表示，它是链条的主要参数。节距 p 越大，链条各零件的尺寸越大，所能承受的载荷越大。

滚子链可制成单排链和多排链，如双排链或三排链。排数越多，承载能力越大。由于制造和装配精度会使各排链受力不均匀，故一般不超过 3 排，如图 6－24 所示。

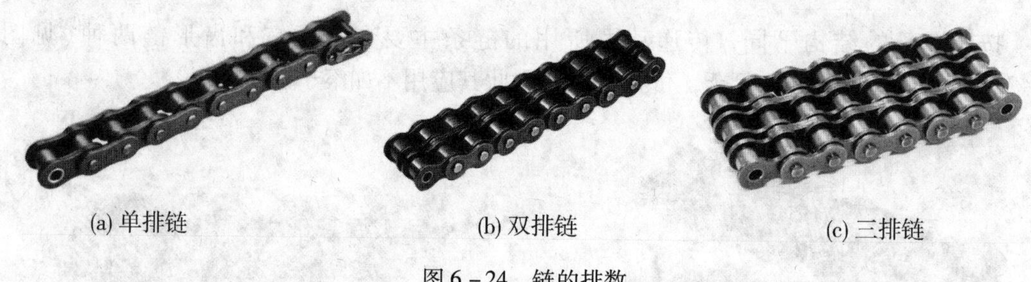

(a) 单排链　(b) 双排链　(c) 三排链

图 6－24　链的排数

滚子链的长度以链节数 L_p 表示。链节数 L_p 最好取偶数，以便链条联成环形时正好是内、外链板相接，接头处可用开口销或弹簧夹锁紧（见图 6－25）。若链节数为奇数时，则需采用过渡链节（见图 6－26），过渡链节的链板需单独制造。另外，当链条受拉时，过渡链节还要承受附加的弯曲载荷，使强度降低，通常应尽量避免。

图 6－25　偶数链的接头　　图 6－26　奇数链的过渡链节

滚子链已标准化，分为 A、B 两个系列，常用的是 A 系列。表 6－10 列出了几种 A 系列滚子链的主要参数。设计时，要根据载荷大小及工作条件等选用适当的链条型号，确定链传动的几何尺寸及链轮的结构尺寸。表中链号乘以 $\frac{25.4}{16}$ 即为节距值（mm）。

表 6-10 A 系列滚子链的主要参数

链号	节距 p (mm)	排距 p_t (mm)	滚子外径 d_1 (mm)	内链节内宽 b_1 (mm)(最小)	销轴直径 d_2 (mm)(最大)	极限载荷 Q (单排) N	每米长质量 q (单排)(kg/m)
08A	12.70	14.38	7.95	7.84	3.96	13 800	0.60
10A	15.875	18.11	10.16	9.40	5.08	21 800	1.00
12A	19.05	22.78	11.91	12.57	5.94	21 100	1.50
16A	25.40	29.29	15.88	15.75	7.92	55 600	2.60
20A	31.75	35.76	19.05	18.90	9.53	86 700	3.80
24A	38.10	45.44	22.23	25.22	11.10	124 600	5.60
28A	44.45	48.87	25.40	25.22	12.70	169 000	7.50
32A	50.80	58.55	28.58	31.55	14.27	222 400	10.10
40A	63.50	71.55	39.68	37.85	19.84	347 000	16.10
48A	76.20	87.83	47.63	47.35	23.80	500 400	22.60

按照国家标准的规定，滚子链的标记为：

链号—排数×整链节数　　标准号

例如：A 级、双排、70 节、节距为 38.1mm 的标准滚子链，标记应为：

24A—2×70　　　　GB/T 1243—1997

标记中，B 级链不标等级，单排链不标排数。

滚子链轮的轮齿应有足够的接触强度和耐磨性，故齿面多经热处理。因小链轮的啮合次数比大链轮多，所受冲击力也大，故所用材料一般优于大链轮。常用的链轮材料有碳素钢(如 Q235，Q275，45，ZG 310-570 等)、灰铸铁(如 HT 200)等。重要的链轮可采用合金钢。

6.2.3 链传动工作情况分析

6.2.3.1 链传动的运动特性

链条绕上链轮后形成折线，链传动相当于一对多边形轮子之间的传动(见图 6-27)。链条线速度(简称链速)为

$$v=\frac{z_1pn_1}{60\times 1\,000}=\frac{z_2pn_2}{60\times 1\,000}\ (\text{m/s}) \tag{6-23}$$

则链传动的传动比

$$i=\frac{n_1}{n_2}=\frac{z_2}{z_1} \tag{6-24}$$

式中 z_1，z_2——两链轮的齿数；

p——链轮节距，mm；

n_1，n_2——两链轮的转速，r/min。

由以上两式求得的链速和传动比均为平均值。实际上，由于多边形效应，瞬时链速和瞬时传动比都是变化的。如图 6－27 所示为主动轮链轮的速度分析图。

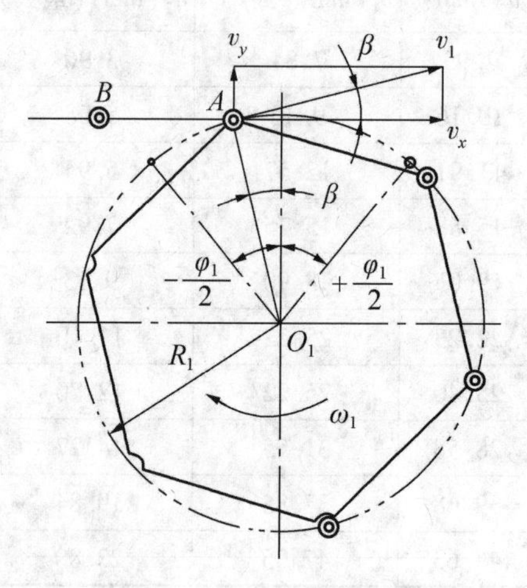

图 6－27　链传动的运动分析

铰链 A 随同主动链轮运动的线速度为 v_1，方向垂直于 O_1A，与链条直线运动的夹角为 β。因此，铰链 A 水平方向和垂直方向的速度为：

$$v_x = v_1\cos\beta = R_1\omega_1\cos\beta$$

$$v_y = v_1\sin\beta = R_1\omega_1\sin\beta$$

式中　R_1——主动轮的分度圆半径；

ω_1——主动轮的角速度，为常数。

由此可知，当主动轮以角速度 ω_1 等速转动时，由于 β 是变化的，链条的瞬时速度 v_x 周期性地由小变大，又由大变小，每转过一个节距变化一次。链条变化的程度与主动轮的转速和链轮的齿数有关，转速越高、齿数越少，则链速变化越大。

同样，在垂直方向上瞬时速度 v_y 也作周期性变化，从而使链条上下抖动。

显然，由于瞬时速度的不断变化，链传动的瞬时传动比也是不断变化的，当主动轮以等角速度旋转时，从动轮的角速度将发生周期性的变化。

因此，由于链速是变化的，工作时不可避免地要产生振动、噪音和动载荷，引起链条与链轮轮齿的冲击，并加剧磨损。随着链轮齿数的减少，传动中的速度波动、冲击、振动和噪音也都加大，所以链轮的最小齿数不宜太少，通常取主动链轮（即小链轮）的齿数大于 17。

6.2.3.2　滚子链传动的失效形式

链传动的失效形式主要有以下几种。

1．链板疲劳破坏

由于链条受变应力的作用，经过一定的循环次数后，链板会发生疲劳破坏，在正常润滑条件下，疲劳强度是限定链传动承载能力的主要因素。

2. 滚子、套筒的冲击疲劳破坏

链节与链轮啮合时，滚子与链轮间会产生冲击，高速时冲击载荷较大，在反复多次的冲击作用下，套筒与滚子表面发生冲击疲劳破坏。

3. 销轴与套筒的胶合

当润滑不良或速度过高时，销轴与套筒的工作表面摩擦发热较大，易使两表面发生黏附磨损，严重时则产生胶合。

4. 链条铰链磨损

链在工作过程中，销轴与套筒的工作表面会因相对滑动而磨损，导致链节的伸长，容易引起跳齿和脱链。

5. 过载拉断

在低速($v<6$ m/s)重载或瞬时严重过载时，链条可能被拉断。

6.2.3.3 滚子链传动参数的选择

1. 链轮齿数 z_1、z_2

由链传动的多边形效应运动特性得知，齿数越少，瞬时链速变化越大，且链轮直径也较小，当传递功率一定时，链和链轮轮齿的受力也会增加。为使传动平稳，小链轮齿数不宜过少，通常 $z_{min}\geqslant17$，但如齿数过多，又会造成链轮尺寸过大，而且，当链条磨损后，也容易从链轮上脱落，一般控制 $z_2\leqslant120$。

2. 传动比 i

传动比受链轮最少齿数和最多齿数的限制，且传动尺寸不能过大，因此传动比一般不大于6。传动比过大时，小链轮上的包角 α_1 将会太小，同时啮合的齿数也太少，会加速轮齿的磨损。因此，通常要求包角 α_1 不小于120°。

3. 链的节距 p

链的节距 p 是决定链的工作能力、链及链轮尺寸的主要参数，正确选择 p 是链传动设计时要解决的主要问题。链的节距越大，承载能力越高，但其运动不均匀性和冲击性就越严重。因此，在满足传递功率的情况下，应尽可能选用较小的节距，高速重载时可选用小节距多排链。

4. 中心距 a 和链节数 L_p

若链传动中心距过小，则小链轮上的包角也小，同时啮合的链轮齿数也减少；若中心距过大，则易使链条抖动。一般可取中心距 $a_0=(30\sim50)p$，最大中心距 $a_{max}\leqslant80p$。

链的长度以链节数 L_p(节距 p 的倍数)来表示。链节数 L_p 与中心距 a_0 之间的关系为

$$L_p=\frac{2a_0}{p}+\frac{z_1+z_2}{2}+\left(\frac{z_2-z_1}{2\pi}\right)\cdot\frac{p}{a_0} \tag{6-25}$$

计算出的 L_p 应取整数，最好取为偶数。

如已知 L_p 时，也可由上式计算出实际中心距 a，即：

$$a=\frac{p}{4}\left[\left(L_p-\frac{z_1+z_2}{2}\right)+\sqrt{\left(L_p-\frac{z_1+z_2}{2}\right)^2-8\left(\frac{z_2-z_1}{2\pi}\right)^2}\right] \tag{6-26}$$

为了便于链条的安装和调节链的张紧，通常中心距设计成可以调节的；若中心距不能

调节而又没有张紧装置时，应将计算的中心距减小2～5mm，使链条有小的初垂度，以保持链传动的张紧。

6.2.4 链传动的布置、张紧和润滑

6.2.4.1 链传动的布置和张紧

在链传动中，两链轮的转动应在同一平面内，两轴线必须平行，最好成水平布置。如需倾斜布置时，两链轮中心连线与水平线的夹角 φ 应小于45°(见图6-28)。同时，链传动应使紧边(即主动边)在上，松边在下，以便链节和链轮轮齿可以顺利地进入和退出啮合。如果松边在上，可能会因松边垂度过大而出现链条与轮齿的干扰，甚至会引起松边与紧边的碰撞。

图6-28 链传动布置

为防止链条垂度过大造成啮合不良和松边的颤动，需用张紧装置。如中心距可以调节时，可通过调节中心距来控制张紧程度；如中心距不可调节时，可用张紧轮。张紧轮应安装在链条松边靠近小链轮处，放在链条内、外侧均可，如图6-29所示。张紧轮可以是链轮，也可以是无齿的滚轮，其直径可比小链轮略小些。

图6-29 链条的张紧轮装置

链传动在运动的时候，为了保证安全生产，须安装防护罩护栏、护板等防护装置，防止人体接触带的转动危险部位。其防护办法见带传动的防护(如图6-20所示)。拆掉这

些安全装置时，须经上级部门批准。

6.2.4.2　链传动的润滑

链传动良好的润滑将会减少磨损，缓和冲击，提高承载能力，延长使用寿命，因此链传动应合理地确定润滑方式和润滑剂种类。

常用的润滑方式有以下几种：

（1）人工定期润滑：用油壶或油刷给油，每班注油一次，适用于链速 $v \leqslant 4$ m/s 的不重要传动，如图 6－30a 所示。

（2）滴油润滑：用油杯通过油管向松边的内、外链板间隙处滴油，用于链速 $v \leqslant 10$ m/s 的传动，如图 6－30b 所示。

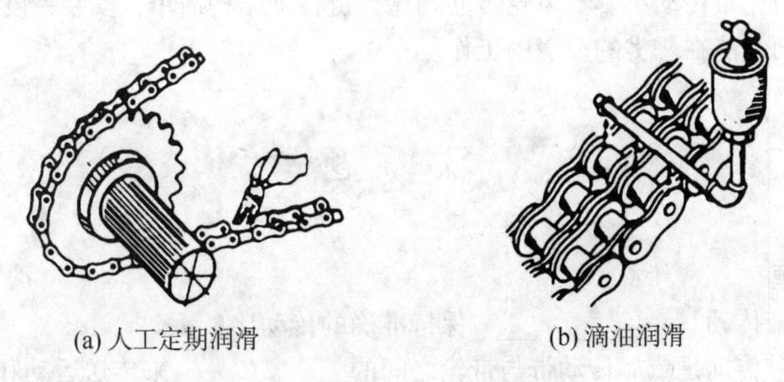

(a) 人工定期润滑　　(b) 滴油润滑

图 6－30　链轮的润滑

（3）油浴润滑：链从密封的油池中通过，链条浸油深度以 6～12 mm 为宜，适用于链速 $v = 6 \sim 12$ m/s 的传动，如图 6－31a 所示。

（4）飞溅润滑：在密封容器中，用甩油盘将油甩起，经由壳体上的集油装置将油导流到链上。甩油盘速度应大于 3 m/s，浸油深度一般为 12～15 mm，如图 6－31b 所示。

（5）压力油循环润滑：用油泵将油喷到链上，喷口应设在链条进入啮合之处。适用于链速 $v \geqslant 8$ m/s 的大功率传动，如图 6－31c 所示。温度低时，黏度宜低；功率大时，黏度宜高。

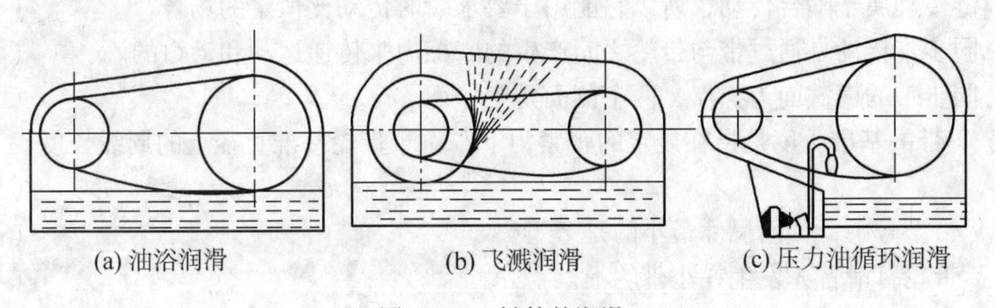

(a) 油浴润滑　　(b) 飞溅润滑　　(c) 压力油循环润滑

图 6－31　链轮的润滑

本章学习要点

1. 带传动是依靠带与带轮之间的摩擦力和啮合来传递运动和动力的。摩擦型带传动主要有平带传动、V 带传动和多楔带传动。啮合型带传动主要有同步带传动。

2. 摩擦型带传动由于存在弹性滑动现象，因而不能保证稳定的传动比，而同步带传动可以保证稳定、准确的传动比。

3. 链传动是依靠链与链轮间的啮合来传递运动和动力的。与带传动相比，链传动无弹性滑动和打滑现象，故能保持准确的平均传动比，传动效率高，传动功率大，结构紧凑，而且张紧力比带传动小。与齿轮传动相比，链传动结构简单，安装精度低，适用于较大中心距的传动，能在恶劣的环境中工作。

习　　题

一、填空题

1. 摩擦型带传动＿＿＿＿＿＿＿＿保持准确的传动比。

2. 摩擦型带传动是依靠传动带与带轮之间的＿＿＿＿＿＿来传送运动和动力的。

3. V 带的截面形状为＿＿＿＿＿＿形，其工作面是＿＿＿＿＿＿。

4. 一般在相同条件下，平带传递的工作拉力比 V 带传动的＿＿＿＿＿＿。

5. 链传动是利用链条与链轮的＿＿＿＿＿＿来传递运动和动力的。

6. 已知某链传动的主动轮齿数为 20 齿，从动轮齿数为 40 齿，链速为 1000 r/min，则该链传动的平均传动比为＿＿＿＿＿＿，从动轮的转速为＿＿＿＿＿＿。

7. 和带传动比较，链传动作用在轴上的径向力较＿＿＿＿＿＿。

二、判断题

1. 与带传动比，链传动的传动效率较高。（　　）

2. 链传动属于啮合传动，所以它能用于要求瞬时传动比恒定的场合。（　　）

3. 同步带传动是通过带与带轮之间产生的摩擦力来传递运动和动力的。（　　）

4. 同步带的横截面为梯形，两个侧面是工作面。（　　）

5. V 带的基准长度是指在规定的张紧力下，位于带轮基准直径上的周线长度。（　　）

6. V 带型号中，截面尺寸最小的是 Z 型。（　　）

7. V 带轮打滑首先发生在小带轮上。（　　）

8. V 带根数越多，受力越不均匀，故选用时一般 V 带不应超过 8 ～ 10 根。（　　）

9. 一组 V 带中发现其中有一根已不能使用，只要换上一根新的就行。（　　）

10. V 带传动的张紧轮最好布置在松边外侧靠近大带轮处。（　　）

11. 一般套筒滚子链用偶数节是为避免采用过渡链节。（　　）

12. 链传动是通过链条的链节与链轮轮齿的摩擦来传递运动和动力的。 (　　)
13. 链传动产生冲击和振动，传动平稳性差。 (　　)
14. 滚子链上，相邻两销轴中心的距离称为节距，是链条的主要参数。 (　　)
15. 和带传动相比，链传动适宜在低速、重载以及工作环境恶劣的场合中工作。 (　　)
16. 链条的节距标志其承载能力，节距越大，承受的载荷也越大。 (　　)

三、选择题

1. 传动平稳、噪音小、能缓冲吸振的传动是____。
   A. 带传动　　B. 齿轮传动　　C. 螺旋传动
2. 链传动与带传动相比____。
   A. 链传动作用在轴与轴承上的力较小　　B. 平均传动比不准确
   C. 传动效率高
3. V 带比平带传动能力大的主要原因是____。
   A. 带的强度高　　B. 没有接头　　C. 产生的摩擦力大
4. ____传动具有传动比准确的特点。
   A. 平带　　B. 普通 V 带　　C. 啮合式带
5. 带传动的打滑现象首先发生在____。
   A. 大带轮　　B. 小带轮
   C. 大、小带轮同时出现
6. 带轮常采用____材料。
   A. 钢　　B. 铸铁　　C. 铝合金
7. 普通 V 带传动中，V 带的楔角 θ 是____。
   A. 36°　　B. 38°　　C. 40°
8. 在相同的条件下，普通 V 带横截面尺寸____，其传递的功率也____。
   A. 越小　越大　　B. 越大　越小　　C. 越大　越大
9. 对于 V 带传动，一般要求小带轮上的包角不得小于____。
   A. 100°　　B. 120°　　C. 130°
10. V 带轮槽角应小于带楔角的目的是____。
   A. 增加带的寿命　　B. 便于安装
   C. 可以使带与带轮间产生较大的摩擦力
11. 带传动采用张紧装置的主要目的是____。
   A. 增加包角　　B. 保持初拉力　　C. 提高寿命
12. 套筒滚子链的链板一般制成“∞”字形，其目的是____。
   A. 使链板美观　　B. 使各截面强度接近相等，减轻重量
   C. 使链板减少摩擦
13. 在滚子链传动中，尽量避免采用过渡链节的主要原因是____。
   A. 制造困难　　B. 价格贵
   C. 链板受附加弯曲应力

14. 滚子链传动中，链条节数最好取____。

A. 整数　　B. 奇数　　C. 偶数

四、计算题

1. 设计某锯木机用普通 V 带传动。已知电动机额定功率 $P = 3.5\text{kW}$，转速 $n_1 = 1\,420$ r/min，传动比 $i = 2.6$，每天工作 16h。

2. 某带式输送机用滚子链传动，电动机经减速机驱动齿数 $z_1 = 21$ 的小链轮，链速 $v = 3.0$ m/s，$i = 3$，链节距 $p = 19.05$ mm，链节数 $L_p = 120$，单排链，载荷平稳。计算该链传动能传递多大功率？中心距是多少？

第七章　联　接

为了便于机器的制造、安装、运输、维修，机械中广泛使用各种联接。机械联接是指实现机械零(部)件之间互相联接的方法。机械联接分为两大类：

(1)机械动联接，即被联接的零(部)件之间可以有相对运动的联接，如各种运动副。

(2)机械静联接，即被联接零(部)件之间不允许有相对运动的联接。除有特殊说明之外，一般的机械联接是指机械静联接，本章主要介绍机械静联接的内容。

机械静联接又可分为两类：

① 可拆联接，即允许多次装拆而不失效的联接，包括螺纹联接、键联接(包括花键联接和无键联接)和销联接；

② 不可拆联接，即必须破坏联接某一部分才能拆开的联接，包括铆钉联接、焊接和粘接等。另外，过盈联接既可做成可拆联接，也可做成不可拆联接。

7.1　螺纹及螺纹联接

7.1.1　螺纹的类型、代号

1. 螺纹的代号和标注

螺纹分为外螺纹和内螺纹，一般成对使用，如螺栓是外螺纹，螺母是内螺纹，如图7－1所示。

根据螺旋线的绕行方向，螺纹分为右旋螺纹和左旋螺纹。顺时针旋转时旋入的螺纹为右旋螺纹，逆时针旋转时旋入的螺纹为左旋螺纹。判定螺纹旋向时，将螺纹轴线垂直放置，螺纹的可见部分右高左低者为右旋螺纹，左高右低者为左旋螺纹，如图7－2所示。

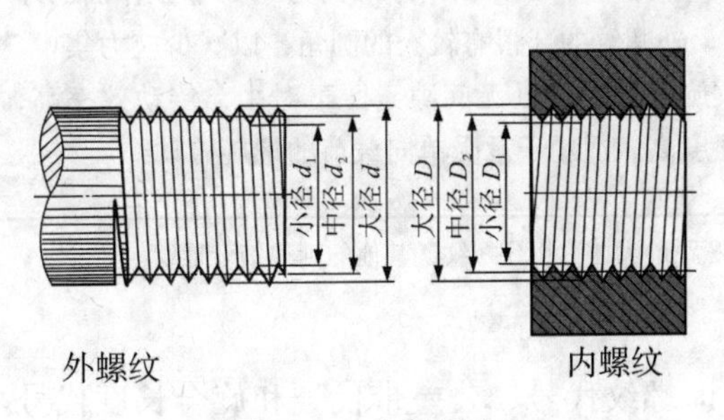

图7－1　内外螺纹

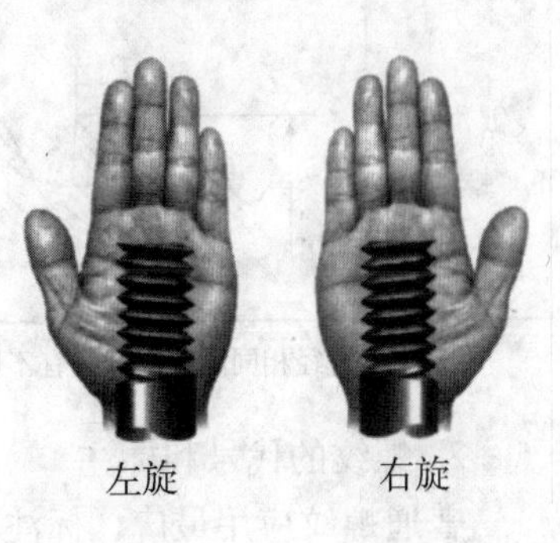

图7－2　螺纹的旋向

螺纹在机械中的应用主要有联接和传动。根据螺纹牙型结构的不同，螺纹牙型分为三角形螺纹、矩形螺纹、梯形螺纹和锯齿形螺纹等。三角形螺纹主要用于联接，因为三角形螺纹的强度高，自锁性能好，因此也称联接螺纹。矩形螺纹、梯形螺纹和锯齿形螺纹主要用于传递动力和运动的螺纹，也称传动螺纹。常用螺纹的类型、特点及应用见表 7－1。

表 7－1　常用螺纹的类型、特点及应用

螺纹类型	牙 形	特点及应用
普通螺纹	p, d, $\alpha=60°$	牙形为等边三角形，牙形角为 60°，外螺纹牙根允许有较大的圆角，以减少应力集中。同一公称直径的螺纹，可按螺距大小分为粗牙螺纹和细牙螺纹。一般的静联接常采用粗牙螺纹。细牙螺纹自锁性能好，但不耐磨，常用于薄壁件或者受冲击、振动和变载荷的联接中，也可用于微调机构的调整螺纹
管螺纹	p, d, φ, 55°	管螺纹牙形角为 55°，管螺纹为英制细牙螺纹。按是否具有密封性，可分为非螺纹密封的圆柱管螺纹和用螺纹密封的圆锥管螺纹。前者适用于水、煤气管路，润滑和电缆管路等；后者适用于高温、高压和密封要求高的润滑管路系统
矩形螺纹	p, d	牙形为正方形。传动效率高，但牙根强度低，螺旋副磨损后，间隙难以修复和补偿。矩形螺纹无国家标准。 应用较少，目前逐渐被梯形螺纹所代替
梯形螺纹	p, d, 30°	牙形为等腰梯形，牙形角为 30°，传动效率低于矩形螺纹，但工艺性好，牙根强度高，对中性好。采用剖分螺母时，可以补偿磨损间隙。梯形螺纹是最常用的传动螺纹
锯齿形螺纹	p, d, 3°, 30°	牙形为不等腰梯形，工作面的牙形角为 3°，非工作面的牙形角为 30°。外螺纹的牙根有较大的圆角，以减少应力集中。内、外螺纹旋合后大径处无间隙，便于对中，传动效率高，而且牙根强度高。适用于承受单向载荷的螺旋传动

注：公称直径相同的普通螺纹有不同大小的距离，其中螺距最大的称粗牙螺纹，其他的则称细牙螺纹。

2. 螺纹的代号和标注

普通螺纹应用最广，标注由三部分组成，即螺纹代号、公差带代号和旋合长度代号。每部分用横线隔开，其中螺纹代号又包括特征代号、公称直径、螺距和旋向。标注格式为：

特征代号—公称直径×螺距—旋向—公差带代号—旋合长度代号

普通螺纹特征代号用字母 M 表示。螺纹为右旋时，不标注，螺纹为左旋时，用 LH 表示。

粗牙螺纹只标公称直径，细牙螺纹标注公称直径×螺距。例如：

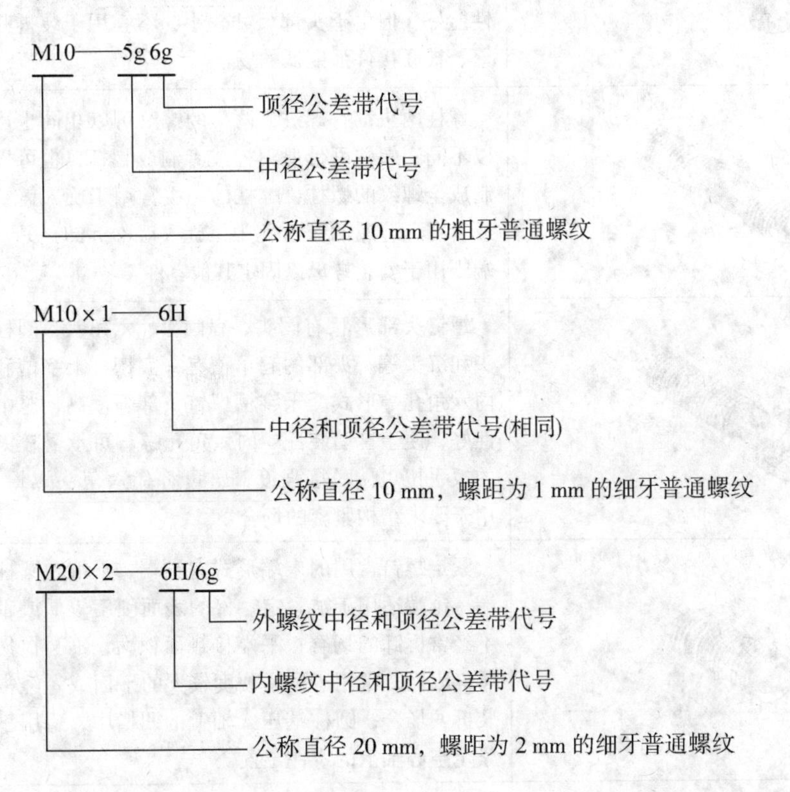

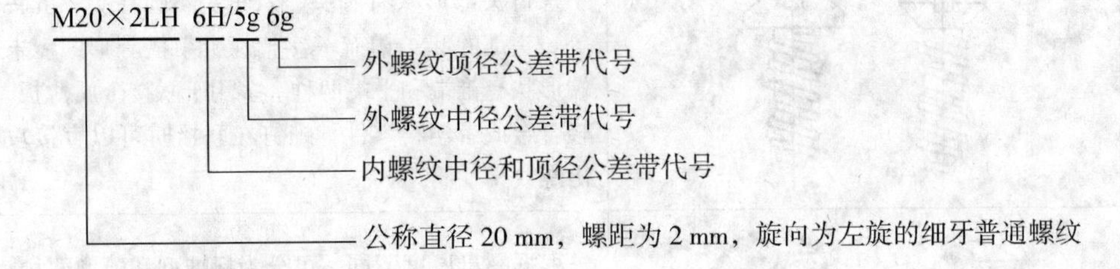

7.1.2 螺纹联接的基本类型与常用螺纹联接件

1. 标准螺纹联接件

螺纹联接件的种类很多，其中常用的螺纹联接件有螺栓、双头螺柱、螺钉、螺母、垫圈等，螺纹联接件的结构形式和尺寸已经标准化，设计时查有关标准选用即可。常用螺纹联接件的类型、结构特点及应用如表 7－2 所示。

表7-2　常用螺纹联接件的类型、结构特点及应用

类型	图　例	结构特点及应用
六角头螺栓		应用最广。螺杆可制成全螺纹或者部分螺纹，螺距有粗牙和细牙。螺栓头部有六角头和小六角头两种。其中小六角头螺栓材料利用率高、机械性能好，但由于头部尺寸较小，不宜用于装拆频繁、被联接件强度低的场合
双头螺柱		螺柱两头都有螺纹，两头的螺纹可以相同也可以不同，螺柱可带退刀槽或者制成腰杆，也可以制成全螺纹的螺柱，螺柱的一端常用于旋入铸铁或者有色金属的螺纹孔中，旋入后不拆卸，另一端则用于安装螺母以固定其他零件
螺钉		螺钉头部形状有圆头、扁圆头、六角头、圆柱头和沉头等。头部的起子槽有一字槽、十字槽和内六角孔等形式。十字槽螺钉头部强度高、对中性好，便于自动装配。内六角孔螺钉可承受较大的扳手扭矩，联接强度高，可替代六角头螺栓，用于要求结构紧凑的场合
紧定螺钉		紧定螺钉常用的末端形式有锥端、平端和圆柱端。锥端适用于被紧定零件的表面硬度较低或者不经常拆卸的场合；平端接触面积大，不会损伤零件表面，常用于顶紧硬度较大的平面或者经常装拆的场合；圆柱端压入轴上的凹槽中，适用于紧定空心轴上的零件位置
自攻螺钉		螺钉头部形状有圆头、六角头、圆柱头、沉头等。头部的起子槽有一字槽、十字槽等形式。末端形状有锥端和平端两种。多用于联接金属薄板、轻合金或者塑料零件，螺钉在联接时可以直接攻出螺纹
螺母		根据螺母厚度不同，可分为标准型和薄型两种。薄螺母常用于受剪力的螺栓上或者空间尺寸受限制的场合
垫圈		保护被联接件的表面不被擦伤，增大螺母与被联接件间的接触面积。斜垫圈用于倾斜的支承面

2. 螺纹联接的基本类型

螺纹联接的基本类型有螺栓联接、双头螺柱联接、螺钉联接和紧定螺钉联接，如表7－3所示。

表7－3 螺纹联接的基本类型、特点与应用

类型	结构图	特点与应用
普通螺栓联接	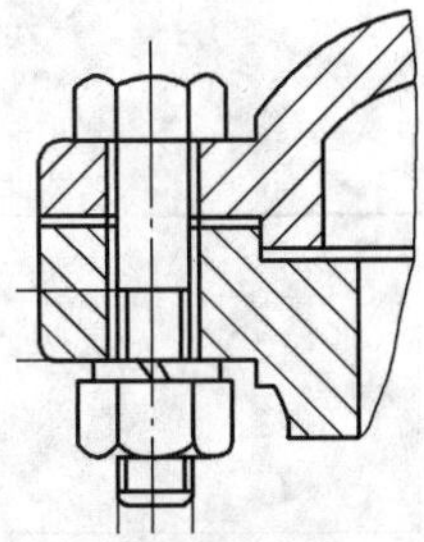	螺栓联接无须在被联接件上切制螺纹，将螺栓穿过被联接件的孔，然后拧紧螺母，将被联接件联接起来。螺栓与被联接件孔间留有间隙。其结构简单，装拆方便，对通孔加工精度要求低，应用最广泛
铰制孔用螺栓联接	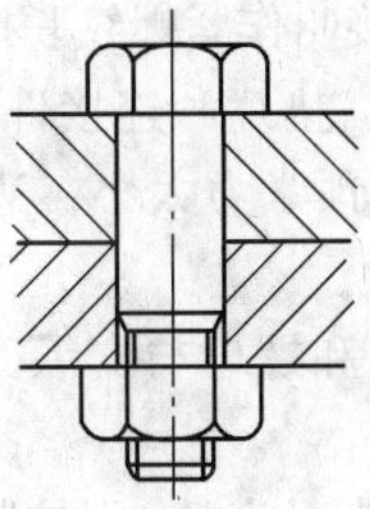	孔与螺栓杆之间没有间隙，螺栓杆与孔之间采用基孔制过渡配合。用螺栓杆承受横向载荷或者固定被联接件的相对位置
螺钉联接	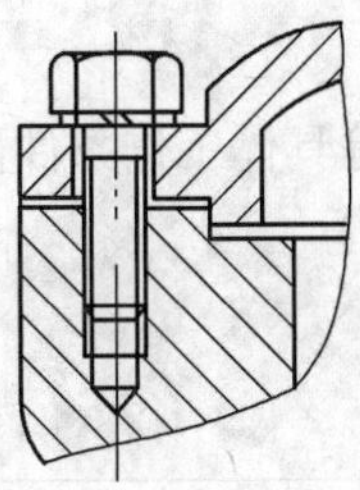	不用螺母，直接将螺钉的螺纹部分拧入被联接件之一的螺纹孔中构成联接。其联接结构简单，用于被联接件之一较厚、不便加工通孔的场合，但如果经常装拆，易使螺纹孔产生过度磨损而导致联接失效
双头螺柱联接	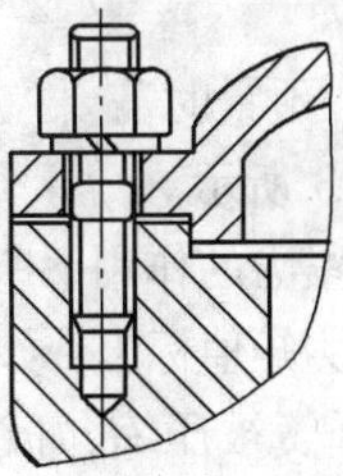	螺柱的一端旋紧在一被联接件的螺纹孔中，另一端则穿过另一被联接件的孔，通常用于被联接件之一太厚，不便穿孔，结构要求紧凑或者经常装拆的场合

续表 7－3

类型	结构图	特点与应用
紧定螺钉联接		螺钉的末端顶住零件的表面或者顶入该零件的凹坑中，将零件固定；它可以传递不大的载荷

7.1.3 螺纹联接的预紧与防松方法

1. 螺纹联接的预紧

螺纹联接是可拆卸的固定联接。为了保证联接紧固可靠，一般都必须拧紧，使螺纹联接在没有承受工作载荷之前，预先受到力的作用，这种联接叫作紧螺纹联接。这种预加的力的作用就叫作预紧。预紧的目的在于增加螺钉头、螺母、垫片和连接件之间的摩擦力，使连接牢固可靠。预紧力的大小是根据工作要求确定的，预紧力太小，达不到紧固的要求，预紧力太大会使连接件过载断裂。

在拧紧螺母时，需要克服螺纹副相对扭转的阻力矩 T_1 和螺母与支承面之间的摩擦阻力矩 T_2，即拧紧力矩 $T=T_1+T_2$。

对于粗牙普通螺栓，若螺纹联接的预紧力为 F_0，螺栓直径为 d，则拧紧力矩 T 可以按式(7－1)近似计算

$$T=0.2F_0d \tag{7-1}$$

预紧力的大小根据螺栓所受载荷的性质、联接的刚度等具体工作条件而确定。对于一般联接用的钢制普通螺栓联接，其预紧力 F_0 大小按下式计算

$$F_0=(0.5\sim0.7)\sigma_sA \tag{7-2}$$

式中 σ_s——螺栓材料的屈服极限，N/mm^2；

A——螺栓危险截面的面积，$A\approx\pi d_1^2/4$，mm^2。

对于一般无预紧力要求的螺纹联接，预紧力凭装配经验控制，但预紧力也不能太大，以免产生过大的拧紧力矩，损坏螺钉。

对预紧力大小有要求的重要的螺纹联接，如气缸盖等，预紧时需要控制预紧力。通常用测力矩扳手或者定力矩扳手来控制预紧力大小，如图 7－3 所示。

测力矩扳手的工作原理是根据扳手上的弹性元件 1，在拧紧力的作用下所产生的弹性变形来指示拧紧力矩的大小。为方便计量，可将指示仪表 2 直接以力矩值标出，如图 7－3a 所示。

定力矩扳手的工作原理是当拧紧力矩超过规定值时，弹簧被压缩，扳手卡盘与圆柱销之间打滑，如果继续转动手柄，卡盘即不再转动。拧紧力矩的大小可利用螺钉调整弹簧压紧力来加以控制，如图 7－3b 所示。

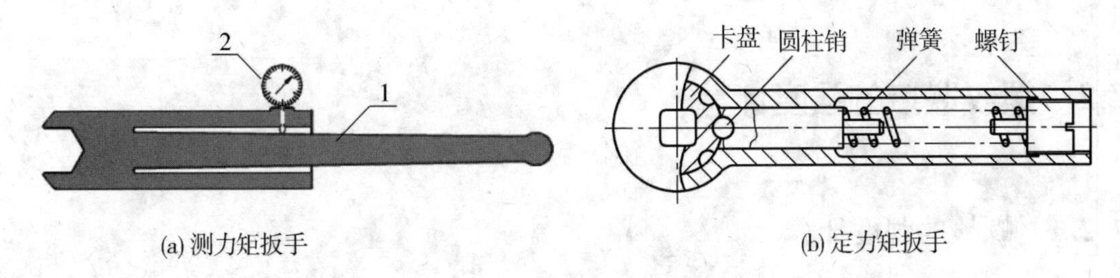

(a) 测力矩扳手　　(b) 定力矩扳手

图 7－3　预紧力的控制

2. 螺纹联接的防松方法

一般的螺纹联接都有自锁性能，在受静载荷和工作温度变化不大时，不会自行松动。但在受冲击、振动和变载荷作用下以及工作温度变化很大时，这种联接有可能自行松动，影响正常工作，甚至发生事故。为了保证螺纹联接安全可靠，必须采用有效的防松措施。

螺纹联接防松的本质就是防止螺纹副的相对运动。按照工作原理来分，螺纹防松有摩擦防松、机械防松、破坏性防松以及粘合法防松等多种方法，具体方法见表 7－4。

表 7－4　常见的螺纹联接防松方法

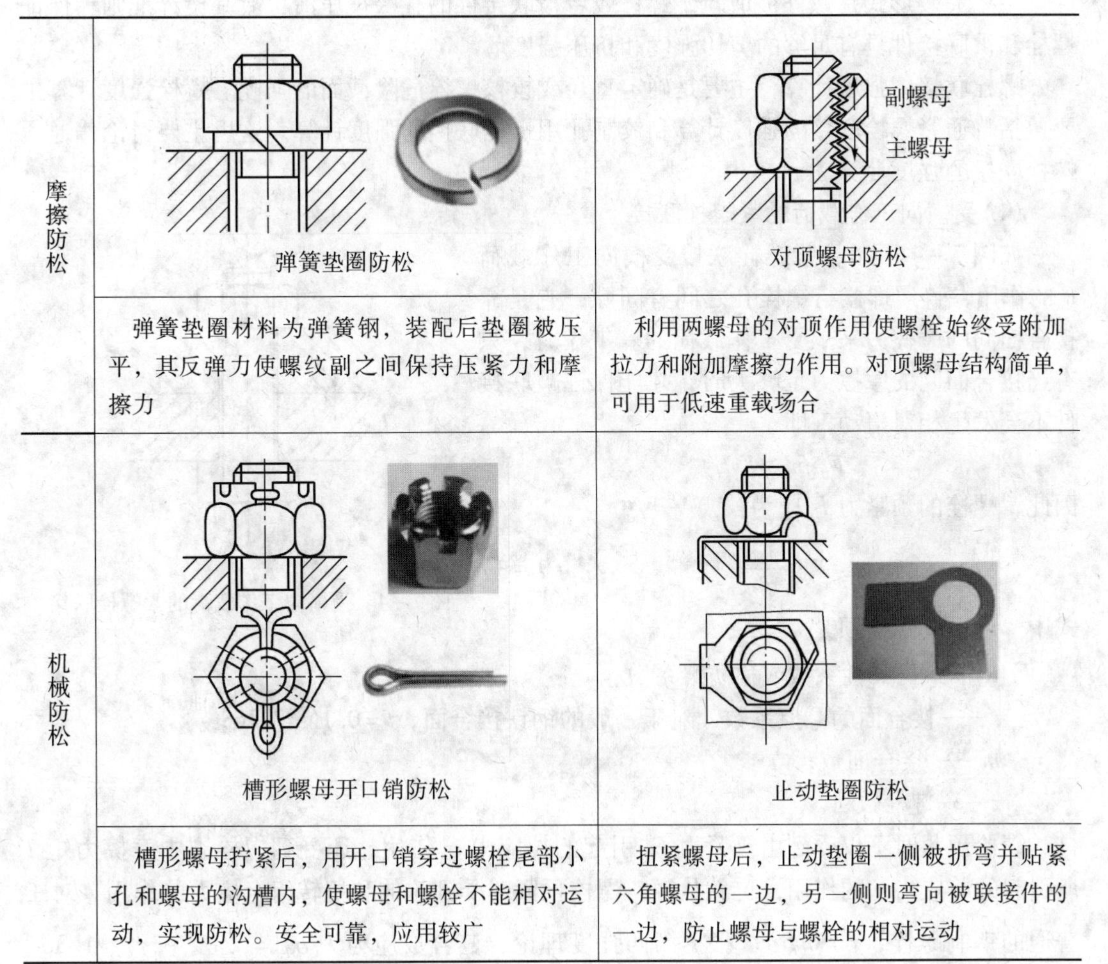

摩擦防松	弹簧垫圈防松	副螺母 主螺母 对顶螺母防松
	弹簧垫圈材料为弹簧钢，装配后垫圈被压平，其反弹力使螺纹副之间保持压紧力和摩擦力	利用两螺母的对顶作用使螺栓始终受附加拉力和附加摩擦力作用。对顶螺母结构简单，可用于低速重载场合
机械防松	槽形螺母开口销防松	止动垫圈防松
	槽形螺母拧紧后，用开口销穿过螺栓尾部小孔和螺母的沟槽内，使螺母和螺栓不能相对运动，实现防松。安全可靠，应用较广	扭紧螺母后，止动垫圈一侧被折弯并贴紧六角螺母的一边，另一侧则弯向被联接件的一边，防止螺母与螺栓的相对运动

7.2 螺纹联接的强度计算

7.2.1 螺栓的强度计算

螺栓联接通常是成组使用的，称为螺栓组。在进行螺栓组的设计计算时，首先要确定螺栓的数目和布置，再进行螺栓受载分析，从螺栓组中找出受载最大的螺栓。螺栓组的强度计算，实际上是计算螺栓组中受载最大的单个螺栓的强度。由于螺纹联接件已经标准化，各部分结构尺寸是根据等强度原则及经验确定的，所以，螺栓联接的设计只需根据强度理论进行计算，确定其螺纹直径即可，其他部分尺寸可查标准选用。

螺栓联接中的单个螺栓受力分为轴向载荷和横向载荷两种。受拉力作用的普通螺栓联接，其主要失效形式是螺纹部分的塑性变形或断裂，经常装拆时也会因磨损而发生滑扣，其强度计算准则是保证螺栓的静力或者拉伸强度；受剪切力作用的铰制孔用螺栓联接，因此其主要失效形式是螺杆被剪断，螺杆或者被联接件的孔壁被压溃，故其设计准则为保证螺栓和被联接件具有足够的剪切强度和挤压强度。

螺栓联接的强度计算，主要是确定直径或校核螺栓危险截面的强度。螺栓强度计算主要包括普通紧螺栓联接的强度计算和铰制孔用螺栓联接的强度计算。这里主要讨论普通紧螺栓联接的强度计算。

(1)受横向工作载荷的紧螺栓联接

如图7-4所示，紧螺栓联接受横向工作载荷F的作用，普通螺栓与螺栓孔之间有间隙，它是靠接合面间的摩擦力来承受工作载荷的。工作时，只有当接合面间的摩擦力足够大时，才能保证被联接件不会发生相对滑动，即

$$F_0 zfm \geqslant K_f F$$

因此，螺栓的预紧力F_0应为：

$$F_0 \geqslant \frac{K_f F}{fmz} \tag{7-3}$$

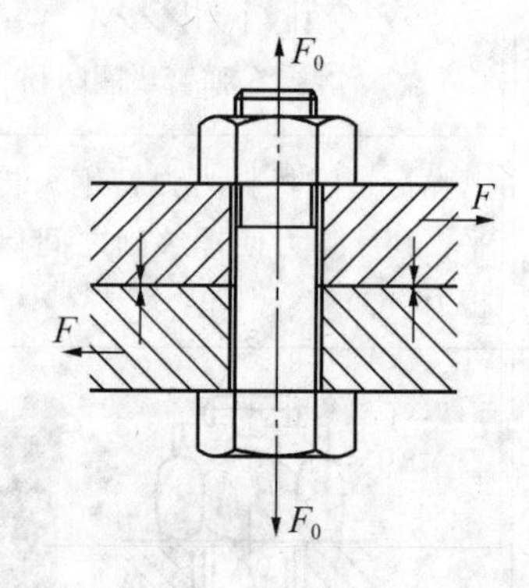

图7-4　受横向工作载荷的紧螺栓联接

式中　F_0——螺栓预紧力，N；

K_f——可靠性系数或称防滑系数；

f——接合面的摩擦系数，对于一般的钢铁接合面，$f=0.1\sim0.16$；

m——接合面数；

z——螺栓数目。

螺栓预紧时不仅受到由预紧力F_0引起的拉应力σ作用，还受到螺栓副中摩擦力矩T所引起的剪应力τ的作用，也就是说，螺栓预紧时受到拉伸和扭转组合应力的作用。对于普通的钢制螺栓，$\tau=0.5\sigma$。根据第四强度理论，其合成应力为$\sigma_{ca}=\sqrt{\sigma^2+3\tau^2}\approx1.3\sigma$，

因此螺栓受预紧力时的强度校核公式为：

$$\sigma_{ca}=1.3\sigma=1.3\frac{F_0}{A}=\frac{1.3F_0}{\frac{\pi d_1^2}{4}}\leqslant[\sigma] \tag{7-4}$$

其设计公式

$$d_1\geqslant\sqrt{\frac{5.2F_0}{\pi[\sigma]}}=\sqrt{\frac{5.2}{\pi}\frac{K_fF}{fm[\sigma]}} \tag{7-5}$$

式中　A——螺栓的小径横截面面积，mm。

　　$[\sigma]$——螺栓材料的许用应力，MPa。

由此可知，考虑剪应力的影响可近似等价于将拉伸应力（或载荷）增大30%。

(2)受轴向工作载荷的紧螺栓联接

这种螺栓联接常见于紧密性要求较高的压力容器，如图7-5所示为气缸盖的螺栓联接，设z个螺栓沿圆周均布，气缸内的气体压强为p，则每个螺栓的工作载荷为

$$F=p\cdot\frac{\pi D^2}{4z}$$

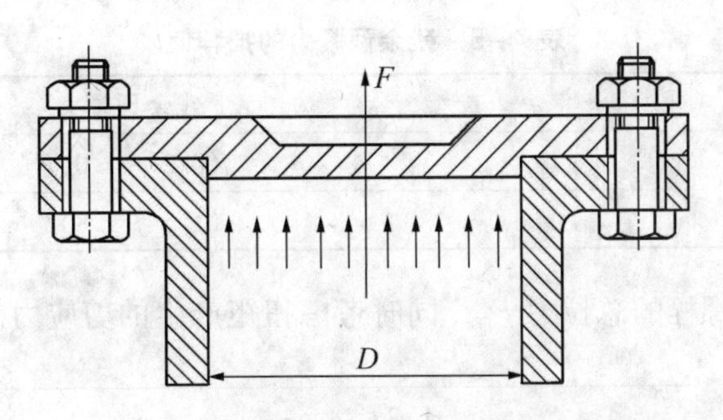

图7-5　受轴向工作载荷的紧螺栓联接

取其中的一个螺栓进行受力和变形分析，分三种情况：

① 螺栓没有拧紧时的情况，此时螺栓没有受力和变形，如图7-6a所示。

② 螺栓拧紧后只受预紧力F_0作用时的情况，此时螺栓产生拉伸变形量λ_1，而被联接件则产生压缩变形量λ_2，如图7-6b所示。

③ 螺栓受工作载荷F作用后的情况，如图7-6c所示。此时螺栓继续受拉伸，其拉伸变形量增大$\Delta\lambda$，即螺栓的总拉伸变形量达到$\lambda_1+\Delta\lambda$，这时，螺栓所受的总拉力为F_Q。同时，根据变形协调条件，被联接件则因螺栓的伸长而回弹，即被压联接件的压缩变形量减少了$\Delta\lambda$，被联接件的残余压缩变形量为$\lambda_2-\Delta\lambda$，相对应的压力称为残余预紧力F''。此时，螺栓受工作载荷和残余预紧力的共同作用，所以，螺栓的总拉伸载荷为

$$F_Q=F+F'' \tag{7-6}$$

为了保证联接的紧密性，防止联接受工作载荷后接合面间出现缝隙，应使$F''>0$。残余预紧力F''的选取见表7-5所示。

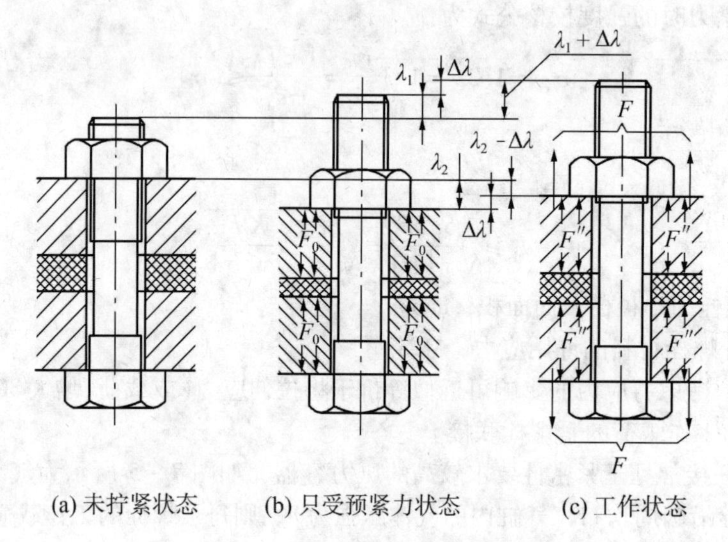

(a) 未拧紧状态 (b) 只受预紧力状态 (c) 工作状态

图 7－6 螺栓受轴向载荷的变形图

表 7－5 残余预紧力的推荐值

联接性质	残余预紧力
紧固联接	$(0.2\sim1.0)F$
紧密联接	$(1.5\sim1.8)F$

设计时，计算出螺栓的总拉力 F_Q，同时考虑扭矩产生的剪应力的影响，故螺栓的强度条件为

$$\sigma=\frac{1.3F_Q}{\pi d_1^2/4}\leqslant[\sigma] \tag{7-7}$$

螺栓的设计公式为

$$d_1\geqslant\sqrt{\frac{5.2F_Q}{\pi[\sigma]}} \tag{7-8}$$

7.2.2 螺栓联接的材料、性能等级及许用应力

螺栓材料一般采用碳素钢。对于承受冲击、振动或者变载荷的螺纹联接，可采用合金钢。对于特殊用途(如防锈、导电或耐高温)的螺栓联接，采用特种钢或者铜合金、铝合金等。

如表 7－6 所示，国家标准规定螺纹联接件按材料的机械性能分级。螺栓、螺柱、螺钉的性能等级分为 10 级，从 3.6 到 12.9，小数点前的数字代表螺栓材料的抗拉强度极限 σ_B 的 1/100，小数点后面的数字表示螺栓材料的屈服极限 σ_s 与抗拉强度极限 σ_B 之比(屈强比)的 10 倍，即 $10\frac{\sigma_s}{\sigma_B}$。螺母的性能等级分为 7 级，分别从 4 级到 12 级。

表 7－6　螺栓联接的机械性能等级

机械性能等级	3.6	4.6	4.8	5.6	5.8	6.8	8.8
最小抗拉强度极限 σ_B	330	400	420	500	520	600	800
最小屈服极限 σ_s	190	240	340	300	420	480	640
最低硬度 HBW	90	109	113	134	140	181	232
常用材料	低碳钢	低碳钢或中碳钢					低碳合金钢、中碳钢，淬火并回火

螺栓联接的许用应力与材料、制造、结构尺寸及载荷性质等因素有关。

螺纹联接的许用拉应力按下式确定

$$[\sigma]=\frac{\sigma_s}{S} \tag{7-9}$$

螺纹联接的许用剪切应力按下式确定

$$[\tau]=\frac{\sigma_s}{S_\tau} \tag{7-10}$$

螺纹联接的许用挤压应力按下式确定

$$[\sigma_p]=\frac{\sigma_s}{S_p} \tag{7-11}$$

式中　σ_s——螺栓的屈服极限，按表 7－6 查取。

S，S_τ，S_p——安全系数，按表 7－7 查取。

表 7－7　螺纹联接的安全系数

<table>
<tr><td colspan="2">安全系数</td><td colspan="4">S</td></tr>
<tr><td colspan="2">松螺栓连接</td><td colspan="4">1.2～1.7</td></tr>
<tr><td rowspan="4">普通螺栓连接</td><td rowspan="3">不控制预紧力</td><td></td><td>M6～M16</td><td>M16～M30</td><td>M30～M60</td></tr>
<tr><td>碳钢</td><td>5～4</td><td>4～2.5</td><td>2.5～2</td></tr>
<tr><td>合金钢</td><td>5.7～5</td><td>5～3.4</td><td>3.4～3</td></tr>
<tr><td>控制预紧力</td><td colspan="4">1.2～1.5</td></tr>
<tr><td colspan="2">铰制孔螺栓连接</td><td colspan="4">钢：$S_\tau=2.5$；$S_p=1.25$</td></tr>
</table>

【例 7－1】一压力容器的螺栓联接如图 7－5 所示。已知容器的工作压力 $p=1.2$ MPa，容器内径 $D=300$mm，螺栓数目 $z=10$。试设计此压力容器的螺栓。

解：本例为受轴向载荷的紧螺栓组联接，并有较高紧密性的要求。先根据缸内的工作压力 p 求出每个螺栓所受的工作拉力 F，再根据紧密性要求选择合适的残余预紧力 F''，然后计算螺栓的总拉力 F_Q 后，便可按强度条件确定螺栓直径。

(1) 求每个螺栓所受的工作拉力 F

$$F=\frac{\pi p D^2}{4z}=\frac{\pi\times1.2\times300^2}{4\times10}=8\,478\ (\text{N})$$

(2)按紧密性要求，根据表 7－5 选取残余预紧力

$$F''=1.6F$$

(3)求单个螺栓所受的总拉力 F_Q，由式(7－6)得

$$F_Q=F+F''=2.6F=22\ 042.8\ (\text{N})$$

(4)确定许用应力$[\sigma]$

选螺栓材料为5.6级的碳素钢，查表7－6得，$\sigma_s=300$ MPa，由表7－7取安全系数$S=1.4$，则由式(7－9)得螺栓的许用应力

$$[\sigma]=\frac{\sigma_s}{S}=\frac{300}{1.4}=214\ (\text{MPa})$$

(5)确定螺栓直径，由式(7－8)得

$$d_1\geqslant\sqrt{\frac{5.2F_Q}{\pi[\sigma]}}=\sqrt{\frac{5.2\times22\,042.8}{\pi\times214}}=13.057\ (\text{mm})$$

查阅螺栓国家标准，选取 M16 的普通螺栓，$d_1=13.835>13.057$(mm)，满足强度要求。

7.3 键联接和销联接

7.3.1 键联接类型

键联接由键、轴和轮毂组成，主要用以轴和轮毂的周向固定和传递转矩。如轴和轴上的旋转零件(齿轮、带轮、链轮等)的联接。键安装在轴和轴上零件如齿轮轮毂孔的键槽内，如图 7－7 所示。

键联接的主要类型有：平键联接、半圆键联接、楔键联接等，它们均已标准化。

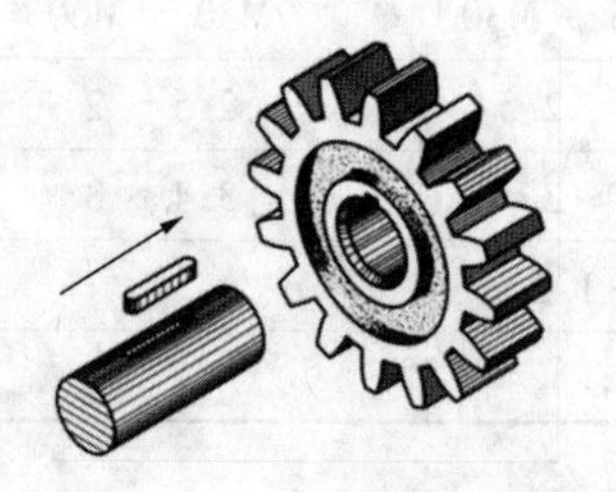

图 7－7 键联接

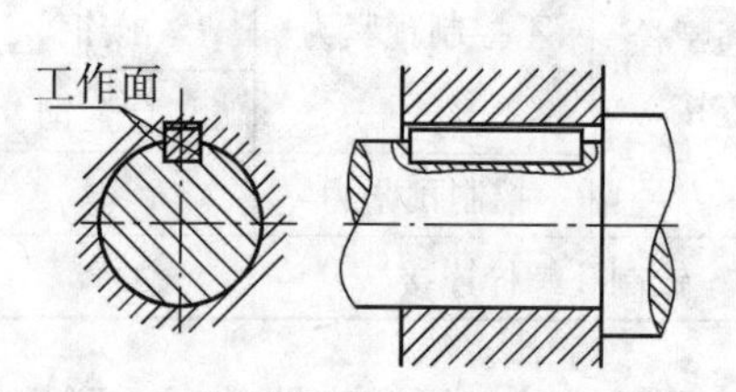

图 7－8 平键联接

1. 平键联接

平键是矩形剖面的键联接，平键的两侧面是工作面，工作时，依靠键与键槽的挤压传递扭矩，如图 7－8 所示。平键的上表面与轮毂槽底之间留有间隙，为非工作面。常用的平键有普通平键和导向平键。

普通平键按其结构可分为 A 型(圆头)、B 型(方头)和 C 型(单圆头)三种，如图 7－9 所示。A 型键装在轴上的键槽用指状铣刀加工，在键槽中固定良好，但轴上键槽引起的应

力集中较大。B 型键用盘状铣刀加工，克服了 A 型键应力集中大的缺点，但当键尺寸较大时，宜用紧定螺钉将键固定在键槽中，以防松动。C 型键主要用于轴端与轮毂的联接。

普通平键定心性好，装拆方便，广泛应用于普通轴类零件的轴向定位，如齿轮传动、带传动、蜗杆传动等。

(a) A型键　(b) B型键　(c) C型键

图 7－9　平键的类型

导向平键能实现轴上零件的轴向移动，构成动联接，如图 7－10 所示。导向平键一般较长，键用螺钉固定在键槽中，键与轮毂之间采用间隙配合，轴上零件可沿键作轴向滑移，以实现变速、切断动力等功能，如汽车变速箱的滑移齿轮、离合器上的键联接均为导向平键。

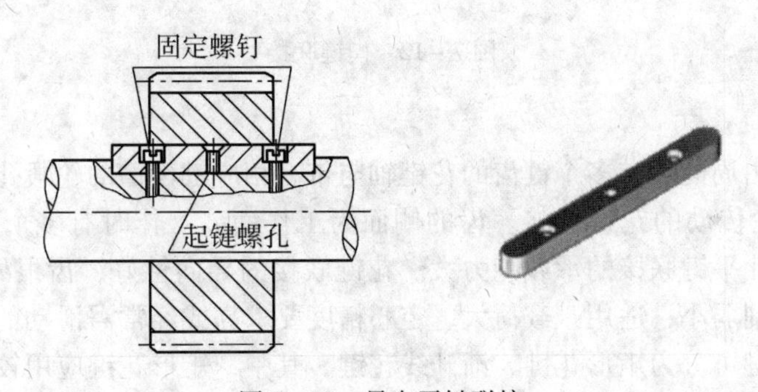

图 7－10　导向平键联接

2. 半圆键联接

如图 7－11 所示为半圆键联接，半圆键的工作面也是键的两个侧面。轴上键槽用与半圆键尺寸相同的键槽铣刀铣出，半圆键可在槽中绕其几何中心摆动以适应毂槽底面的倾斜。这种键联接的特点是对中性好，装配方便，尤其适用于锥形轴端与轮毂的联接；但键槽较深，对轴的强度削弱较大，一般用于轻载静联接。

3. 楔键联接

如图 7－12 所示为楔键联接，楔键的上、下两面为工作面。楔键的上表面和与它相配合的轮毂键槽底面均有 1∶100 的斜度。装配时将楔键打入，使楔键楔紧在轴和轮毂的键槽中，楔键的上、下表面受挤压，工作时靠这个挤压产生的摩擦力传递转矩。楔键分为普通楔键和钩头楔键两种，钩头楔键的钩头应是便于拆卸的。

楔键联接的主要缺点是键楔紧后，轴和轮毂的配合产生偏心和偏斜，容易产生动载荷，因此楔键联接一般用于定心精度要求不高和低转速的场合。

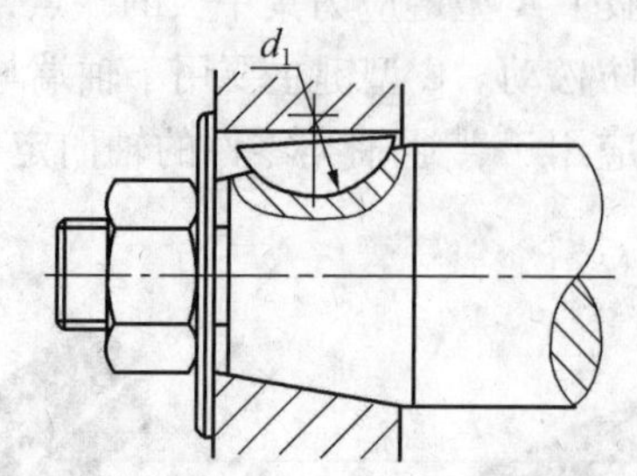

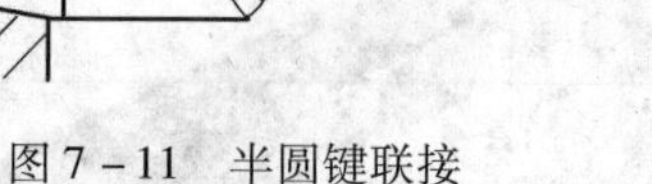

图 7－11　半圆键联接

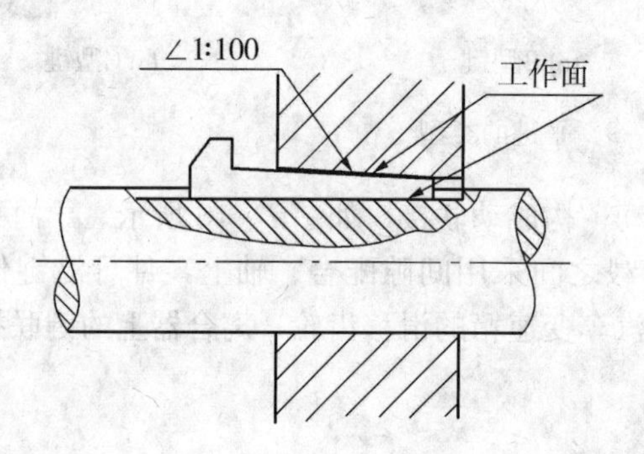

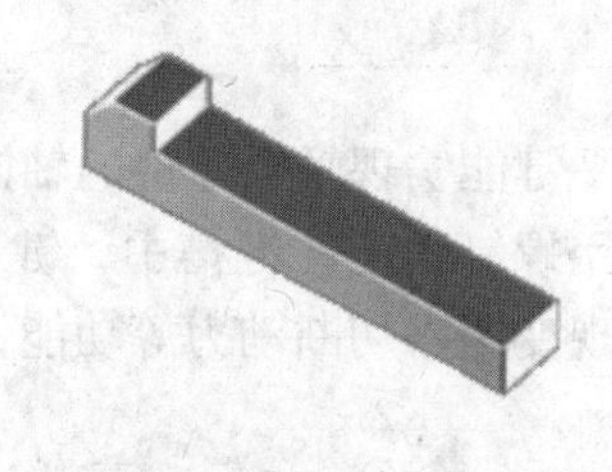

图 7－12　楔键联接

4. 花键联接

花键联接是由周向均布多个键齿的花键轴与带有相应键齿槽的轮毂孔相配而成，如图 7－13 所示为齿轮传动的花键联接。齿的侧面为工作面，工作时有多个键齿同时传递转矩，故花键联接比平键联接的承载能力大。花键联接的导向性好，齿根处的应力集中小，对轴和毂的强度削弱小，适用于载荷大、定心精度要求高或经常需滑动的联接。根据花键齿形的不同，花键可分为矩形花键、渐开线花键。其中，矩形花键应用较广。

图 7－13　花键联接

花键可用于静联接和动联接。花键已经标准化，例如矩形花键的齿数、小径、大径、键宽等可以根据轴径查标准选定，其强度计算方法与平键相似。花键的加工需要专用设备。

7.3.2 平键联接的选择与计算

设计键联接时，先根据工作要求选择键的类型，再根据装键处轴径 d 从标准中查取键的宽度 b 和高度 h（见表 7-8），并参照轮毂长度从标准中选取键的长度 L，一般取小于轮毂长度的 5～10mm，最后进行键联接的强度校核。

键的材料一般采用碳素钢。平键联接的主要失效形式是工作面的压溃，除非有严重的过载，一般不会出现键的剪断。因此，通常只按工作面上挤压应力进行强度校核计算。导向平键联接的主要失效形式是过度磨损，因此，一般按工作面上的压强进行条件性强度校核计算。

表 7-8 普通平键和键槽的尺寸　　单位：mm

轴的直径	键的尺寸			键槽		轴的直径	键的尺寸			键槽	
d	b	h	L	t	t_1	d	b	h	L	t	t_1
>8～10	3	3	6～36	1.8	1.4	>38～44	12	8	28～140	5.0	3.3
>10～12	4	4	8～45	2.5	1.8	>44～50	14	9	36～160	5.5	3.8
>12～17	5	5	10～56	3.0	2.3	>50～58	16	10	45～180	6.0	4.3
>17～22	6	6	14～70	3.5	2.8	>58～65	18	11	50～200	7.0	4.4
>22～30	8	7	18～90	4.0	3.3	>65～75	20	12	56～220	7.5	4.9
>30～38	10	8	22～110	5.0	3.3	>75～85	22	14	63～250	9.0	5.4

注：在工作图中，轴槽深用 $(d-t)$ 或 t 标注，毂槽深用 $(d+t_1)$ 或 t_1 标注。

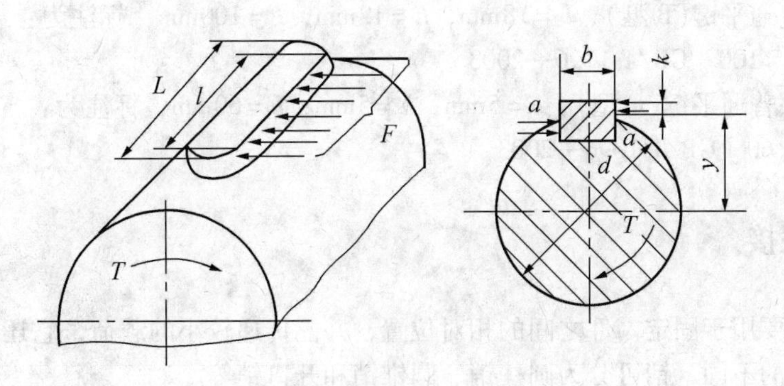

图 7-14 平键上的受力

如图 7-14 所示，假定载荷在键的工作面上均匀分布，并假设 $k \approx h/2$。则普通平键联接的挤压强度条件为

$$\sigma_p = \frac{2T}{lkd} = \frac{4T}{dhl} \leqslant [\sigma_p] \quad (\text{N/mm}) \tag{7-12}$$

式中 T——传递的转矩，N·mm；

d——轴径，mm；

h——键的高度，mm；

l——键的工作长度(对A型键，$l=L-b$)，mm；

$[\sigma_p]$——联接的许用挤压应力，N/mm^2，见表7-9所示。

表7-9　键联接的许用挤压应力和许用压强　　单位：N/mm^2

许用值	轮毂材料	载荷性质		
		静载荷	轻微冲击	冲击
$[\sigma_p]$	钢	125～150	100～120	60～90
	铸铁	70～80	50～60	30～45

在设计使用中若单个键的强度不够，可采用双键按180°对称布置。考虑载荷分布的不均匀性，在强度校核中应按1.5个键进行计算。

7.3.3　键的标注

平键是标准件。键的主要尺寸b为宽度，h为厚度，L为长度。截面尺寸$b\times h$按轴的直径d从标准中选出，键的长度L根据轮毂的宽度确定，一般取小于轮毂的宽度，并且所选定的键长应符合标准中规定的长度系列。

常用平键的标注方法如下：

① 圆头普通平键(A型)，$b=16$mm，$h=10$mm，$L=100$mm，标注为：

键　16×100　GB/T 1096—2003

(注：A型键可省略不标，GB/T 1096—2003为国家标准代号。)

② 平头普通平键(B型)，$b=18$mm，$h=12$mm，$L=100$mm，标注为：

键　B 18×100　GB/T 1096—2003

③ 单圆头普通平键(C型)，$b=5$mm，$h=5$mm，$L=60$mm，标注为：

键　C 5×60　GB/T 1096—2003

7.3.4　销联接

销联接主要用于固定零件之间的相对位置，并能传递较小的载荷，它还可以用于过载保护。按形状的不同，销可分为圆柱销、圆锥销和开口销等。

圆柱销如图7-15a所示，靠过盈配合固定在销孔中，如果多次装拆，其定位精度会降低。圆锥销和销孔均有1∶50的锥度，如图7-15b所示，因此安装方便，定位精度高，多次装拆不影响定位精度。在安全装置中销常用作过载元件，当受力或扭矩过大时，起到保护作用，称为安全销，如图7-15c所示。

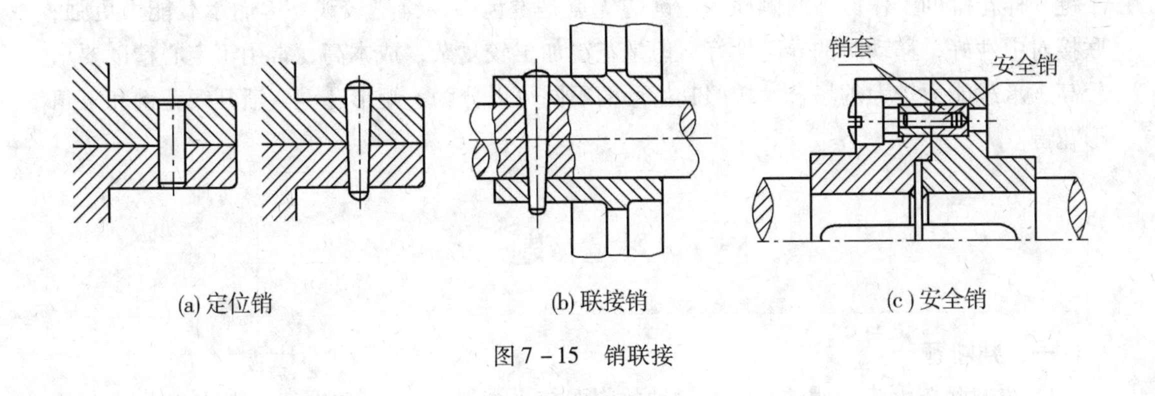

(a) 定位销　(b) 联接销　(c) 安全销

图 7－15　销联接

本章学习要点

1. 螺纹种类很多，根据用途可分为联接螺纹和传动螺纹。联接螺纹多用三角形，传动螺纹的牙型有梯形、锯齿形和矩形。

普通螺纹的主要参数有大径、小径、螺距、导程、线数、牙型角和螺纹升角等。其中，大径是螺纹的公称直径，而管螺纹的公称直径是管子内径。螺纹有右旋螺纹和左旋螺纹，有细牙螺纹和粗牙螺纹之分。

螺纹联接包括螺栓联接(普通螺栓和铰制孔螺栓)、双头螺柱联接、螺钉联接及紧定螺钉联接。螺纹联接必须先预紧，以提高联接的紧密性、紧固性和可靠性。在冲击、振动和变载荷作用下的螺纹联接必须进行防松，其本质是防止螺母与螺栓的相对运动。防松方法有机械防松和摩擦防松等。

2. 键主要用于轴和轴上零件的周向固定并用以传递扭矩。键是标准件，键联接是一种可拆联接。常见的键连接有平键联接、半圆键联接和楔键联接。

平键工作时靠两侧面传递运动和扭矩，因而键的两侧面为工作面，键的上表面与轴上零件之间留有一定的间隙。其结构简单，对中性好，装拆方便，可用于高速、高精度和承受变载冲击的场合。普通平键的尺寸有键高、键宽和键长。键的剖面尺寸即键高和键宽，根据轴的直径从标准中选取，键的长度根据轮毂的长度选取，并小于轮毂长度 5 ～ 10mm。

导向平键比普通平键长，作用是使轴上的零件(齿轮等)可以沿着轴向移动并传递扭矩。

半圆形的键可以绕其几何中心在轴上摆动，其工作面也为两侧面，该种键最大特点是适应毂孔锥面配合的要求，但对轴的强度削弱较大，常用于轻载和锥形轴端的联接。

楔键联接的工作面是上下两面，楔键的两侧面与键槽间有间隙，为非工作面。这种联接对中性差，在受到冲击和变载荷作用时易松动，所以楔键联接常用于低速、载荷平稳和定心精度要求不高的场合。

花键联接是由直接在轴上加工出键齿的花键轴和内孔上加工出键齿的轮毂所组成。与平键一样花键的工作面为两侧面。花键的优点是键齿多，键槽较浅，因而承载能力更强；联接对中性好，移动时的导向性好。但是花键加工较复杂，成本高，常用于定心精度要求较高、承载能力较大的场合。按照其齿形的不同可以分为：矩形花键、渐开线花键和三角形花键。

习　题

一、判断题

1. 花键联接由于键槽较浅，故对轴的削弱较小。（　）
2. 两个相互配合的螺纹，一个是右旋，另一个是左旋。（　）
3. 普通螺纹的公称直径是指螺纹大径的基本尺寸。（　）
4. 普通螺纹的牙型角是60°。（　）
5. M24×1.5表示公称直径为24mm、螺距为1.5mm的粗牙普通螺纹。（　）
6. 公称直径相同的粗牙普通螺纹的强度高于细牙普通螺纹。（　）
7. 工程实践中螺纹联接多采用自锁性好的三角形粗牙螺纹。（　）
8. 三角形螺纹比梯形螺纹效率高，自锁性差。（　）
9. 双头螺柱联接用于被联接件之一太厚而不便于加工通孔并需经常拆装的场合。（　）
10. 螺纹联接中的预紧力越大越好。（　）
11. 对顶螺母和弹簧垫圈都属于机械防松。（　）
12. 键联接的主要用途是使轴与轮毂之间有确定的相对位置。（　）
13. 平键联接的对中性好、结构简单、装拆方便，故应用最广。（　）
14. 楔键联接的对中性差，仅适用于要求不高、载荷平稳、速度较低的场合。（　）
15. 由于花键联接较平键联接的承载能力高，因此花键联接主要用于载荷较大和对定心精度要求较高的场合。（　）
16. 销联接主要用于固定零件之间的相对位置，有时还可做防止过载的安全销。（　）

二、选择题

1. 普通螺纹的牙型角为____。

A. 50°　　B. 55°　　C. 60°　　D. 65°

2. 联接螺纹采用____螺纹。

A. 三角形螺纹　　B. 梯形螺纹　　C. 矩形螺纹　　D. 锯齿形螺纹

3. 二线螺纹的导程等于____。

A. 一倍螺距　　B. 两倍螺距　　C. 0.5倍螺距

4. 可以承受不大的单方向的轴向力，上、下两面是工作面的联接是____。

A. 半圆键联接　　B. 花键联接　　C. 楔键连接　　D. 平键连接

5. 锥形轴与轮毂的键联接宜用____。

A. 半圆键联接　　B. 花键联接　　C. 楔键连接　　D. 平键连接

6. 结构简单，对中性好，承载能力高，可同时起轴向和周向固定的固定方式是____。

A. 销连接　　B. 花键连接　　C. 过盈配合　　D. 紧定螺钉

7. 普通的平键应用特点有____。

A. 能实现轴上零件的轴向定位　　B. 用于周向定位，装拆方便

C. 高度可以任意选取　　D. 宽度可以任意选取

8. 联接用螺纹的螺旋线数是____。

A. 1　　B. 2　　C. 3

9. 联接螺纹采用三角形螺纹是因为这种螺纹____。

A. 牙根强度高，自锁性能好　　B. 防振性好　　C. 传动效率高

10. 在同一组螺栓联接中，螺栓的材料、直径、长度均应相同，是为了____。

A. 造型美观　　B. 便于加工和装配　　C. 受力合理

11. 螺纹联接预紧的主要目的是____。

A. 增强联接的强度　　B. 防止联接自行松动

C. 保证联接的可靠性和密封性

12. 下列几种螺纹联接中，____更适用于承受冲击、振动和变载荷。

A. 普通粗牙螺纹　　B. 普通细牙螺纹　　C. 梯形螺纹

13. 普通平键联接的应用特点是____。

A. 能实现轴上零件的轴向定位　　B. 依靠侧面工作，对中性好，装拆方便

C. 能传递轴向力

14. 平键联接主要用于传递____场合。

A. 轴向力　　B. 横向力　　C. 转矩

15. 只能承受圆周方向的力，不可以承受轴向力的联接是____。

A. 平键联接　　B. 楔键联接　　C. 切向键联接

16. 结构简单，承载不大，但要求同时对轴向与周向都固定的联接应采用____。

A. 平键联接　　B. 花键联接　　C. 销联接

三、问答题

1. 为什么联接螺纹多用三角形螺纹，且是单线的？

2. 螺距和导程有何区别和联系？

3. 试述普通平键的应用特点是什么？

4. 通常螺纹联接具有自锁性能，为什么还要采取防松措施？通常采用哪些防松措施？

四、计算题

1. 如图 7－16 所示，金属板用两个 M12 的普通螺栓联接，装配时不控制预紧力。若

接合面的摩擦系数 $f=0.3$，螺栓是性能等级为 4.8 级的中碳钢，求此螺栓联接所能传递的横向载荷 F。

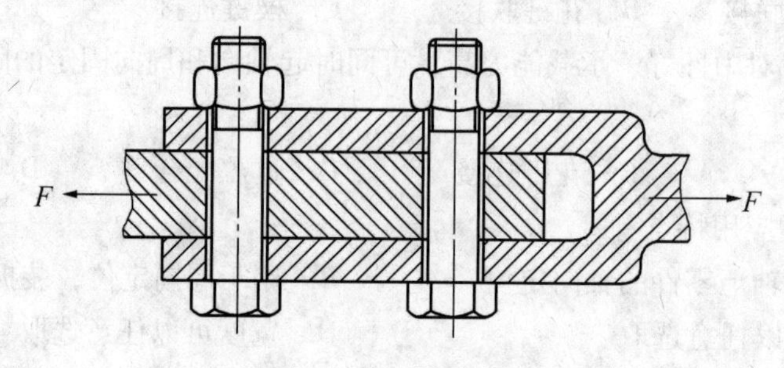

图 7－16 题四－1 图

2. 在图 7－17 所示气缸盖螺栓联接中，已知气体压强 $p=0.6\ \mathrm{N/mm^2}$，按工作要求残余预紧力 $F''=1.5F$（F 为单个螺栓的工作载荷），气缸内径 $D=280$ mm，螺栓数目 $Z=12$，螺栓材料的屈服极限为 $\delta_s=240\ \mathrm{N/mm^2}$，取安全系数 $S=1.5$，试确定螺栓的直径尺寸。

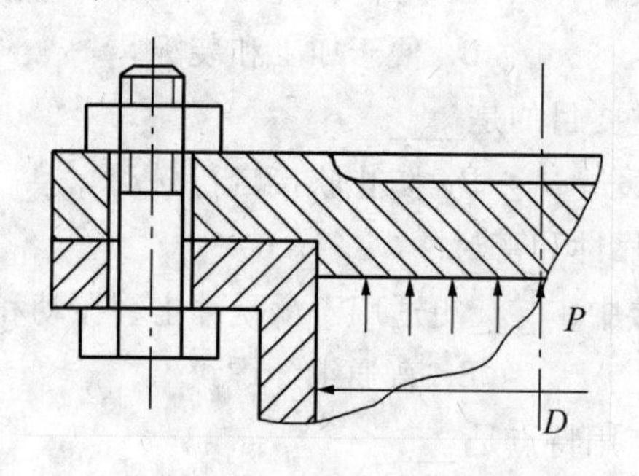

图 7－17 题四－2 图

第八章　轴及其结构

8.1　概述

8.1.1　轴的功用和类型

轴是机器中的重要零件之一。一切作回转运动的零件(如齿轮、带轮、链轮等)，都必须安装在轴上才能进行运动及动力传递。因此，轴的主要功能是用来支持旋转零件以传递运动和动力。

轴可按承受载荷不同和轴的形状进行分类。

1. 按承受载荷分类

轴可分为转轴、传动轴和心轴三种。

(1)既承受转矩又承受弯矩的轴称为转轴。如图8－1所示减速箱中的齿轮既受径向力又受圆周力，因此对其支撑的轴为转轴。

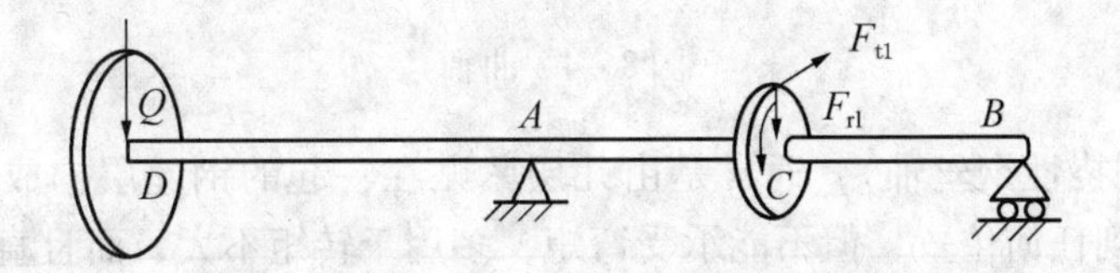

图8－1　减速箱中的转轴

(2)传动轴主要承受转矩，不承受或承受很小的弯矩。比较典型的例子是汽车的传动轴(见图8－2)，通过两个万向联轴器与变速器输出轴和汽车后桥相连，传递转矩，将发动机的动力传到汽车后桥。

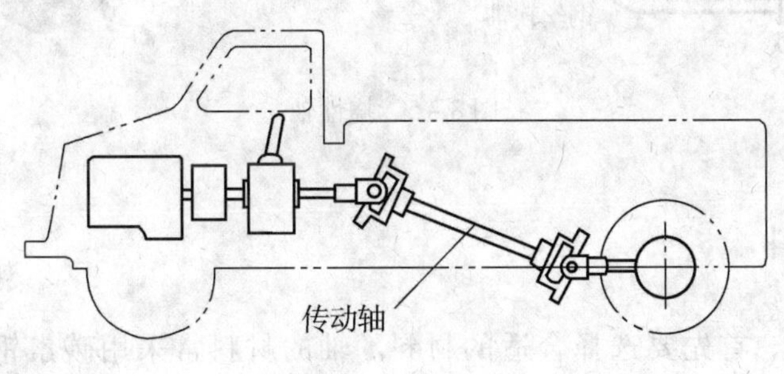

图8－2　汽车传动轴

(3)心轴只承受弯矩而不传递转矩。根据轴工作时是否转动，心轴又可分为转动心轴和固定心轴(见图8－3)。火车的车轮轴为转动心轴。而自行车轴是固定不动的，轮胎绕轴转动，且不承受扭矩，因此为固定心轴。

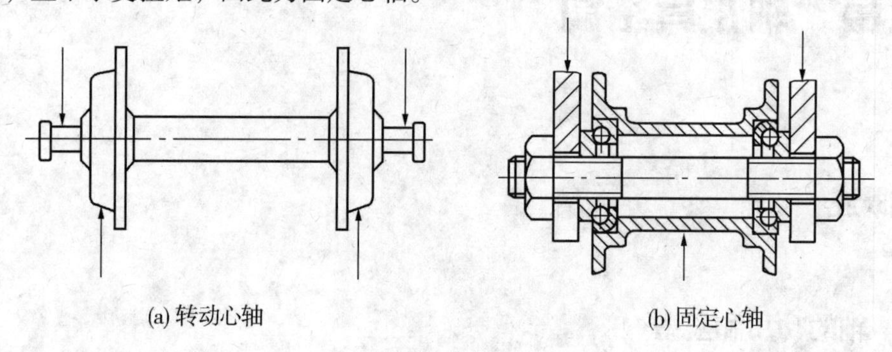

图8－3　心轴的类型

2. 按轴的形状分类

按轴的形状不同，轴可分为直轴、曲轴和挠性轴三种。

曲轴常用于往复式机械中，如发动机等，以实现运动的转换和动力的传递，如图8－4所示。曲轴属于特种零件，加工难度大。

图8－4　曲轴

挠性轴(也叫挠性钢丝轴)，通常是由几层紧贴在一起的钢丝层构成的，可以把转矩和运动灵活地传到任何位置，但不能承受弯矩，多用于转矩不大，而且直轴不能使用的场合。挠性轴常用于医疗设备中，如图8－5所示。

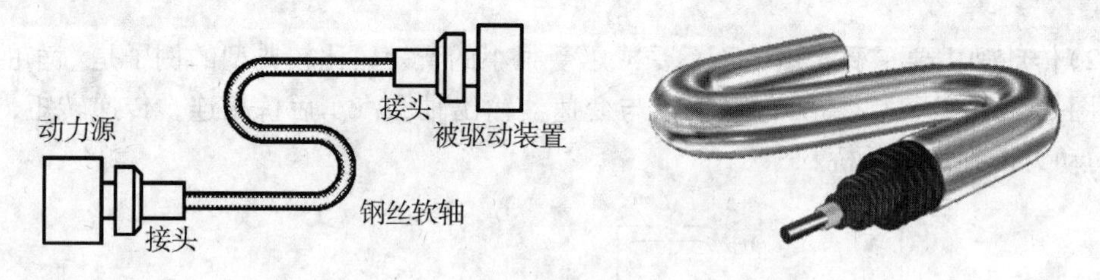

图8－5　挠性轴

8.1.2　轴的材料

在轴的设计中，首先要选择合适的材料。轴的材料常采用碳素钢和合金钢，如表8－1所示。

表 8-1 轴的常用材料

材料牌号	热处理	毛坯直径 (mm)	硬度 (HBS)	抗拉强度极限 σ_B	屈服强度极限 σ_s	弯曲疲劳极限 σ_{-1}	剪切疲劳极限 τ_{-1}	许用弯曲应力 $[\sigma_{-1}]$	备注
				MPa					
Q235-A	热轧或锻后空冷	≤100		400～420	225	170	105	40	用于不太重要及受载荷不大的轴
		>100～250		375～390	215				
45	正火	≤100	170～217	590	295	255	140	55	应用最广泛
		>100～300	162～217	570	285	245	135		
	调质	≤200	217～255	640	355	275	155	60	
40Cr	调质	≤100	241～286	735	540	355	200	70	用于载荷较大，而无很大冲击的重要轴
		>100～300		685	490	335	185		
40CrNi	调质	≤100	270～300	900	735	430	260	75	用于很重要的轴
		>100～300	240～270	785	570	370	210		
38SiMnMo	调质	≤100	229～286	735	590	365	210	70	用于重要的轴，性能近于40CrNi
		>100～300	217～269	685	540	345	195		
38CrMoAlA	调质	≤60	293～321	930	785	440	280	75	用于要求高耐磨性，高强度且热处理（氮化）变形很小的轴
		>60～100	277～302	835	685	410	270		
		>100～160	241～277	785	590	375	220		
20Cr	渗碳淬火回火	≤60	渗碳 56～62 HRC	640	390	305	160	60	用于要求强度及韧性均较高的轴
3Cr13	调质	≤100	≥241	835	635	395	230	75	用于腐蚀条件下的轴
1Cr18Ni9Ti	淬火	≤100	≤192	530	195	190	115	45	用于高、低温及腐蚀条件下的轴
		>100～200		490		180	110		
QT600-3			190～270	600	370	215	185		用于制造复杂外形的轴
QT800-2			245～335	800	480	290	250		

碳素钢有35，45，50等优质中碳钢。它们具有较高的综合机械性能，因此应用较多，特别是45号钢应用最为广泛。为了改善碳素钢的机械性能，应进行正火或调质处理。不重要或受力较小的轴，可采用Q235，Q275等普通碳素钢。

合金钢具有较高的机械性能，但价格较贵，多用于有特殊要求的轴。例如采用滑动轴承的高速轴，常用20Cr，20CrMnTi等低碳合金钢，经渗碳淬火后可提高轴颈耐磨性；汽轮发电机转子轴在高温、高速和重载条件下工作，必须具有良好的高温机械性能，常采用27Cr2Mo1V，38CrMoAlA等合金结构钢。值得注意的是：钢材的种类和热处理对其弹性模量的影响甚小，因此如欲采用合金钢或通过热处理来提高轴的刚度，并无实效。此外，合金钢对应力集中的敏感性较高，因此设计合金钢轴时，更应从结构上避免或减小应力集中，并减小其表面粗糙度。

轴的毛坯一般用圆钢或锻件。有时也可采用铸钢或球墨铸铁。例如，用球墨铸铁制造曲轴、凸轮轴，具有成本低廉、吸振性较好，对应力集中的敏感性较低、强度较好等优点。适合制造结构形状复杂的轴。

8.2 轴的结构设计

从加工考虑，最好是直径不变的光轴，但光轴不利于轴上零件的装拆和定位。由于阶梯轴接近于等强度，而且便于加工和轴上零件的定位和装拆，所以实际上轴的形状多呈阶梯形，如图8-6所示。

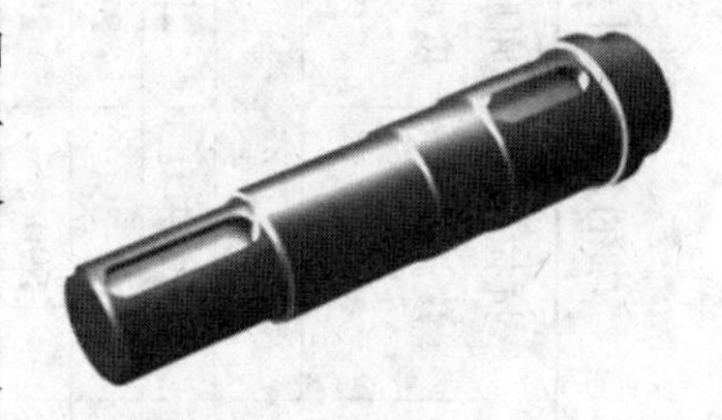
图8-6　阶梯轴

轴的结构设计就是使轴的各部分具有合理的形状和尺寸。其主要要求如下：

(1)满足制造安装要求，轴应便于加工，轴上零件要方便装拆；

(2)满足零件定位要求，轴和轴上零件有准确的工作位置，各零件要牢固而可靠地相对固定；

(3)满足结构工艺性要求，使加工方便和节省材料；

(4)满足强度要求，尽量减少应力集中等。

图8-7为减速器、图8-8为阶梯轴的典型机构。轴上安装轮毂(齿轮、联轴器)部分的轴段称为轴头，如图8-8中的①和④段，安装轴承部分的轴段称为轴颈(③和⑦段)，连接轴头和轴颈部分的轴段称为轴身(②和⑥段)，阶梯轴上截面变化处叫轴肩或轴环(⑤段)。

设计轴的结构时，主要考虑以下几个方面。

1. 制造安装要求

为了方便轴上零件的装拆，常将轴做成阶梯形。如图8-8所示，依次可将齿轮、套筒、右端滚动轴承、轴承盖和联轴器从轴的右端装拆，另一滚动轴承和轴承端盖从左端装拆。

2. 零件轴向和周向定位

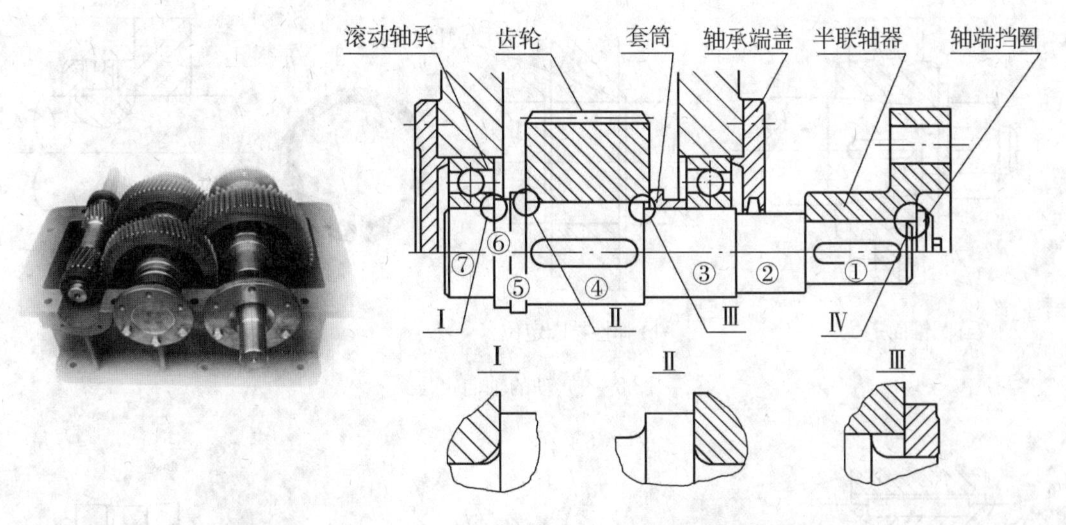

图 8-7 减速器　　　　图 8-8 阶梯轴的典型机构

(1)轴上零件的轴向定位

轴上零件的轴向位置必须固定，以承受轴向力或不产生轴向移动。轴向定位和固定主要有两类方法：

一是利用轴本身的结构，如轴肩和轴环或过盈配合等进行定位，这种定位方式结构简单、可靠，并能承受较大轴向力。在图 8-8 中，齿轮和联轴器的左边定位靠轴环和轴肩定位；左端滚动轴承也靠轴肩定位。

二是采用附件定位，如套筒、圆螺母、圆锥面、弹性挡圈、轴端挡圈、紧定螺钉等。在图 8-8 中右端滚动轴承和齿轮采用套筒定位。套筒定位结构简单、可靠，但不适合高转速情况。

在轴端部可以用圆锥面定位，如图 8-9a 所示，圆锥面定位的轴和轮毂之间无径向间隙、装拆方便，能承受冲击，但锥面加工较为麻烦。

轴端挡圈定位，它适用于轴端，可承受剧烈的振动和冲击载荷。如图 8-8 中半联轴器的右端轴向固定是靠轴端挡圈以及图 8-9a 中的左端轴向定位。

弹性挡圈定位结构简单、紧凑，能承受较小的轴向力，但可靠性差，可在不太重要的场合使用，如图 8-9b 所示。

紧定螺钉定位一般仅作定位作用，不可受轴向力作用，如图 8-9c 所示。

(2)轴的周向定位

轴上零件周向固定的目的是使零件如齿轮能同轴一起转动并传递转矩。轴上零件的周向固定，大多采用键、花键或过盈配合等联接形式。具体采用何种周向定位方式，要根据载荷的大小和性质、零件与轴的安装要求等因素来决定。例如，齿轮传动、带传动和蜗杆传动一般采用平键联接，如图 8-8 中的齿轮、联轴器用平键联接；对轻载或不太重要的场合，可采用紧定螺钉和销进行周向定位，如图 8-9c、图 8-10c 所示。对于传递较大扭矩、轴上零件需要作轴向移动或对中要求较高的零件，可采用花键联接。具体内容可参

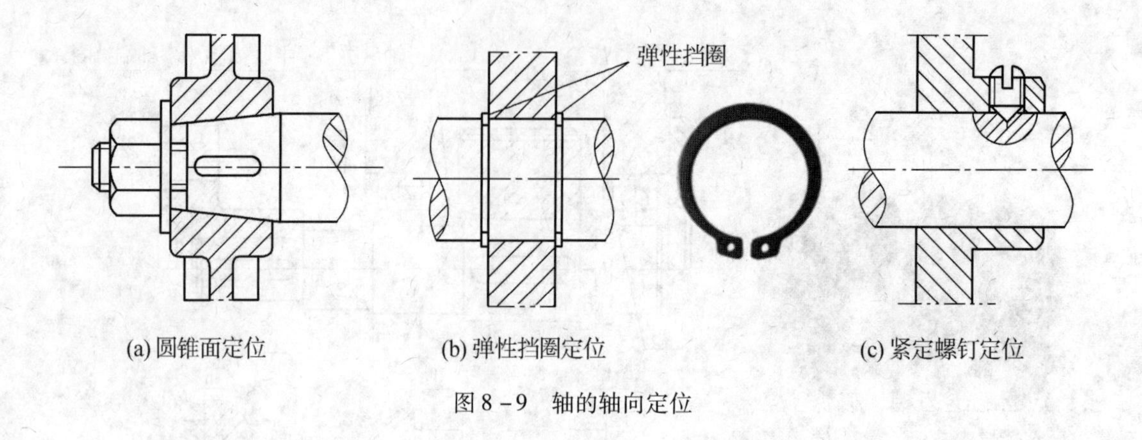

(a) 圆锥面定位　(b) 弹性挡圈定位　(c) 紧定螺钉定位

图 8－9　轴的轴向定位

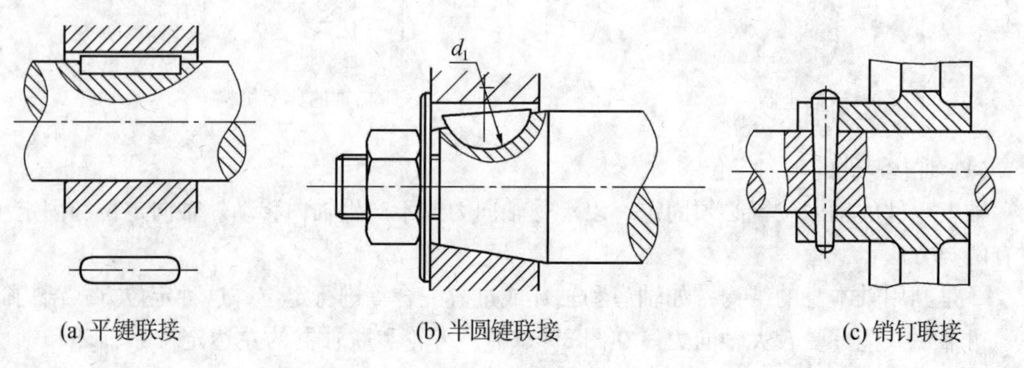

(a) 平键联接　(b) 半圆键联接　(c) 销钉联接

图 8－10　轴的周向定位

考键联接。

3. 轴的结构工艺性

轴的形状，从满足强度和节省材料考虑，最好是等强度的抛物线回转体。但这种形状的轴既不便于加工，也不便于轴上零件的固定；从加工考虑，最好是直径不变的光轴，但光轴不利于轴上零件的装拆和定位。由于阶梯轴接近于等强度，而且便于加工和轴上零件的定位和装拆，所以实际上轴的形状多呈阶梯形。

(1) 为了能选用合适的圆钢和减少切削加工量，阶梯轴各轴段的直径不宜相差太大，一般取 5 ～ 10mm。

(2) 为了保证轴上零件紧靠定位面（轴肩），轴肩的圆角半径 r 必须小于相配零件的倒角 C_1 或圆角半径 R，轴肩高 h 必须大于 C_1 或 R（见图 8－11）。否则轴上零件不能可靠地定位在轴肩上。

(3) 在采用套筒、螺母、轴端挡圈作轴向固定时，应把装零件的轴段长度做得比零件轮毂短 2 ～ 3mm，以确保套筒、螺母或轴端挡圈能靠紧零件端面，如图 8－8 中的Ⅲ和Ⅳ。

为了便于切削加工，一根轴上的圆角应尽可能取相同的半径，退刀槽取相同的宽度，倒角尺寸相同；一根轴上各键槽应开在轴的同一母线上，若开有键槽的轴段直径相差不大时，尽可能采用相同宽度的键槽（见图 8－12），以减少换刀的次数；需要磨削的轴段，应留有砂轮越程槽（见图 8－13a），以便磨削时砂轮可以磨到轴肩的端部；需切削螺纹的轴

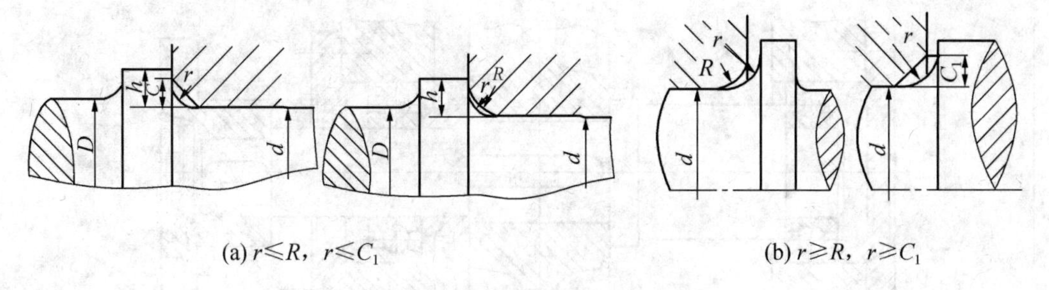

(a) $r \leqslant R$，$r \leqslant C_1$　　(b) $r \geqslant R$，$r \geqslant C_1$

图 8－11　轴肩的圆角和倒角

段，应留有退刀槽，以保证螺纹牙均能达到预期的高度(见图 8－13b)。为了便于加工和检验，轴的直径应取整值；与滚动轴承相配合的轴颈直径应符合滚动轴承内径标准；有螺纹的轴段直径应符合螺纹标准直径。为了便于装配，轴端应加工出倒角(一般为 45°)，以免装配时把轴上零件的孔壁擦伤(见图 8－13c)；过盈配合零件装入端常加工出导向锥面，以使零件能较顺利地压入。

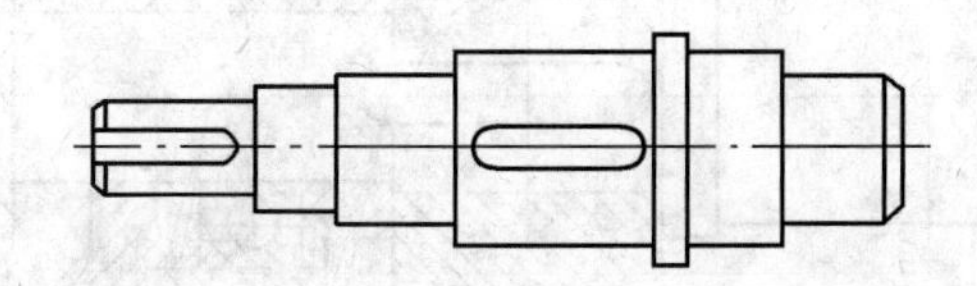

图 8－12　键槽应在同一母线上

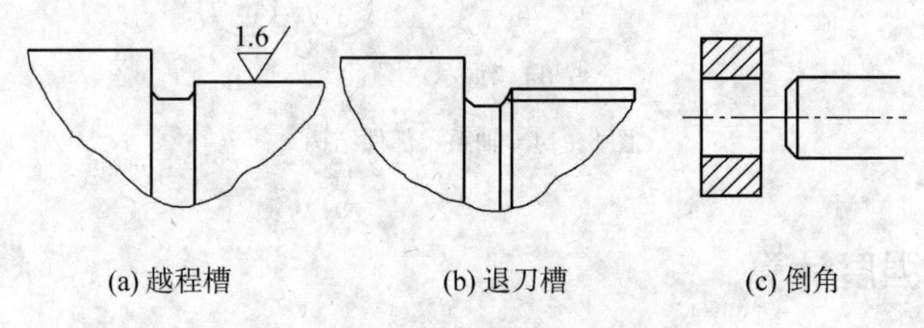

(a) 越程槽　　(b) 退刀槽　　(c) 倒角

图 8－13　越程槽、退刀槽和倒角

【例 8－1】指出如图 8－14a 所示的轴系零部件结构设计中的错误，并说明错误原因。

解：错误如图 8－14b 所示。

(1) 缺少调整垫片；

(2) 轴肩高过轴承内圈，无法拆卸轴承；

(3) 键过长；

(4) 齿轮轴向固定不可靠；

(5) 套筒高过轴承内圈；

(6) 轴承安装面过长；

(7) 轴承端盖未加密封圈。

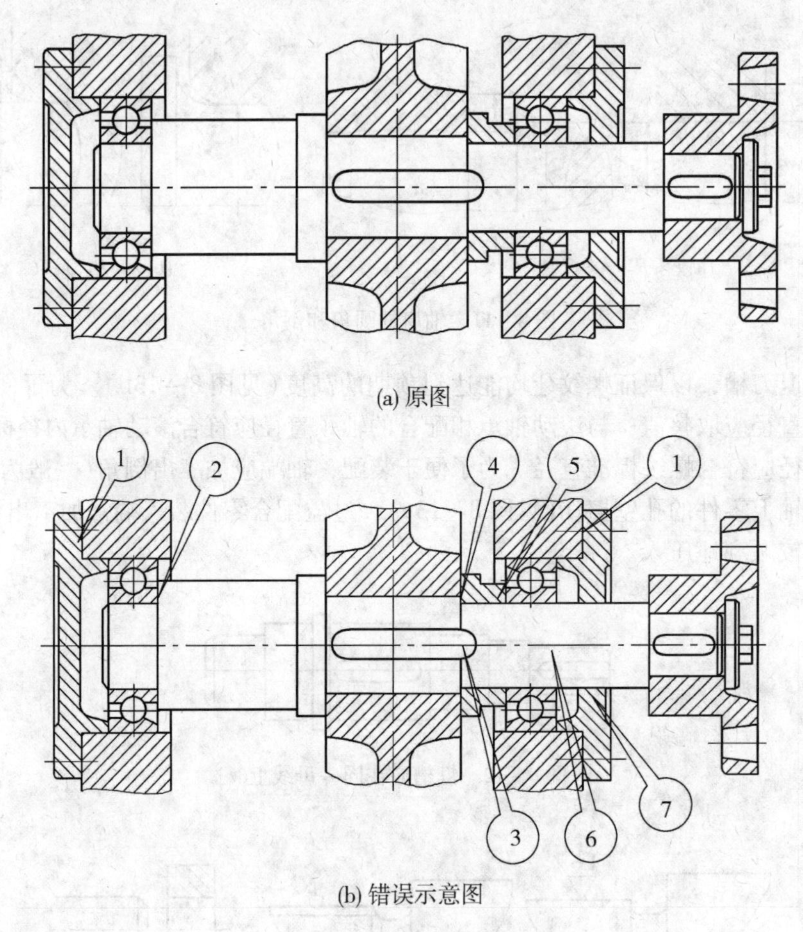

(a) 原图

(b) 错误示意图

图 8－14　轴系零部件结构

8.3　轴的强度计算

轴的强度计算应根据轴的承载情况，采用相应的计算方法。

8.3.1　按扭转强度估算最小轴径

在进行轴的设计时，由于轴承及轴上零件的位置尚未确定，不能求出支座反力和弯矩大小，因而不能按弯曲强度计算轴的危险截面。一般只能用估算法来初步确定轴的最小直径，当轴的结构设计完成，所有尺寸确定以后再对轴进行受力分析和强度校核。

对于传递转矩的圆截面轴，其强度条件为

$$\tau = \frac{T}{W_T} = \frac{9.55 \times 10^6 P}{0.2 d^3 n} \leqslant [\tau] \tag{8-1}$$

式中　τ ——轴的扭转剪应力，MPa；

[τ]——轴的许用剪应力，MPa；

W_T——抗扭截面系数，mm^3，对圆截轴 $W_T=\frac{\pi d^3}{16}\approx 0.2d^3$；

P——轴所传递的功率，kW；

n——轴的转速，r/min；

d——轴的直径，mm。

将许用应力代入式(8-1)，并改写为设计公式

$$d\geqslant\sqrt[3]{\frac{9.55\times10^6}{0.2[\tau]}\frac{P}{n}}\geqslant A\sqrt[3]{\frac{P}{n}}\quad(\text{mm})\tag{8-2}$$

式中，A 是由轴的材料和承载情况确定的常数，见表 8-2。

表 8-2　常用材料的[τ]值和 A 值

轴的材料	Q235，20	35	45	40Cr，35 SiMn
[τ]	12～20	20～30	30～40	40～52
A	160～135	135～118	118～107	107～98

注：当作用在轴上的弯矩比传递的转矩小或只传递转矩时，A 取较小值；否则取较大值。

应用式(8-2)求出的 d 值，作为轴的最小直径。若轴上有键槽时，应考虑键槽对强度的影响，宜相应增大轴的直径，单个平键增大 3%～5%。

此外，也可采用经验公式来估算轴的直径。例如在一般减速器中，高速输入轴的直径可按与其相连的电动机轴的直径 D 估算，$d=(0.8\sim1.2)D$；各级低速轴的轴径可按同级齿轮中心距 a 估算，$d=(0.3\sim0.4)\ a$。

当轴的最小直径确定以后，各段轴的长度主要根据安装零件与轴配合部分的轴向尺寸来确定。

8.3.2　轴的强度校核

当轴的结构设计完成以后，轴上零件的位置均已确定，轴上所受载荷大小、方向、作用点及支撑距离均为已知，由此可作轴的受力分析及绘制弯矩图和转矩图。这时就可按弯扭合成强度计算轴径。

对于一般的钢制的转轴，可用第三强度理论求出危险截面的当量应力 σ_e，其强度条件为

$$\sigma_e=\sqrt{\sigma_b^2+4\tau^2}\leqslant[\sigma_b]\tag{8-3}$$

式中　σ_b——危险截面上弯矩 M 产生的弯曲应力；

[σ_b]——许用弯曲应力。

对于直径为 d 的圆轴，有

$$\sigma_b=\frac{M}{W}=\frac{M}{\pi d^3/32}\approx\frac{M}{0.1d^3}$$

$$\tau=\frac{T}{W_T}=\frac{T}{2W}$$

其中，W、W_T 分别为轴的抗弯和抗扭截面系数。

将 σ_b 和 τ 值代入式(8-3)，得

$$\sigma_e=\sqrt{\left(\frac{M}{W}\right)^2+4\left(\frac{T}{2W}\right)^2}=\frac{1}{W}\sqrt{M^2+T^2}\leqslant[\sigma_b] \tag{8-4}$$

由于一般转轴的 σ_b 为对称循环变应力，而 τ 的循环特性往往与 σ_b 不同，为了考虑两者循环特性不同的影响，对上式中的转矩 T 乘以折合系数 α，即

$$\sigma_e=\frac{M_e}{W}=\frac{1}{0.1d^3}\sqrt{M^2+(\alpha T)^2}\leqslant[\sigma_{-1b}] \tag{8-5}$$

式中　M_e——当量弯矩，$M_e=\sqrt{M^2+(\alpha T)^2}$；

$[\sigma_{-1b}]$——对称循环下的许用弯曲应力，见表 8-1；

α——折合系数。

α 的选取如表 8-3 所示。若转矩的变化规律不清楚，一般也按脉动循环处理。

表 8-3　折合系数

	扭转切应力		
	静应力	脉动循环变应力	对称循环变应力
弯曲应力为对称循环变应力	$\alpha\approx0.3$	$\alpha\approx0.6$	$\alpha=1$

通常外载荷不是作用在同一平面内，这时应先将这些力分解到水平面和垂直面内，并求出各面内的支反力，再绘出水平面弯矩 M_H 图、垂直面弯矩 M_V 图和合成弯矩 M 图，$M=\sqrt{M_H^2+M_V^2}$；绘出转矩 T 图；最后由公式 $M_e=\sqrt{M^2+(\alpha T)^2}$ 绘出当量弯矩图。

计算出的轴径还应与结构设计中初步确定的轴径相比较，若初步确定的直径较小，说明强度不够，结构设计要进行修改；若计算出的轴径较小，除非相差很大，一般就以结构设计的轴径为准。

对于一般用途的轴，按上述方法设计计算即可。对于重要的轴，尚须作进一步的强度校核，其计算方法可查阅有关参考书。

【例 8-2】 如图 8-15 所示，已知作用在带轮 D 上转矩 $T=78\,100$N，斜齿轮 C 的压力角 $\alpha_n=20°$，螺旋角 $\beta=9°41'46''$，分度圆直径 $d=58.333$ mm，带轮上的压力 $Q=1\,147$ (N)，其他尺寸如图 8-15 所示，试计算该轴危险截面的直径。

解：

(1) 计算作用在轴上的力

齿轮受力分析

圆周力　$$F_t=\frac{2T}{d}=\frac{2\times78\,100}{58.333}=2\,678\text{ (N)}$$

径向力 $$F_r=\frac{F_t\tan\alpha_n}{\cos\beta}=\frac{2\,678\times\tan20^\circ}{\cos9^\circ41'46''}=988.8\ (\mathrm{N})$$

轴向力 $$F_a=F_t\tan\beta=2\,678\times\tan9^\circ41'46''=457.6\ (\mathrm{N})$$

(2)计算支反力

水平面

$$R_{AH}=R_{BH}=\frac{F_t}{2}=\frac{2\,678}{2}=1\,339\ (\mathrm{N})$$

垂直面

$$\sum M_B=0$$

$$R_{AV}\times132-F_r\times66-F_a\times\frac{d}{2}-Q(97+132)=0$$

$$R_{AV}=2\,585\ (\mathrm{N})$$

$$\sum F=0$$

$$R_{BV}=R_{AV}-Q-F_r=2\,585-1147-988.8=449.2\ (\mathrm{N})$$

(3)作弯矩图

水平面弯矩

$$M_{CH}=-R_{BH}\times66=-1\,339\times66\approx-88\,370\ (\mathrm{N\cdot mm})$$

垂直面弯矩

$$M_{AV}=-Q\times97=-1\,147\times97\approx-111\,300\ (\mathrm{N\cdot mm})$$

$$M_{CV1}=-Q(97+66)+R_{AV}\times66=-1147\times163+2\,585\times66\approx-16\,350\ (\mathrm{N\cdot mm})$$

$$M_{CV2}=-R_{BV}\times66=-449.2\times66\approx-29\,650\ (\mathrm{N\cdot mm})$$

合成弯矩

$$M_A=M_{AV}=111\,300\ (\mathrm{N\cdot mm})$$

$$M_{C1}=\sqrt{M_{CH}^2+M_{CV1}^2}=\sqrt{88\,370^2+16\,350^2}\approx89\,870\ (\mathrm{N\cdot mm})$$

$$M_{C2}=\sqrt{M_{CH}^2+M_{CV2}^2}=\sqrt{88\,370^2+29\,650^2}\approx93\,210\ (\mathrm{N\cdot mm})$$

(4)作转矩图

$$T_1=78\,100\ (\mathrm{N\cdot mm})$$

(5)作当量弯矩图

当扭剪应力为脉动循环变应力时，取系数 $\alpha=0.6$，则

$$M_{caD}=\sqrt{M_D^2+(aT_1)^2}=\sqrt{0^2+(0.6\times78\,100)^2}\approx46\,860\ (\mathrm{N\cdot mm})$$

$$M_{caA}=\sqrt{M_A^2+(aT_1)^2}=\sqrt{111\,300^2+(0.6\times78\,100)^2}\approx120\,762.4\ (\mathrm{N\cdot mm})$$

$$M_{caC1}=\sqrt{M_{C1}^2+(aT_1)^2}=\sqrt{89\,870^2+(0.6\times78\,100)^2}\approx101\,353.2\ (\mathrm{N\cdot mm})$$

$$M_{caC2}=M_{C2}=93\,210\ (\mathrm{N\cdot mm})$$

(6)最大弯矩

由当量弯矩图可见，A 处的当量弯矩最大，为

$$M_e=120\,762.4\ (\mathrm{N\cdot mm})$$

(7)计算危险截面处直径

轴的材料选用45号钢，调质处理，由表8-1查得$\sigma_B=640$ MPa，由表8-4查得许用弯曲应力$[\sigma_{-1b}]=60$ MPa，则

$$d\geqslant\sqrt[3]{\frac{M_e}{0.1[\sigma_{-1b}]}}=\sqrt[3]{\frac{120\,762.4}{0.1\times 60}}=27.2\ (\text{mm})$$

考虑到键槽对轴的削弱，将直径增大4%，故

$$d=1.04\times 27.2=29\ (\text{mm})$$

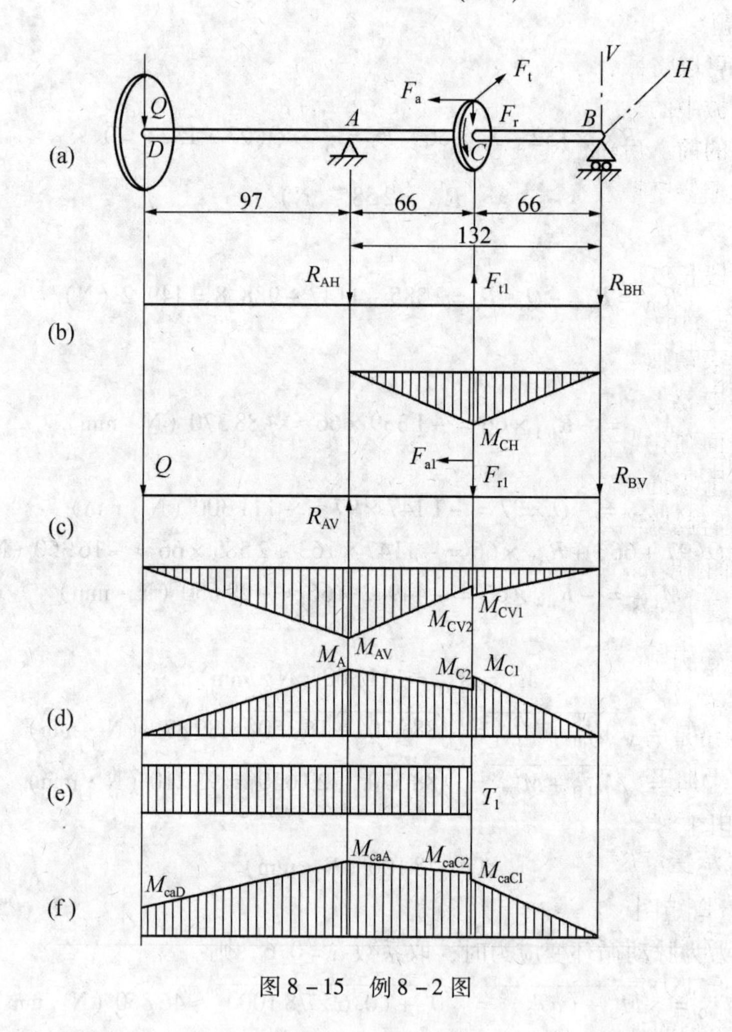

图8-15 例8-2图

本章学习要点

轴按所受载荷分为心轴、传动轴和转轴。按形状分为曲轴、直轴和挠性轴。轴上零件的固定分为周向固定和轴向固定两方面。周向固定是为了使轴和轴上零件可以传递运动和

扭矩。常用的周向固定的方法有键联接、销联接、过盈配合等形式。轴向固定是为了使轴上零件承受轴向力并防止其作轴向窜动。常采用的轴向固定方式有：轴肩结构、轴环结构、套筒、圆螺母、弹簧挡圈、轴端挡圈和紧定螺钉等。

习　题

一、判断题

1. 挠性轴可以将回转运动和动力灵活地传递到不同的位置。（　）
2. 一般机械中的轴多采用阶梯轴，以便于零件的装拆、定位。（　）
3. 自行车的前、后轮轴都是心轴。（　）
4. 同一轴上各键槽、退刀槽、圆角半径、倒角、中心孔等，重复出现时，尺寸应尽量相同。（　）
5. 轴的各段长度取决于轴上零件的轴向尺寸。为防止零件的窜动，一般轴头长度应稍大于轮毂的长度。（　）
6. 为了使滚动轴承内圈轴向定位可靠，轴肩高度应大于轴承内圈高度。（　）
7. 满足强度要求的轴，其刚度一定足够。（　）
8. 轴的表面强化处理，可以避免产生疲劳裂纹，提高轴的承载能力。（　）
9. 轴与轴上零件通过过盈配合能传递较大的转矩。（　）
10. 设置轴颈处的砂轮越程槽主要是为了减少过渡圆角处的应力集中。（　）
11. 提高轴刚度的措施之一是选用力学性能好的合金钢材料。（　）

二、选择题

1. 减速器输出轴属于____。
   A. 心轴　　B. 转轴　　C. 传动轴
2. 轴端倒角是为了____。
   A. 便于加工　　B. 轴上零件的定位
   C. 装配方便　　D. 减少应力集中
3. ____只承受弯矩而不承受转矩。
   A. 心轴　　B. 传动轴　　C. 转轴
4. 适当增加轴肩或轴环处圆角半径的目的在于____。
   A. 降低应力集中，提高轴的疲劳强度
   B. 便于轴的加工
   C. 便于实现轴向定位
5. 下面三种方法中____能实现可靠的轴向固定。
   A. 紧定螺钉　　B. 销钉　　C. 圆螺母与止动垫圈
6. 轴上零件的周向固定方式有多种。对于普通机械，当传递转矩较大时，宜采用____方式。
   A. 花键联接　　B. 平键联接　　C. 销联接

7. 为使轴上零件能紧靠轴肩定位面，轴肩根部的圆弧半径应____该零件轮廓孔的倒角或圆角半径。

A. 大于　　B. 小于　　C. 等于

8. 为便于拆卸滚动轴承，与其定位的轴肩高度应 ____滚动轴承内圈高度。

A. 大于　　B. 小于　　C. 等于

三、问答题和分析题

1. 试述轴的功用，心轴、传动轴和转轴的应用特点有哪些？
2. 指出如图 8 – 16 所示的轴系零部件结构设计中的错误，并说明错误原因。

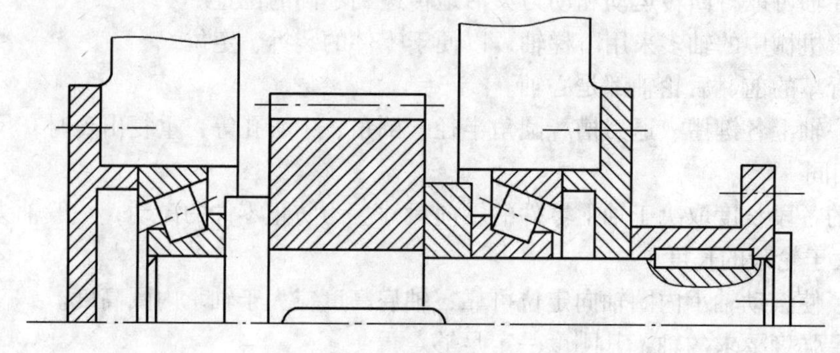

图 8 – 16　题三 – 2 图

第九章　轴　承

轴承是支撑轴的零部件，能够保持轴的旋转精度，减少轴与支承之间的摩擦和磨损。根据工作原理的不同，轴承可分为滑动轴承和滚动轴承两大类。如果滑动轴承表面能形成润滑膜，将运动副表面分开，则滑动摩擦力可大大降低。由于运动副表面不直接接触，因此也避免了磨损。滑动轴承的承载能力大，回转精度高，润滑膜具有抗冲击作用。滚动轴承是标准件，互换性好，启动灵活，在一定条件下摩擦阻力小、效率高。因此，两者在工程上都获得广泛的应用。

9.1　滑动轴承

9.1.1　滑动轴承的类型

发生滑动摩擦的轴承称为滑动轴承。滑动轴承按照承受载荷的方向分为：①径向滑动轴承，又称向心滑动轴承，主要承受径向载荷；②止推滑动轴承或推力滑动轴承，主要承受轴向载荷。

滑动轴承按其工作表面间的润滑和摩擦状态的不同分为：①液体摩擦滑动轴承，此类轴承在轴颈和轴承表面之间形成一层油膜，两表面之间不直接接触，从而可以有效降低表面摩擦和磨损。②非液体摩擦滑动轴承，轴颈与轴承表面产生的油膜不能完全将两金属表面隔开，因此摩擦力较大。

常用滑动轴承的结构形式有整体式和剖分式两种。

(1) 整体式滑动轴承

如图 9－1 所示为整体式滑动轴承，由轴承座和整体轴套组成，轴套压装在轴承座中，并用止动螺钉固定，防止其相对运动，轴承座顶部开有油孔，用于润滑轴套。

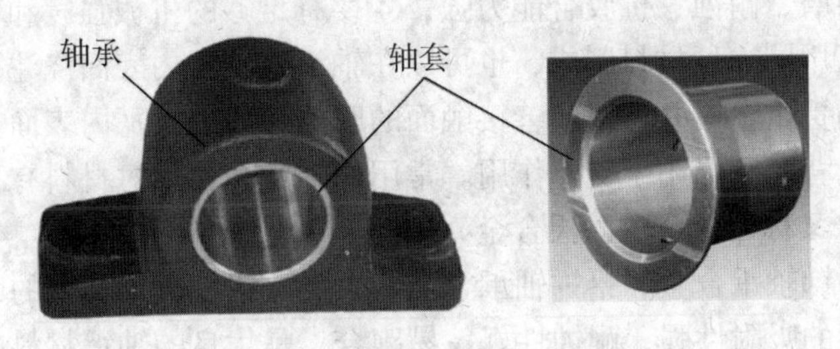

图 9－1　整体式滑动轴承

整体式滑动轴承机构简单，价格低廉，但装拆时轴只能由轴承的端部装入，而且轴承磨损后轴与轴套的间隙无法调整。因此，这种轴承多用于低速、轻载且不需要经常装拆的场合。

(2)剖分式滑动轴承

剖分式滑动轴承由轴承座、轴承盖、剖分的上、下轴瓦组成，如图 9－2 所示。这种轴承克服了整体式滑动轴承装拆不便的缺点，而且轴瓦磨损后的间隙可以调整。这种轴承使用在装配工艺要求轴承剖分的场合，如曲轴的轴承，如图 9－3 所示。

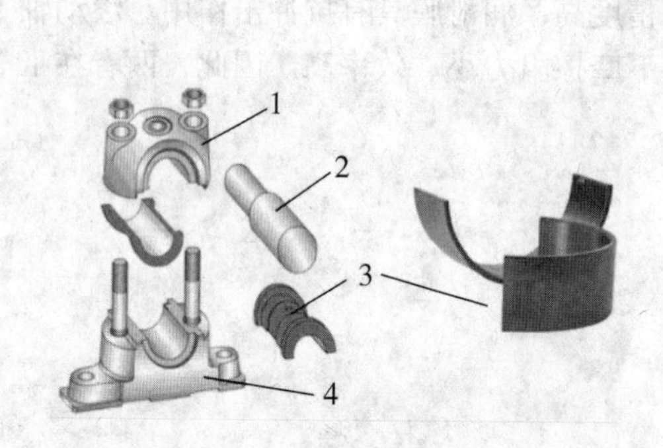

图 9－2　剖分式滑动轴承

1— 轴承盖；2—轴；3—轴瓦；4—轴承座

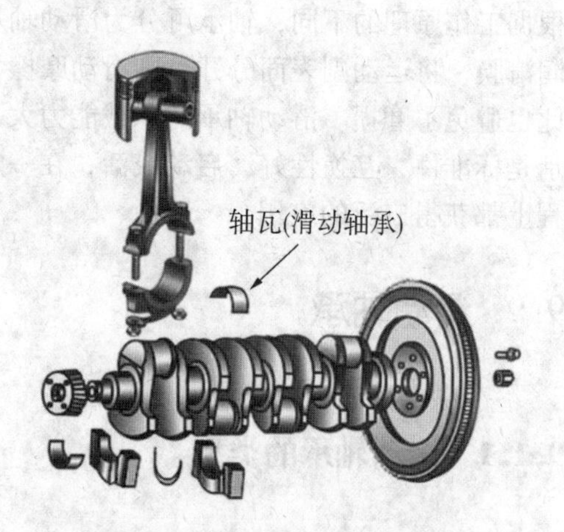

图 9－3　曲轴上的滑动轴承

滑动轴承在高速、高精度、重载、结构上要求剖分等场合下体现出它的优异性能，因而在汽轮机、离心式压缩机、内燃机、大型电机中多采用滑动轴承。此外，在低速而带有冲击的机器中，如水泥搅拌机、滚筒清砂机、破碎机等也采用滑动轴承。滑动轴承工作平稳，噪声较滚动轴承低，工作可靠。如果能保证滑动表面被润滑油膜分开而不发生接触，可以大大减小摩擦损失和表面磨损。但是，普通滑动轴承启动摩擦阻力大。

9.1.2　滑动轴承材料

根据轴承的工作情况，要求轴瓦材料具备以下性能：①摩擦系数小；②导热性好，热膨胀系数小；③耐磨、耐蚀、抗胶合能力强；④要有足够的机械强度和可塑性。

滑动轴承可以用同一种材料制成，也可以在轴承或轴瓦内表面浇注一层轴承合金作减摩材料，以便节约贵重金属并可以改善接触面的摩擦性质。轴瓦内表面合金部分称为轴承衬，外表面称为瓦背，主要用于支撑作用。常用的轴瓦和轴承衬材料有下列几种。

1. 轴承合金(又称白合金、巴氏合金)

轴承合金有锡锑轴承合金和铅锑轴承合金两大类。锡锑轴承合金的摩擦系数小，抗胶合性能良好，对油的吸附性强，耐蚀性好，易跑合，是优良的轴承材料，常用于高速、重载的轴承。但价格贵且机械强度较差，因此只能作为轴承衬材料而浇铸在钢、铸铁或青铜轴瓦上，如图 9－4 所示。用青铜作为轴瓦基体是取其导热性良好。这种轴承合金在

110℃开始软化，为了安全，在设计运行时常将温度控制得比110℃低30～40℃。

铅锑轴承合金的各方面性能与锡锑轴承合金相近，但这种材料较脆，不宜承受较大的冲击载荷，一般用于中速、中载的轴承。

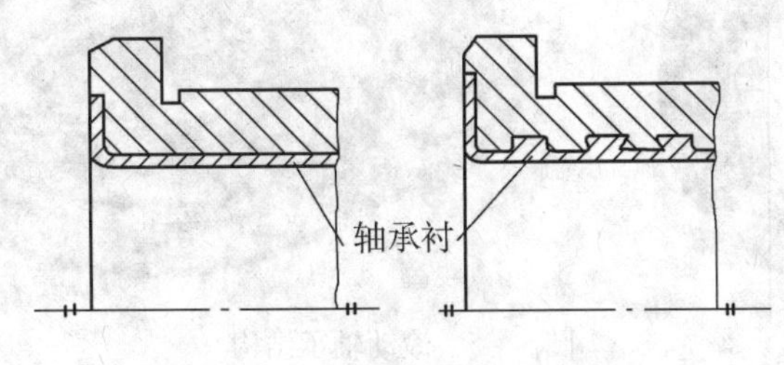

图9－4 浇铸轴承合金的轴瓦

2. 铜合金

铜合金是传统的轴瓦材料，主要有青铜材料和黄铜材料。青铜的强度高，承载能力大，耐磨性与导热性都优于轴承合金。它可以在较高的温度（250℃）下工作。但它可塑性差，不易跑合，与之相配的轴颈必须淬硬。青铜可以单独做成轴瓦。为了节省有色金属，也可将青铜浇铸在钢或铸铁轴瓦内壁上。用作轴瓦材料的青铜，主要有锡磷青铜、锡锌铅青铜和铝铁青铜。在一般情况下，它们分别用于中速重载、中速中载和低速重载的轴承上。

黄铜是铜与锌的合金，其减摩性能远不及青铜，但具有良好的铸造性能和加工工艺性，适用于低速轻载机械。

9.2 滚动轴承

滚动轴承是机器上一种重要的通用部件。它依靠轴承元件间的滚动接触来支承转动零件，具有摩擦力小、启动容易、效率高等优点，因而在各种机械中得到广泛应用。

滚动轴承已经标准化，由专门的工厂大量生产。在一般的机械设计中，只需根据具体的工作条件选择轴承的类型和尺寸，并进行轴承组合设计。

9.2.1 滚动轴承的结构

滚动轴承一般是由内圈、外圈、滚动体和保持架组成（见图9－5）。通常内圈随轴颈转动，外圈装在机座或零件的轴承孔内固定不动，有时也可以是外圈转动而内圈不动。内外圈都制有滚道，当内外圈相对旋转时，滚动体将沿滚道滚动。保持架的作用是把滚动体沿滚道均匀地隔开。

滚动体与内外圈的材料应具有高的硬度和接触疲劳强度、良好的耐磨性和冲击韧性。一般用含铬合金钢制造，经热处理后硬度可达HRC 61～65，工作表面须经磨削和抛光。

保持架一般用低碳钢板冲压制成，高速轴承多采用有色金属或塑料保持架。

常见的滚动体形状有球形、短圆柱滚子、长圆柱形、圆锥滚子、鼓形滚子、滚针形

图9－5　滚动轴承结构

1—外圈；2—内圈；3—滚动体；4—保持架

等，可以归结为球形滚动体和滚子形滚动体两类，如图9－6所示。

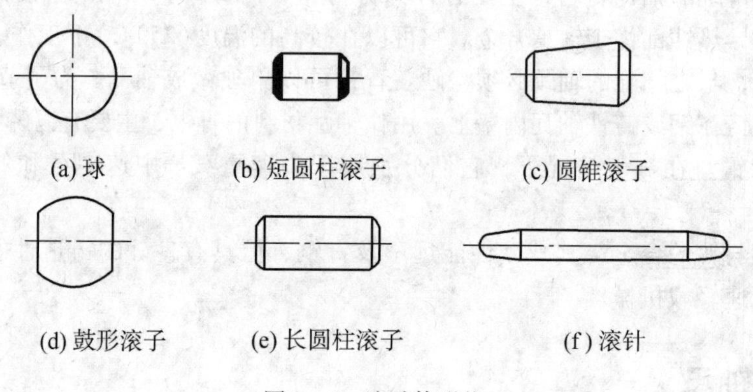

图9－6　滚动体形状

滚动轴承在工作时，滚动体在内、外圈的滚道上滚动，形成滚动摩擦。与滑动摩擦轴承相比，滚动轴承的特点如下：

(1)在一般使用条件下摩擦系数低，运转时的摩擦力矩小，起动灵活，效率高；对同尺寸的轴颈，滚动轴承的宽度小，可使机器的轴向尺寸紧凑；润滑方法简便，轴承损坏易于更换。

(2)滚动轴承能在较广泛的载荷、转速及精度范围内工作，安装、维修都比较方便。

(3)承受冲击载荷的能力较差；高速运转时噪声大；比滑动轴承径向尺寸大；与滑动轴承比，寿命较短。

9.2.2　滚动轴承的主要类型

1. 滚动轴承的主要类型

(1)按滚动体的形状，滚动轴承可分为球轴承和滚子轴承。

(2)按照滚动轴承所能承受载荷的方向分为向心轴承(或径向轴承)、推力轴承和向心推力轴承。向心轴承主要用于承受径向载荷；推力轴承主要用于承受轴向载荷；向心推力轴承既可以承受径向载荷又可以承受轴向载荷。

(3)按轴承在工作中能否调心可分为调心轴承(球面型)和非调心轴承。

(4)按一个轴承中滚动体的列数可分为单列、双列和多列轴承。

表9-1列出了比较常用的滚动轴承的主要类型和特性及应用。

表9-1 滚动轴承的主要类型和特性及应用

轴承名称、类型代号	结构简图及承载方向	轴承实物	主要特性及应用
调心球轴承 1			主要承受径向载荷，可承受少量的双向轴向载荷，外圈滚道为球面，具有自动调心性能。适用于多支点轴、弯曲刚度小的轴以及难以精确对中的支承
圆锥滚子轴承 3			能承受较大的径向载荷和单向的轴向载荷，极限转速较低。内外圈可分离。通常成对使用，对称安装。适用于转速不太高，轴的刚性较好的场合
推力球轴承 5			轴承的套圈与滚动体可分离，只能承受单向轴向载荷，且载荷作用线与轴线重合。高速时，由于离心力大，寿命较短。常用于轴向载荷大、转速不高场合
深沟球轴承 6			主要承受径向载荷，也可同时承受少量双向轴向载荷。摩擦阻力小，极限转速高，结构简单，价格便宜，应用最广泛

续表 9－1

轴承名称、类型代号	结构简图及承载方向	轴承实物	主要特性及应用
角接触球轴承 7			能同时承受径向载荷与单向的轴向载荷，公称接触角 α 有 15°，25°，40°三种，α 越大，轴向承载能力也越大。成对使用，对称安装，极限转速较高。适用于转速较高，同时承受径向和轴向载荷的场合
推力圆柱滚子轴承 8			能承受很大的单向轴向载荷，但不能承受径向载荷。它比推力球轴承承载能力要大，套圈也分紧圈与松圈。极限转速很低，适用于低速重载场合
圆柱滚子轴承 N			只能承受很大的径向载荷，不能承受轴向载荷，承受冲击载荷能力大，极限转速高
滚针轴承 NA			滚动体数量较多，一般没有保持架。径向尺寸紧凑且承载能力很大，不能承受轴向载荷，常用于径向尺寸受限制而径向载荷又较大的装置中

2. 轴承类型的选用

根据滚动轴承各种类型的特点，在选用轴承时应从载荷的大小和方向、转速的高低、支撑刚度以及安装精度等方面考虑。选择时可参考以下几项原则。

(1) 承载能力

在同样外形尺寸下，滚子轴承的承载能力为球轴承的 1.5～3 倍。球轴承为点接触，适用于轻载及中等载荷。所以，在载荷较大或有冲击载荷时宜采用滚子轴承。但当轴承内径 $d \leqslant 20$ mm 时，滚子轴承和球轴承的承载能力已相差不多，而球轴承的价格一般低于滚子轴承，故可优先选用球轴承。

对于纯轴向载荷，选用推力轴承，而纯径向载荷常选用向心轴承。既有径向载荷同时又承受轴向载荷的地方，若轴向载荷相对较小，选用向心角接触轴承或深沟球轴承。当轴向载荷很大时，可选用向心球轴承和推力轴承的组合结构。

(2)极限转速

滚动轴承转速过高会使摩擦面间产生高温，润滑失效，从而导致滚动体回火或胶合破坏。轴承在一定载荷和润滑条件下，允许的最高转速称为极限转速，其具体数值见有关手册。转速较高时，宜用点接触的球轴承，一般球轴承有较高的极限转速。如有更高转速要求时，选用超轻、特轻系列的轴承，以减低滚动体离心力的影响。

(3)刚性及调心性能要求

当支撑刚度要求较大时，可采用成对的向心推力轴承组合结构；当支撑跨距大，轴的弯曲变形大或两个轴承座孔中心位置有误差时，需要调心轴承。

此外，还应注意经济性，以降低产品价格，一般单列向心球轴承价格最低，滚子轴承较球轴承价格高，而轴承精度愈高则价格愈高。深沟球轴承具有良好的性价比，应优先选用。

9.2.3 滚动轴承的代号

滚动轴承的类型很多，而各类轴承又有不同的结构、尺寸、精度和技术要求，为便于组织生产和选用，国家标准规定了滚动轴承的代号。

滚动轴承代号由基本代号、前置代号和后置代号组成。前置和后置代号是轴承在结构形状、尺寸、公差、技术要求等有改变时的补充代号，分别位于基本代号的前部和后部。其排列如表 9-2 所示。

表 9-2 滚动轴承的代号

前置代号	基本代号					后置代号							
	五	四	三	二	一								
轴成分部件代号	类型代号	尺寸系列代号		内径代号		内部结构代号	密封与防尘结构代号	保持架及其他材料代号	特殊轴承材料代号	公差等级代号	游隙代号	多轴承配置代号	其他代号
		宽度系列代号	直径系列代号										

(1)基本代号

基本代号表示轴承的基本类型、结构和尺寸，是轴承代号的基础。它由轴承类型代号、尺寸系列代号和内径代号共 5 位数字组成。

① 内径代号：右起第一、二位数字表示内径代号。通常，滚动轴承的内径 = 内径代号 ×5。特殊内径的滚动轴承有专门的内径代号，表示方法见表 9-3。

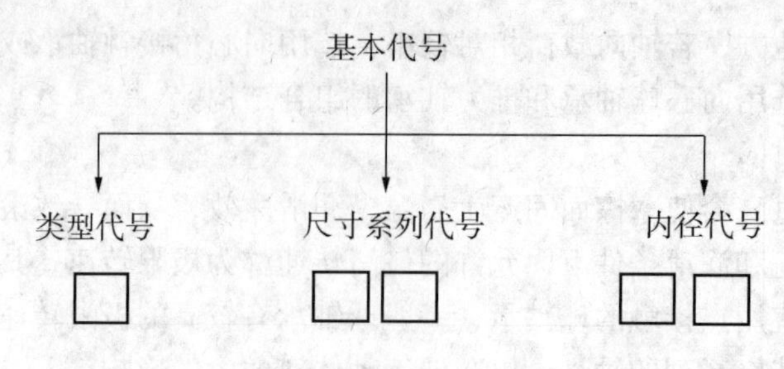

表 9－3　轴承内径尺寸代号

内径尺寸	代号表示	举例	
		代　号	内　径(mm)
10 12 15 17	00 01 02 03	6200 3102	10 15
20～480(5 的倍数)	内径/5 的商	23208	40

② 尺寸系列代号：右起第三、四位表示尺寸系列(第四位为 0 时可不写出)。为了适应不同承载能力的需要，同一内径尺寸的轴承，可使用不同大小的滚动体，因而使轴承的外径和宽度也随着改变，这种内径相同而外径或宽度不同的变化称为尺寸系列，见表 9－4。

表 9－4　滚动轴承尺寸系列代号

直径系列代号	向心轴承							推力轴承			
	宽度系列代号							高度系列代号			
	窄 0	正常 1	宽 2	特宽 3	特宽 4	特宽 5	特宽 6	特低 7	低 9	正常 1	正常 2
	尺寸系列代号										
超轻 8	08	18	28	38	48	58	68	—	—	—	—
超轻 9	09	19	29	39	49	59	69	—	—	—	—
特轻 0	00	10	20	30	40	50	60	70	90	10	—
特轻 1	01	11	21	31	41	51	61	71	91	11	—
轻 2	02	12	22	32	42	52	62	72	92	12	22
中 3	03	13	23	33	—	—	63	73	93	13	23
重 4	04	—	24	—	—	—	—	74	94	14	24

如图 9－7 所示，内径代号同为 05 的深沟球轴承，其尺寸系列分别为 01，02，03，04。显然，尺寸系列代号越大，轴承的外径和宽带也越大，轴承的寿命也越长。

③ 类型代号：右起第五位表示轴承类型，比如，圆锥滚子轴承的代号为 3，深沟球轴承的类型代号为 6，角接触球轴承的代号为 7 等。常见轴承的类型代号见表 9－1。

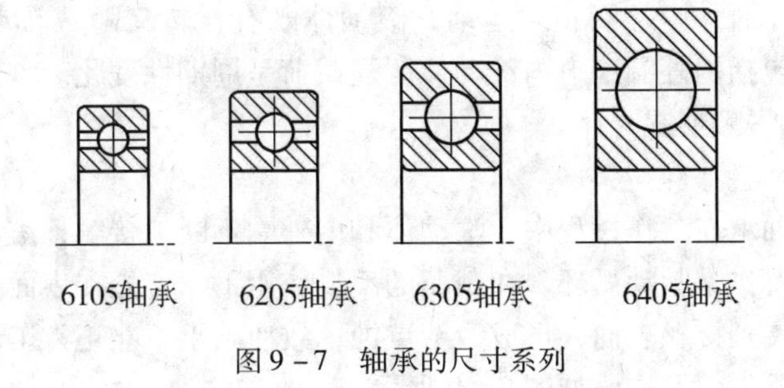

图 9－7　轴承的尺寸系列

(2)前置代号

成套轴承分部件，用字母表示。具体可查相关国家标准。

(3)后置代号

用字母和数字等表示的轴承的内部结构、密封、公差等级及轴承材料的特殊要求等。例如接触角分别为 15°、25°和 40°的角接触球轴承，分别用 C、AC 和 B 表示其内部结构的不同。

轴承的公差等级共有 6 个级别，其代号分别为/P2、/P4、/P5、/P6、/P6X 和 P0，依次由高级到低级，0 级为普通级，在轴承代号中不用标出。

【例 9－1】说明下列滚动轴承的代号意义

(1)6203/P4

6——深沟球轴承

02——尺寸系列代号，0 不标出

03——内径代号，内径为 17mm

P4——公差等级为 P4

(2)7312C

7——角接触球轴承

03——尺寸系列代号，0 不标出

12——内径代号，内径为 60mm

C——公称接触角 $\alpha=15°$

P0——公差等级，不标出

9.2.4　滚动轴承的寿命计算

1. 滚动轴承的受力分析

以深沟球轴承为例，如图 9－8 所示，当轴承受纯径向载荷 F_r 作用时，F_r 通过轴颈作用于内圈，而内圈又将载荷作用于下半圈的滚动体，上半圈滚动体不承受载荷，而下半圈各滚动体承受不同的载荷。处于 F_r 作用线最下位置的滚动体受载最大，而远离作用线的各滚动体，其受载就逐渐减小。

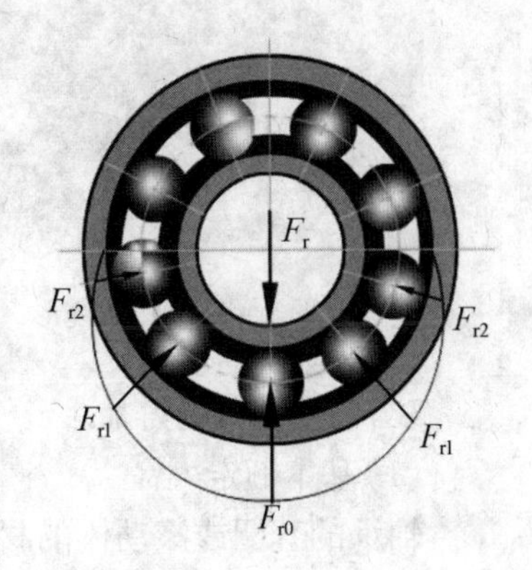

图 9－8　滚动体受力分布

同时，轴承工作时，内外圈相对运动，滚动体既有自转又随着转动圈绕轴承轴线公转，这样轴承元件包括内外圈滚道内滚动体所受载荷呈周期性变化。

2. 滚动轴承的失效形式

(1)疲劳破坏

如上述分析，轴承在工作过程中，滚动体和内外圈不断地接触，滚动体与滚道受变应力作用，可近似地看作是脉动循环。在载荷的反复作用下，首先在表面下一定深度处产生疲劳裂纹，继而扩展到接触表面，形成疲劳点蚀，致使轴承不能正常工作。通常，疲劳点蚀是滚动轴承的主要失效形式，如图 9－9 所示。

图 9－9　疲劳点蚀

(2)塑性变形

当轴承转速很低或间歇摆动时，一般不会产生疲劳损坏。而很大的静载荷或冲击载荷会使轴承滚道和滚动体接触处产生塑性变形，使滚道表面形成变形凹坑，从而使轴承在运转中产生剧烈振动和噪声，无法正常工作，如图 9－10 所示。

此外，使用维护和保养不当或密封润滑不良也能引起轴承早期磨损、胶合、内外圈和保持架破损等失效形式，如图 9－11 所示。

图 9－10　塑性变形

图 9－11　胶合

3. 滚动轴承的寿命

(1)基本额定寿命

轴承的套圈或滚动体的材料首次出现疲劳点蚀前，一个套圈相对于另一个套圈的转数，称为轴承的寿命。寿命还可以用在恒定转速下的运转小时数来表示。

对于一组同一型号的轴承，由于材料、热处理和工艺等很多随机因素的影响，即使在相同条件下运转，寿命也不一样，有的甚至相差几十倍。因此对一个具体轴承，很难预知其确切的寿命。但大量的轴承寿命试验表明，轴承的可靠性与寿命之间存在一定的关系。可靠性常用可靠度来度量。一组相同轴承能达到或超过规定寿命的百分率，称为轴承寿命的可靠度。

一组同一型号轴承在相同条件下运转，其可靠度为90%时，能达到或超过的寿命称为基本额定寿命，单位为百万转(10^6 转)。换言之，在相同条件下，当有10%的轴承发生疲劳点蚀，而90%的轴承未发生疲劳点蚀前能达到或超过的小时数或总转数，称为基本额定寿命(用 L_{10} 表示)。对单个轴承来讲，能够达到或超过此寿命的概率为90%。

(2)基本额定动载荷

轴承的基本额定寿命为一百万转(10^6，可靠度为90%)时所能承受的最大载荷，称为基本额定动载荷，用 C 表示。基本额定动载荷是衡量轴承承载能力的主要指标，也是选择轴承型号的主要依据。各种轴承的基本额定动载荷可在轴承标准或相关机械手册中查得。

4. 滚动轴承的寿命计算

根据以上分析，对于基本额定动载荷为 C 的轴承，当它所受的载荷 P 等于 C 值时，显然，轴承的基本额定寿命就是 10^6 转。但是，如果 $P \neq C$，该轴承的基本额定寿命为多少？当量动载荷 P 与 C 以及轴承的基本额定寿命之间的关系就是滚动轴承寿命计算需要解决的问题。

大量试验表明，对于相同型号的轴承，轴承寿命 L_{10} 与动载荷的关系为

$$L_{10}P^{\varepsilon} = \text{常数} \tag{9-1}$$

在寿命 $L=10^6$ 转、可靠度为90%时，轴承能承受的载荷为额定动载荷，上式可写为

$$L_{10}P^{\varepsilon} = 10^6 \times C^{\varepsilon}$$

或

$$L_{10} = 10^6 \times \left(\frac{C}{P}\right)^{\varepsilon} \tag{9-2}$$

式中　P——当量动载荷，N；

L_{10}——基本额定寿命，转；

ε——寿命指数，对球轴承 $\varepsilon=3$，滚子轴承 $\varepsilon=10/3$。

实际计算时，用小时表示轴承寿命比较方便，上式可改写为：

$$L_h = \frac{10^6}{60n}\left(\frac{C}{P}\right)^{\varepsilon} \tag{9-3}$$

式中　n——轴承的转速，r/min。

L_h——基本额定寿命，h。

考虑到轴承工作温度高于100℃时，轴承的额定动载荷 C 有所降低，故引进温度系数 f_t，对 C 值予以修正，可查表9-5。考虑到很多机械在工作中有冲击、振动，使轴承寿命降低，为此又引进载荷系数 f_F，对载荷值进行修正，可查表9-6。

表 9－5　温度系数 f_t

轴承工作温度(℃)	100	125	150	200	250	300
温度系数 f_t	1	0.95	0.90	0.80	0.70	0.60

表 9－6　载荷系数 f_F

载荷性质	无冲击或轻微冲击	中等冲击	强烈冲击
f_F	1.0～1.2	1.2～1.8	1.8～3.0

修正后的寿命计算式可写为

$$L_h = \frac{10^6}{60n}\left(\frac{f_t C}{f_F P}\right)^{\varepsilon} \tag{9-4}$$

当已知载荷和所需寿命时，应选的轴承额定动载荷可按下式计算

$$C = \frac{f_F P}{f_t}\sqrt[\varepsilon]{\frac{60n}{10^6}L_h} \tag{9-5}$$

以上两式是设计计算时经常用到的轴承寿命计算式，由此可迅速确定轴承的寿命或尺寸型号。各类机器中轴承预期寿命 L_h 的参考值列于表 9－7 中。

表 9－7　轴承预期寿命 L_h 参考值

使用场合	L_h(h)
不经常使用的仪器和设备	500
短时间或间断使用，中断时不致引起严重后果	4 000～8 000
间断使用，中断引起严重后果	8 000～12 000
每天 8 小时工作的机械	12 000～20 000
24 小时连续工作的机械	40 000～60 000

【例 9－2】试求 32208 轴承允许的最大径向载荷。已知工作转速 $n = 250$ r/min，工作温度 $t < 100$℃，中等载荷，寿命 $L_h = 10\,000$ h。

解：由式(9－5)可得载荷为

$$P = \frac{f_t}{f_F}C\left(\frac{10^6}{60nL_h}\right)^{1/\varepsilon}$$

由机械设计手册查得圆锥滚子轴承 32208 的基本额定动载荷 $C = 77\,800$N；由表 9－5 查得 $f_t = 1$；由表 9－6 查得 $f_F = 1.25$，对圆锥滚子轴承取 $\varepsilon = 10/3$。将以上有关数据代入上式，得

$$P = \frac{f_t C}{f_F}\left(\frac{60nL_h}{10^6}\right)^{-\frac{1}{\varepsilon}} = \frac{1}{1.25} \times 77\,800\left(\frac{60 \times 250 \times 10\,000}{10^6}\right)^{-\frac{1}{3}}$$

$$= 9\,762 \quad (\text{N})$$

因此，轴承在规定的条件下，32 208 轴承可承受的载荷为 9 762N。

5．滚动轴承的当量动载荷

在式(9－5)轴承的寿命计算公式中，P 为当量动载荷。根据国家标准《滚动轴承额定

动载荷和额定寿命》(GB6391—2003 - T)，滚动轴承的基本额定动载荷 C 是在一定载荷条件下确定的，分为径向基本额定动载荷和轴向基本额定动载荷。而轴承实际工作时，可能同时承受径向载荷和轴向载荷的综合作用，因而在进行轴承寿命计算时，必须将实际载荷转换成与确定 C 值的载荷条件相同的假想载荷。在此载荷的作用下，轴承的寿命与实际载荷作用下的寿命相同，该假想载荷称为当量动载荷，以 P 表示。

对于只承受纯径向载荷 F_r 的向心轴承

$$P = F_r \tag{9-6}$$

对只承受纯轴向载荷推力的轴承

$$P = F_a \tag{9-7}$$

当轴承既有径向载荷又有轴向载荷作用时，当量动载荷 P 可表示为

$$P = XF_r + YF_a \tag{9-8}$$

上式中的 X、Y 分别为径向动载荷系数和轴向动载荷系数，由相关资料查取如表 9 - 8 所示。X、Y 的取值取决于轴向载荷与径向载荷之比 F_a/F_r 以及判断系数 e 的大小。e 的意义可理解为轴向载荷对当量动载荷的影响程度的判断。

对于向心轴承，当$\frac{F_a}{F_r} > e$ 时，表示轴向载荷对当量动载荷的影响较大，计算时必须考虑 F_a 的作用。

当$\frac{F_a}{F_r} \leqslant e$ 时，表示轴向载荷的影响较小，计算当量动载荷时 F_a 可忽略，此时，系数 $X=1$，$Y=0$。

表 9 - 8 滚动轴承当量动载荷系数

轴承类型		F_a/C_0	e	$F_a/F_r > e$		$F_a/F_r \leqslant e$	
				X	Y	X	Y
深沟球轴承	60000	0.014	0.19	0.56	2.30	1	0
		0.028	0.22		1.99		
		0.056	0.26		1.71		
		0.084	0.28		1.55		
		0.11	0.30		1.45		
		0.17	0.34		1.31		
		0.28	0.38		1.15		
		0.42	0.42		1.04		
		0.56	0.44		1.00		
角接触球轴承	70000C ($\alpha=15°$)	0.015	0.38	0.44	1.47	1	0
		0.029	0.40		1.40		
		0.058	0.43		1.30		
		0.087	0.46		1.23		
		0.12	0.47		1.19		
		0.17	0.50		1.12		
		0.29	0.55		1.02		
		0.44	0.56		1.00		
		0.58	0.56		1.00		

续表 9－8

轴承类型		F_a/C_0	e	$F_a/F_r>e$		$F_a/F_r\leqslant e$	
				X	Y	X	Y
角接触球轴承	70000AC（$\alpha=25°$）	—	0.68	0.41	0.87	1	0
	70000B（$\alpha=40°$）	—	1.14	0.35	0.57	1	0
圆锥滚子轴承 30000		—	$1.5\tan\alpha$	0.4	$0.4\cot\alpha$	1	0
调心球轴承 10000		—	$1.5\tan\alpha$	0.65	$0.65\cot\alpha$	1	0

注：C_0 为轴承的额定静载荷。

【例9－3】一齿轮减速器从动轴转速 $n=500\text{r/min}$，采用深沟球轴承6307支撑，如图9－12所示。已知轴受到的载荷 $F_x=800\text{N}$，轴承所受径向载荷 $F_{r1}=3\,000\text{N}$、$F_{r2}=2\,000\text{N}$，减速器工作时载荷平稳，求该对轴承的寿命。

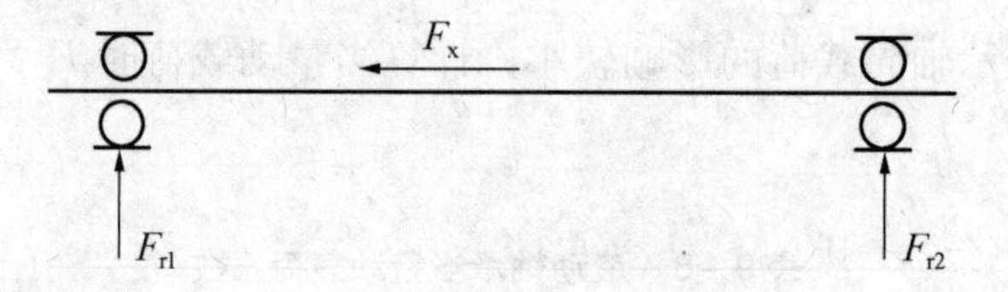

图9－12　例9－3图

解：(1)计算轴承的当量动载荷

轴上受到的轴向载荷为 $F_x=800$ N，假设全部由轴承1来承担，即轴承1的轴向载荷 $F_{a1}=800$ N，轴承2的轴向载荷 $F_{a2}=0$ N。另外，由于轴承1的径向力大于轴承2的径向力，由此，可以判断轴承1所受载荷比轴承2大，故只需对轴承1进行寿命计算。当然，也可以分别对轴承1和轴承2进行计算，本例就分别计算它们的当量动载荷。

查相关的机械设计手册可得6307轴承的额定静载荷 $C_0=19\,200$ N，额定动载荷 $C=33\,200$ N，则

$$\frac{F_{a1}}{C_0}=\frac{800}{19\,200}=0.042$$

查表9－8，判断系数 e 位于0.22～0.26之间，根据插值法，求得

$$e=0.22+(0.26-0.22)\times\frac{0.042-0.028}{0.056-0.028}=0.24$$

对于轴承1，由于$\frac{F_{a1}}{F_{r1}}=\frac{800}{3\,000}=0.27>0.24$，因此，根据表9－8，得

$$X_1=0.56,\ Y_1=1.99-(1.99-1.71)\times\frac{0.24-0.22}{0.26-0.22}=1.85$$

因此，当量动载荷

$$
\begin{aligned}
P_1 &= XF_{r1} + YF_{a1} = 0.56 \times 3\,000 + 1.85 \times 800 \\
&= 3\,160\ (\mathrm{N})
\end{aligned}
$$

对于轴承2，由于 $F_{a2}=0$，属于只承受纯径向载荷的情况，所以

$$P_2 = F_{r2} = 2\,000\ (\mathrm{N})$$

(2)计算轴承寿命

由于 $P_1 > P_2$，因此，只需对轴承1进行寿命计算即可。由表9－5查得 $f_t=1$；由表9－6查得 $f_F=1.2$。由寿命公式得：

$$
\begin{aligned}
L_h &= \frac{10^6}{60n}\left(\frac{f_t C}{f_F P_1}\right)^{\varepsilon} = \frac{10^6}{60 \times 500} \times \left(\frac{1 \times 33\,200}{1.2 \times 3\,160}\right)^3 \\
&= 22\,371\ (\mathrm{h})
\end{aligned}
$$

9.2.5 轴承的组合设计

为保证轴承在机器中能正常工作，除合理选择轴承类型、尺寸外，还应正确进行轴承的组合设计，处理好轴承与其周围零件之间的关系，包括轴承的轴向固定、轴承与其他零件的配合、间隙调整、装拆和润滑密封等。

1. 轴承的固定

常见的轴承固定分为内圈紧固和外圈紧固的方法。

图9－13为常见的轴承内圈紧固方法。图9－13a为弹性挡圈和轴肩固定，即轴承内圈的左边用弹性挡圈固定，右边用轴肩固定，保证轴承左右不能移动。图9－13b为轴端挡圈和轴肩固定，即轴承内圈的左边用轴端挡圈固定，右边用轴肩固定。图9－13c为圆螺母和轴肩固定。

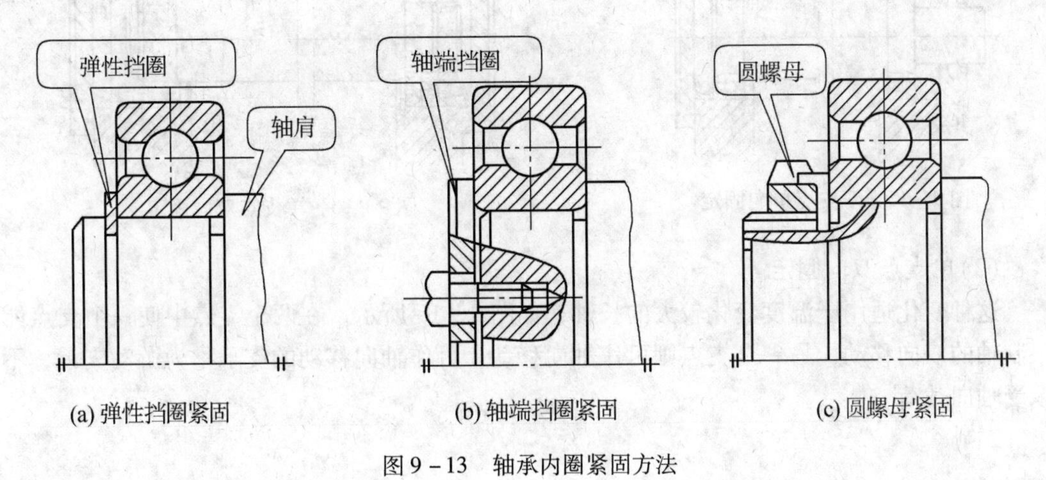

图9－13　轴承内圈紧固方法

图 9－14 为常见的轴承外圈紧固方法，图 9－14a 为轴承端盖固定，这种固定方法是指一端的外圈用轴承端盖固定，另外一边的内圈用轴肩固定。固定可靠，调整方便，应用最为广泛。图 9－14b 为弹性挡圈和轴肩固定。

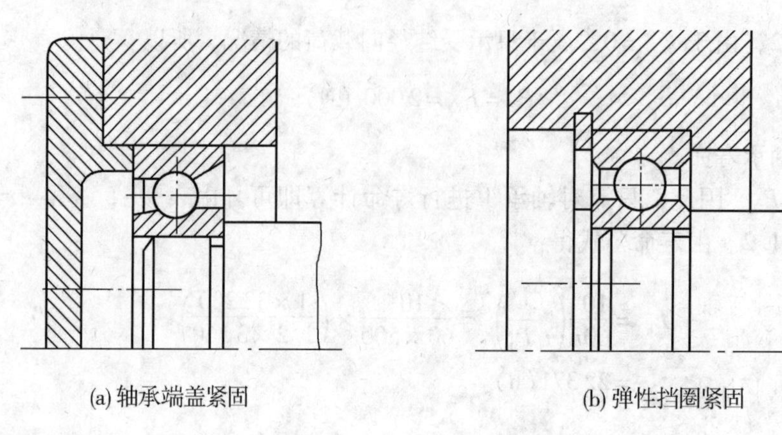

(a) 轴承端盖紧固　　(b) 弹性挡圈紧固

图 9－14　轴承外圈紧固方法

2．轴承的支承形式

为了使轴承、轴和轴上零件的定位可靠，承受一定轴向载荷并防止轴受热伸长出现卡死的现象，必须正确设计轴承的支承结构。常见的轴承支承结构主要有以下两种。

(1) 双支点单向固定

如图 9－15 所示，使轴的两个支点中每一个支点都能限制轴的单向移动，两个支点合起来就限制了轴的双向移动。它适用于工作温度变化不大的短轴。考虑到轴因受热而伸长，在轴承盖与外圈端面之间应留出热补偿间隙。

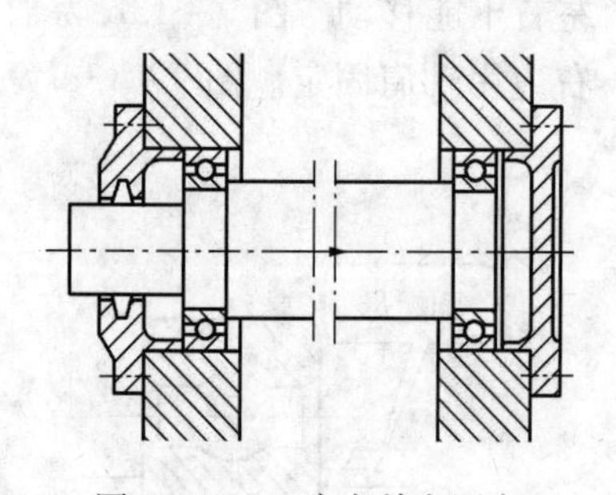

图 9－15　双支点单向固定

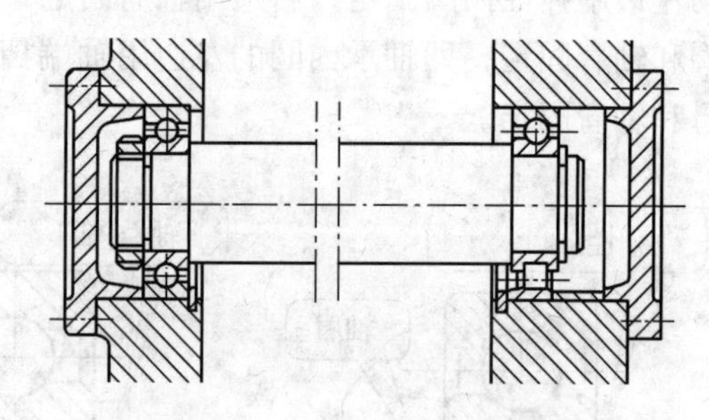

图 9－16　单支点双向固定

(2) 单支点双向固定

这种变化适用于温度变化较大的长轴，如图 9－16 所示，在两个支点中使一个支点能限制轴的双向移动，另一个支点则可作轴向移动。可作轴向移动的支承称为游动支承，不承受轴向载荷。

9.2.6 滚动轴承的装拆

在装拆滚动轴承时，不正确的安装和拆卸会降低轴承的寿命。轴承内圈与轴颈的配合通常较紧，安装时可用压力机配专用压套在内圈上施加压力，将轴承压到轴颈上，如图9－17a所示。也可在内圈上加套后用锤子均匀地敲击装入轴颈，但不可直接敲击外圈，以防损坏轴承。

当轴承外圈与轴承座为紧配合时，安装时，必须在外圈上施加压力，不可直接敲击内圈，如图9－17b所示。

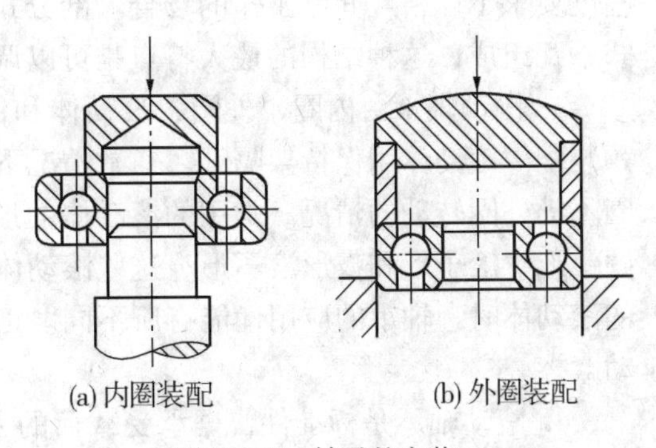

图9－17 轴承的安装

对于配合较松的小型轴承，可用手锤和铜棒从背面沿轴承内圈四周将轴承轻轻敲出。当轴承与轴配合较紧时，一般用压力法拆卸轴承，使用较多的是拉杆拆卸器，如图9－18所示，它是靠两个或三个钩爪钩住轴承内圈而拆下轴承的，为此，要保证钩爪能够钩住内圈，应在内圈上留出足够的高度。

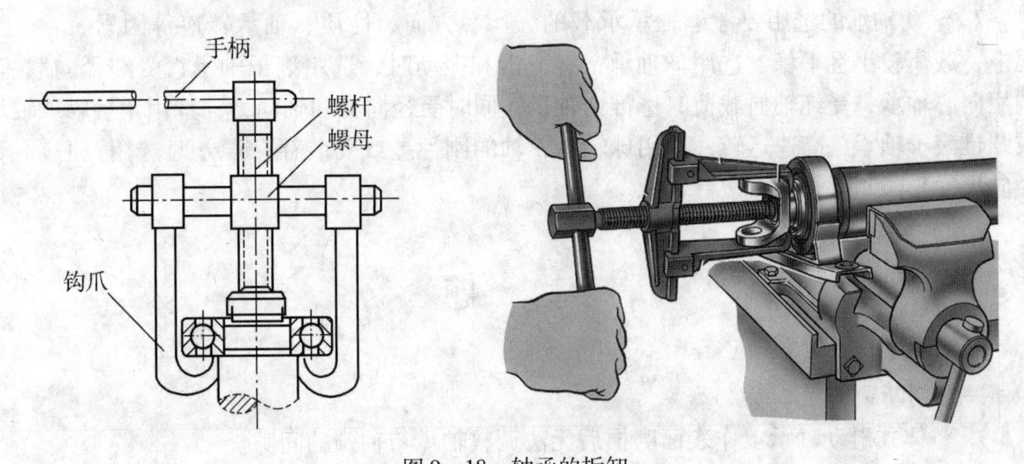

图9－18 轴承的拆卸

本章学习要点

1. 轴承是支承轴的重要零件。根据轴承工作面之间的摩擦形式一般可以分为滑动轴承和滚动轴承。滑动轴承与轴颈组成转动副。滚动轴承中的滚动体与滚道构成高副。一般情况下结构尺寸相近的滑动轴承比滚动轴承承载能力更大，运动更平稳，而滚动轴承比滑动轴承运动更加灵敏，润滑更为方便，而噪声较大。

2. 滑动轴承根据其承载方向可以分为向心滑动轴承和推力滑动轴承。前者主要承受径向力而后者主要承受轴向力。最常用的向心轴承分为整体式和剖分式两大类。整体式滑动轴承结构简单，制造方便，但是轴和轴瓦间的间隙不可调整，常用于轻载、低速等传动精度要求不严格或间歇工作的场合。剖分式滑动轴承由轴承座、轴承盖、联接螺栓和对开式轴瓦组成，这种结构的最大特点是可以调节轴和轴之间的磨损间隙，且装拆方便。

3. 滚动轴承由内圈、外圈、滚动体和保持架组成，外圈装在轴承座孔内，内圈与轴颈装配。滚动体用保持架隔开。通常情况下，内圈随轴颈一起转动，外圈固定。但也有内圈不动外圈转动的情况。常用的滚动体的形状有球形、短圆柱形、螺旋滚子形、滚针形、圆锥形、滚子形和鼓形滚子形，这些滚动体可归纳为两大类：球体和滚子。采用不同形状的滚动体时，轴承的应用性能有所不同。工作时滚动体在内、外圈的弯道上滚动，形成滚动摩擦。

4. 滚动轴承是标准件，据承受载荷的方向可分为向心轴承、推力轴承和向心推力轴承三大类。向心轴承主要承受径向力；推力轴承主要承受轴向力；向心推力轴承既可承受轴向力也可承受径向力。

5. 滚动轴承的类型很多，而各类轴承又有不同的尺寸、结构、精度等，为了便于生产和选用，国家标准规定了轴承代号的表示方法。

6. 轴承代号可以分为前置代号、基本代号和后置代号三部分。其中基本代号表示轴承类型、内径、宽度和外径等重要参数。

7. 滚动轴承的选用要考虑轴承承载的大小、方向、性质、轴承转速等因素。一般情况下，载荷较小且平稳，选用球轴承；有冲击和振动时，选用滚子轴承；受纯径向载荷，选用向心轴承；受纯轴向载荷时选推力轴承；同时受径向力和轴向力，选用角接触球轴承或圆锥滚子轴承；高速运转，选用球轴承；轴的刚性差或安装存在误差时选用调心轴承；径向尺寸受限制时，选用滚针轴承。

习　题

一、判断题

1. 整体式滑动轴承工作表面磨损后无法调整轴承与轴颈的间隙。（　）
2. 推力轴承主要承受径向载荷。（　）
3. 一般中、小型电动机，可选用深沟球轴承。（　）
4. 一批在同样载荷和同样工作条件下运转的同型号滚动轴承，其寿命相同。（　）
5. 滚动轴承直径系列代号表示轴承内径相同而外径尺寸不同。（　）
6. 滚动轴承的基本额定动载荷是指轴承的基本额定寿命为一百万转时所能承受的最大载荷。（　）
7. 与滚动轴承相比，滑动轴承承载能力高，抗震性好，噪声低。（　）
8. 滑动轴承工作面是滑动摩擦，因此与滚动轴承相比，滑动轴承只能用于低速运转。（　）
9. 推力滑动轴承能承受径向载荷。（　）

二、选择题

1. 深沟球轴承，内径 $d=80$mm 的轴承代号是____。

A. 6316　　B. 7308　　C. 6315　　D. 71316

2. 尺寸相同的情况下，____所能承受的轴向载荷最大。

A. 深沟球轴承　　B. 角接触轴承　　C. 调心球轴承

3. 在正常条件下，滚动轴承的主要失效形式是____。

A. 工作表面疲劳点蚀　　B. 滚动体碎裂　　C. 滚道磨损

4. 滚动轴承的直径系列，表达了不同直径系列的轴承，区别在于____。

A. 外径相同而内径不同　　B. 内径相同而外径不同

C. 内外径均相同，滚动体大小不同

5. 只能承受径向力的轴承是____。

A. 深沟球轴承　　B. 圆柱滚子轴承　　C. 推力球轴承

6. 不能同时承受径向力和轴向力的轴承是____。

A. 深沟球轴承　　B. 圆锥滚子轴承　　C. 圆柱滚子轴承

7. 必须成对使用的轴承是____。

A. 深沟球轴承　　B. 圆锥滚子轴承　　C. 圆柱滚子轴承

三、解释下列轴承或螺纹代号的含义

7205C　　3123　　30306 / P5　　N409 / P6　　6212

四、计算题

1. 7210 C 轴承的基本额定动载荷 $C=32\,800$ N。

(1) 当量动载荷 $P=5\,200$N、工作转速 $n=720$r/min 时，试计算轴承寿命 L_h。

(2) $P=5\,000$N，若要求 $L_h=15\,000$ h，允许最高转速是多少？

(3) 工作转速 $n=720$ r/min，要求 $L_h=20\,000$h，求允许的当量动载荷 P 为多少。

2. 如图 9－19 所示，一轴采用深沟球轴承支撑，已知轴承内径为 45mm，转速 $n=400$r/min，轴承所受径向载荷 $F_{r1}=2\,500$N、$F_{r2}=4\,000$N，减速器工作时载荷平稳，工作温度小于 100℃，预计轴承寿命为 10 000h。选择该对轴承的型号。

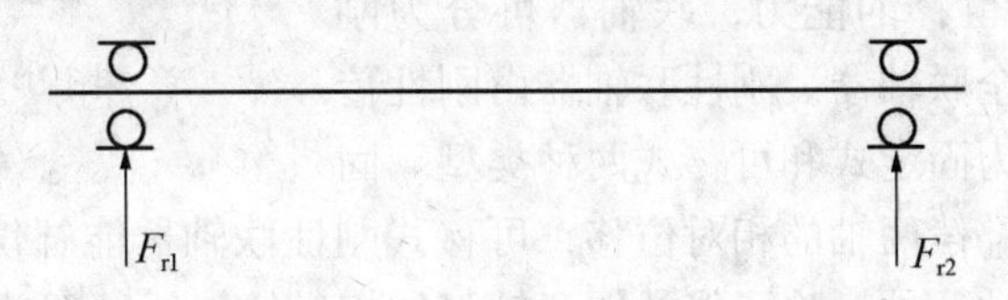

图 9－19　题四－2 图

第十章　联轴器、离合器和制动器

联轴器和离合器是常用的部件，其主要功用是用来连接不同机构中的两根轴，使它们一起回转并传递转矩，有时也用于传动系统中的安全装置。联轴器只能在两机器停止运转之后才能将两轴接合或分离。用离合器连接的两根轴，在运转过程中能随时分离或接合。制动器能降低机器的运转速度或使其停止运转。联轴器、离合器及制动器大多数已经标准化或系列化。本节介绍有代表性的几种类型。

10.1　联轴器

10.1.1　联轴器的功用

联轴器主要用在轴与轴之间的联接中，使两轴可以同时转动，以传递运动和转矩，如图10－1 所示。

由于制造、安装误差或工作时零件的变形等原因，一般无法保证被联接的两轴精确同心，通常会出现两轴间的轴向位移 x(见图 10－2a)、径向位移 y(见图 10－2b)、角位移 α(见图 10－2c)或这些位移组合的综合位移(见图 10－2d)。如果联轴器不具有补偿这些相对位移的能力，就会产生附加动载荷，甚至引起强烈振动。

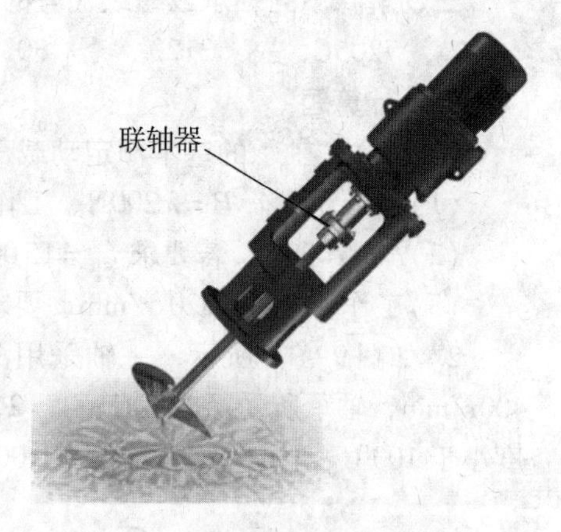

图 10－1　联轴器

根据联轴器补偿位移的能力，联轴器可分为刚性、弹性联轴器和安全联轴器。刚性联轴器由刚性传力件组成，它又可分为固定式和可移式两种类型。固定式刚性联轴器不能补偿两轴的相对位移，可移式刚性联轴器能补偿两轴间的相对位移。弹性联轴器包含有弹性元件，除了能补偿两轴间的相对位移外，还具有吸收振动和缓和冲击的能力。

联轴器主要用在轴与轴之间的联接中，使两轴可以同时转动，以传递运动和转矩。用联轴器联接的两根轴，只有在机器停车后，经过拆卸才能把它们分离。

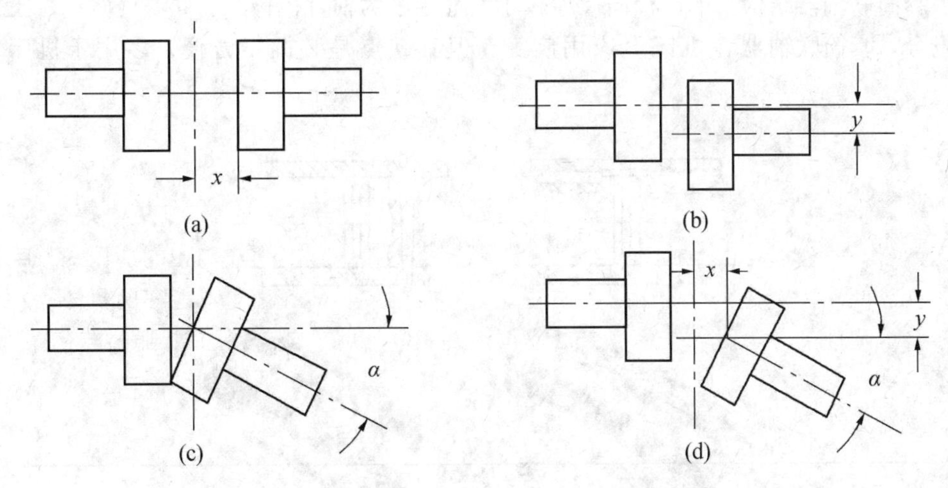

图 10－2 两轴间的各种相对位移

10.1.2 联轴器的分类

1. 刚性联轴器

刚性联轴器不具有补偿被连两轴轴线相对偏移的能力，也不具有缓冲减振性能。但结构简单，价格便宜。只有在载荷平稳、转速稳定，能保证被连两轴轴线相对偏移极小的情况下，才可选用刚性联轴器。刚性联轴器的类型较多，这里只介绍常见的凸缘联轴器和套筒联轴器两种。

(1)凸缘联轴器

凸缘联轴器是应用最广泛的一种刚性联轴器。凸缘联轴器(见图 10－3)由两个带凸缘的半联轴器分别和两轴连在一起，再用螺栓把两个半联轴器连成一体而成。凸缘联轴器结构简单，成本低，可传递较大转矩，常用于对中精度较高、载荷平稳的两轴连接。

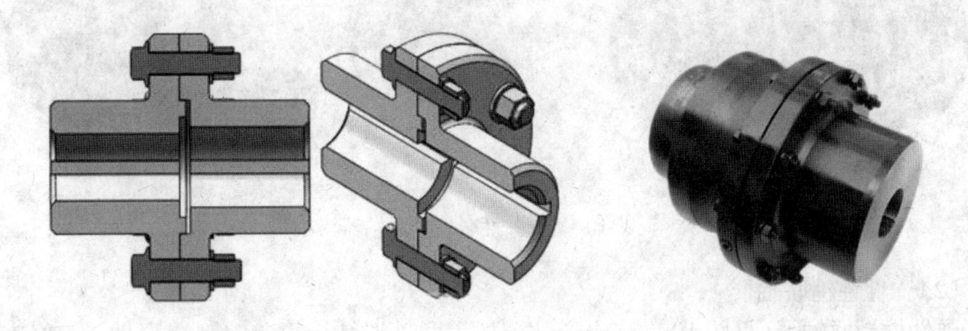
图 10－3 凸缘联轴器

(2)套筒联轴器

套筒联轴器(见图 10－4)用连接零件如键或销将两轴轴端的套筒和两轴连接起来传递

转矩。套筒联轴器结构简单，径向尺寸较小，适用于两轴直径较小、同心度较高、工作平稳的场合。套筒联轴器在机床上应用广泛，但其缺点是装拆不方便，多用于机床、仪器中。

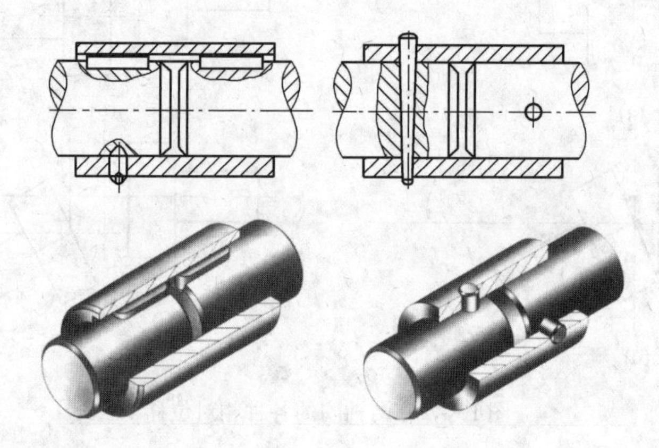

图 10－4　套筒联轴器

2. 弹性联轴器

弹性联轴器包含有弹性元件，除了能补偿两轴间的相对位移外，还具有吸收振动和缓和冲击的能力。常见的有弹性套柱销联轴器、弹性柱销联轴器。

（1）弹性套柱销联轴器

弹性套柱销联轴器(见图 10－5)在结构上和凸缘联轴器很相似，只是用套有橡胶弹性套的柱销代替了连接螺栓。这种联轴器容易制造，装拆方便，成本较低，适宜于连接载荷较平稳，需正、反转或起动频繁的传递中、小转矩的轴。多用在电动机的输出轴的连接上。

图 10－5　弹性套柱销联轴器

(2)弹性柱销联轴器

弹性柱销联轴器(见图 10－6)比弹性套柱销联轴器结构简单，制造容易，维修方便。弹性柱销用尼龙材料制成，有一定弹性且耐磨性更好，它适用于轴向窜动量较大，正、反转启动频繁的传动，但因为尼龙对温度敏感，所以要限制使用温度。

这两种联轴器能补偿大的轴向位移。依靠弹性柱销的变形，允许有微量的径向位移和角位移。但若径向位移或角位移较大时，将会引起弹性柱销的迅速磨损，因此采用这两种

图 10-6　弹性柱销联轴器

联轴器时，仍须较仔细地进行安装。

10.2　离合器

使旋转中的两轴可以迅速地接合或分离的传动装置称离合器。使用离合器是为了按需要随时分离和接合机器的两轴，如汽车临时停车时不必熄火，只要操纵离合器使变速箱的输入轴与汽车发动机输出轴分离就可以实现停车，如图 10-7 所示。离合器要求工作可靠，接合与分离迅速平稳，动作准确，操作方便、省力，维修方便，结构简单等。常用的离合器有牙嵌式离合器、摩擦离合器两种。

图 10-7　离合器的应用

1. 牙嵌式离合器

牙嵌式离合器(见图 10-8)由端面带牙的两半离合器所组成，一个用平键和主动轴连接，另一个用导向平键或花键与从动轴相连接，并通过操纵系统拨动滑环，使其轴向移动，从而使离合器分离或结合。为了保证两轴线的对中，在与主动轴连接的半离合器中固定有中环。离合器的牙型有矩形、梯形、锯齿形等。牙嵌离合器结构简单，外廓尺寸小，联接后两轴不会发生相对滑转。

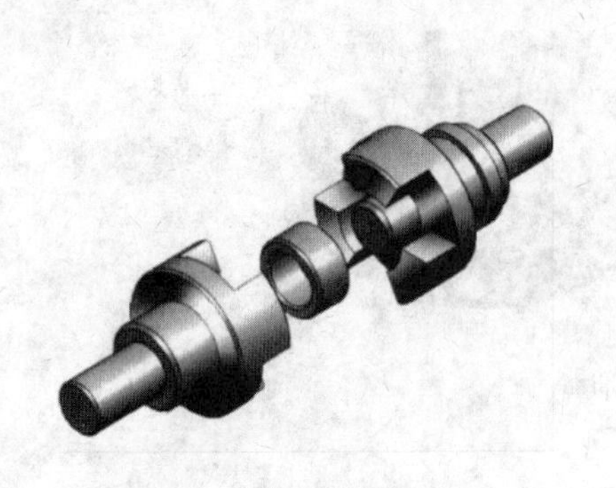

图 10－8　牙嵌离合器

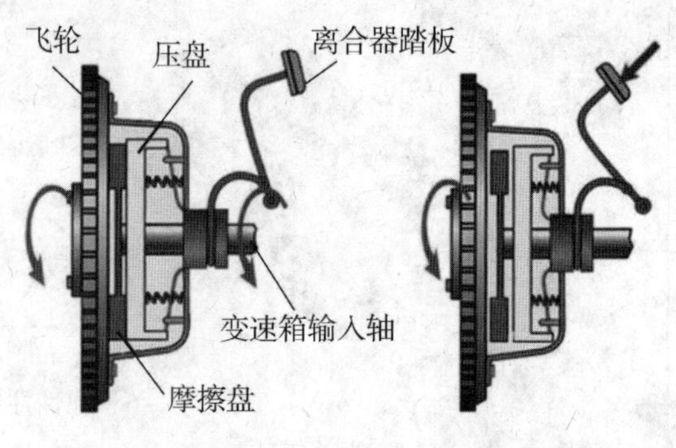

(a) 踩离合器前　　(b) 踩离合器后

图 10－9　圆盘摩擦离合器

2. 摩擦离合器

常见的摩擦离合器分为圆盘摩擦离合器和锥面摩擦离合器。

(1) 圆盘摩擦离合器

摩擦离合器是靠工作面上所产生的摩擦力矩来传递转矩的，圆盘摩擦离合器如图 10－9 所示。踩下离合器前，在压盘的作用力下，摩擦盘与飞轮一起转动，传递动力。踩下离合器后，在分离器的作用下，压盘向右移动，摩擦盘与飞轮分离，中断动力传递。

(2) 锥面摩擦离合器

锥面摩擦离合器是由具有内、外锥面的两个半离合器组成，如图 10－10 所示。锥面摩擦离合器是以圆锥代替圆盘，两个锥面通过摩擦来传递扭矩。由于楔作用和作用面积增大的原因，圆锥离合器传递的扭矩比圆盘离合器更大。其锥角 α 越小，同样的轴向载荷下摩擦力就越大，所能传递扭矩也就越大。

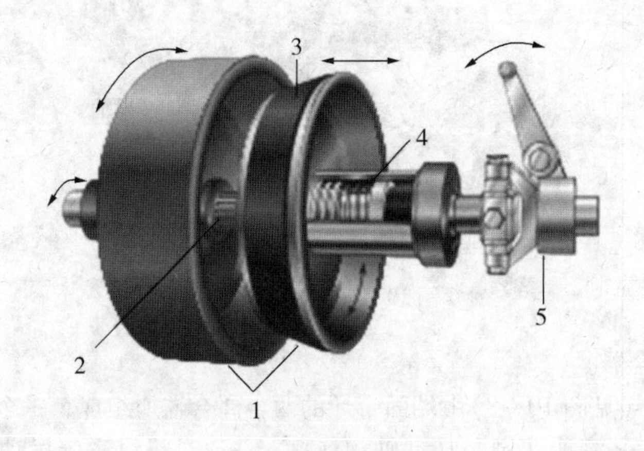

图 10－10　锥面摩擦离合器

1—锥：锥孔和锥塞；2—转动轴；3—摩擦环；4—弹簧；5—离合器控制杆

与牙嵌式离合器相比，摩擦离合器具有以下特点：

① 任何转速条件下两轴都可以进行接合；

② 过载时摩擦面将发生打滑，因此可防止损坏其他零件，起保护作用；

③ 接合平稳，冲击和振动小。

摩擦离合器广泛应用在汽车、机床等机械设备中。

10.3 制动器

制动器是利用摩擦力来降低运动物体的速度或迫使其停止运动的装置。大多数的制动器采用的是摩擦制动方式。它广泛应用在机械设备的减速、停止和位置控制的过程中。制动器必须能产生足够的制动力矩，制动器件应具有足够的强度和刚度，制动带、鼓应具有较高的耐磨性和耐热性。制动器结构应简单、紧凑，便于调整和维修。制动器可分为带式制动器、鼓式制动器、盘式制动器等。

1. 带式制动器

带式制动器主要用挠性钢带包围制动轮制作而成，由制动轮、制动带和杠杆三部分组成。如图 10－11 所示，制动带包在制动轮上，当向下拉动杠杆时，制动带与制动轮之间产生摩擦力，从而实现合闸制动。制动带是钢带内表面镶嵌一层石棉制品与制动轮接触，以增加摩擦力。带式制动器结构简单，它由于包角大而制动力矩大，应用广泛。其缺点是制动带磨损不均匀，容易断裂，且对轴的作用力大。

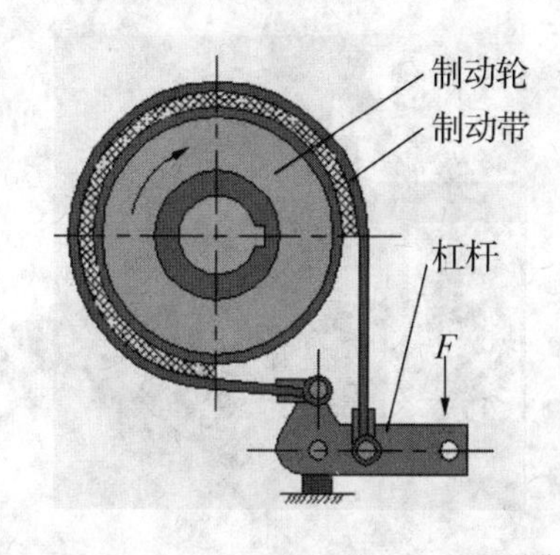

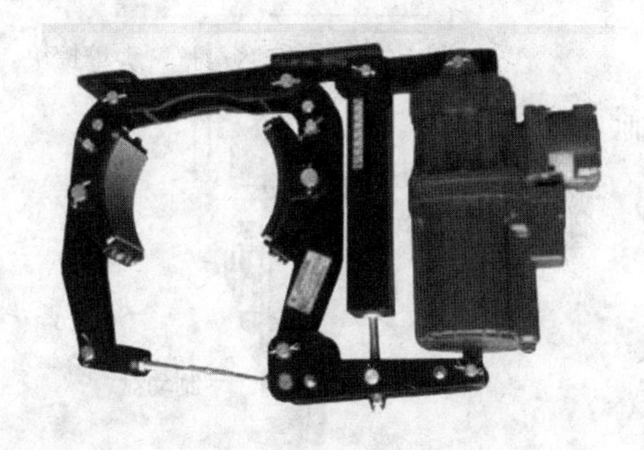

图 10－11　带式制动器

2. 鼓式制动器

鼓式制动器是靠制动块(刹车蹄)在制动轮上压紧来实现刹车的。鼓式制动是早期设计的制动系统，其刹车鼓的设计 1902 年就已经使用在马车上了，直到 1920 年左右才开始在汽车工业上广泛应用。现在鼓式制动器的主流是内张式，它的制动块(刹车蹄)位于制动轮内侧，在刹车的时候制动块向外张开，摩擦制动轮的内侧达到刹车的目的。近三十年中，鼓式制动器在轿车领域已经逐步退出让位给盘式制动器。但由于成本比较低，仍然在一些经济类轿车中使用，主要用于制动负荷比较小的后轮和驻车制动，如图 10－12 所示为内张鼓式制动器。

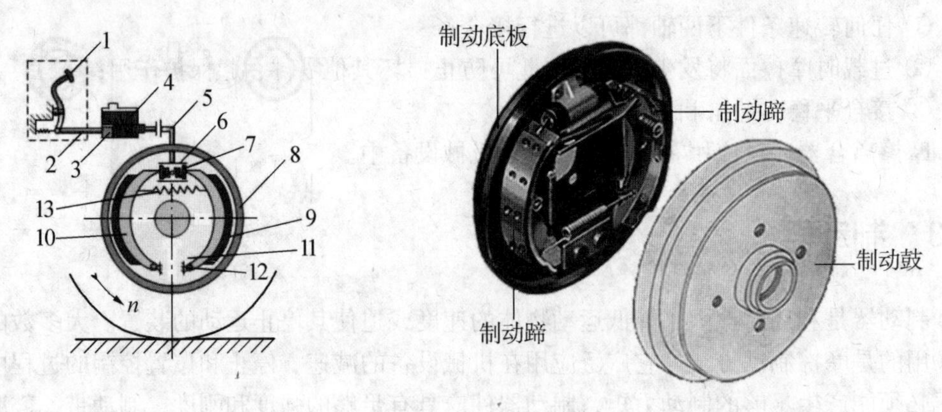

图 10－12　鼓式制动器

1—制动踏板；2—推杆；3—主缸活塞；4—制动主缸；5—油管；6—制动轮缸；7—轮缸活塞；8—制动鼓；9—摩擦片；10—制动蹄；11—制动底板；12—支承销；13—制动蹄回位弹簧

3. 盘式制动器

盘式制动器又称为碟式制动器，顾名思义是取其形状而得名。盘式制动器广泛应用于现代汽车的制动系统中。它由液压控制，主要零部件有制动盘、分泵、制动钳、油管等。制动盘用合金钢制造并固定在车轮上，随车轮转动。如图 10－13 所示为盘式制动器的工作原理。

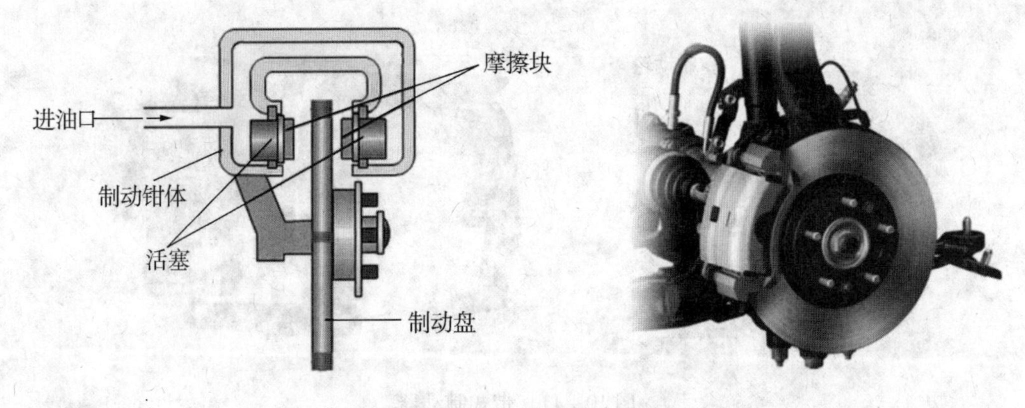

图 10－13　盘式制动器

本章学习要点

1. 联轴器与离合器都是用来联接两轴使其一同旋转并传递扭矩的装置，但两者又有区别：联轴器只在停机状态下才能拆卸，使两轴分离；而离合器可在机器正常运转的情况下，很方便地实现两轴的接合与分离。联轴器分为刚性联轴器和弹性联轴器。

2. 制动器是用来强制机器迅速停止运转或降低机器运转速度的机械装置。

习 题

一、填空题

1. 联轴器和离合器的功用是用来联接__________________使之一起转动，并传递______________。
2. 常用联轴器有______________、_________________等形式。
3. 常用离合器有________________、_________________等形式。
4. 按结构不同，常用制动器有____________、____________、______________等。

二、判断题

1. 联轴器和离合器的主要区别是：联轴器靠啮合传动，离合器靠摩擦传动。（ ）
2. 套筒联轴器主要适用于径向安装尺寸受限并要求严格对中的场合。（ ）
3. 若两轴刚性较好，且安装时能精确对中，可选用刚性凸缘联轴器。（ ）
4. 工作中有冲击、振动，两轴不能严格对中时，宜选用弹性联轴器。（ ）
5. 弹性柱销联轴器允许两轴有较大的角度位移。（ ）
6. 要求某机器的两轴在任何转速下都能接合和分离，应选用联轴器。（ ）
7. 小汽车上用制动器常采用内涨蹄式制动器。（ ）
8. 制动器是靠摩擦来制动运动的装置。（ ）

三、选择题

1. 在内燃机起动装置中常应用____。
   A. 摩擦离合器　B. 牙嵌式离合器　C. 多片式离合器
2. 牙嵌式离合器适合于____场合的接合。
   A. 只能在很低转速或停车时接合　B. 任何转速下都能接合
   C. 高速转动时接合
3. 刚性联轴器和弹性联轴器的主要区别是____。
   A. 弹性联轴器内有弹性元件，而刚性联轴器内则没有
   B. 弹性联轴器能补偿两轴较大的偏移，而刚性联轴器不能补偿
   C. 弹性联轴器过载时打滑，而刚性联轴器不能
4. 载荷变化不大，转速较低，两轴较难对中，宜选用____。
   A. 刚性固定式联轴器　B. 刚性可移式联轴器　C. 弹性联轴器
5. 载荷具有冲击、振动，且轴的转速较高、刚性较小时，一般选用____。
   A. 刚性固定式联轴器　B. 刚性可移式联轴器　C. 弹性联轴器
6. 对低速、刚性大、对中性好的短轴，一般选用____。
   A. 刚性固定式联轴器　B. 刚性可移式联轴器　C. 弹性联轴器
7. 生产实践中，一般电动机与减速器的高速级的连接常选用____类型的联轴器。
   A. 凸缘联轴器　B. 十字滑块联轴器　C. 弹性套柱销联轴器

8. 制动器的功用是____。
   A. 将轴与轴连成一体使其一起运转
   B. 用来降低机械运动速度或使机械停止运转
   C. 用来实现过载保护

四、问答题

1. 联轴器和离合器有何相同与不同之处？
2. 制动器的功用是什么？常用的制动器有哪几种？

各章习题参考答案

第一章　绪论

一、填空题

1. 机器　机构
2. 原动部分　传动部分　执行部分和辅助部分
3. 运动单元　制造单元
4. 构件　制造单元
5. 零件　构件

二、判断题

题号	1	2	3	4	5	6	7	8	9	10	11
答案	×	×	×	√	√	√	√	×	√	√	√

三、选择题

题号	1	2	3	4	5	6	7	8
答案	A	B	A	C	B、A	B	C	B

第二章　平面机构及其自由度

一、填空题

1. 点　线　面
2. 移动
3. 小于　等于　机架　曲柄
4. 摇杆

二、判断题

题号	1	2	3	4	5	6	7	8	9	10
答案	√	×	×	√	×	×	√	×	×	√
题号	11	12	13	14	15	16	17	18	19	20
答案	×	√	×	√	×	√	√	√	√	×

三、选择题

题号	1	2	3	4	5	6	7	8	9	10
答案	A	B	A	C	B	C	A	C	B	B
题号	11	12	13	14	15	16	17	18	19	20
答案	A	C	B	A	C	B	B	A	B	C

第三章　其他常用机构

一、判断题

题号	1	2	3	4	5	6	7	8
答案	×	√	×	√	×	×	×	×
题号	9	10	11	12	13	14	15	16
答案	×	√	√	×	×	√	√	√

二、选择题

题号	1	2	3	4	5	6	7	8	9	10	11	12	13
答案	A	C	A	C	C	C	A	C	A	B	B	B	A

第四章　齿轮传动

一、填空题

1. 2.5　50
2. 传动比稳定
3. 基
4. 两个啮合齿轮的模数和压力角分别相等，即 $m_1 = m_2$，$\alpha_1 = \alpha_2$。
5. 两个啮合齿轮的模数和压力角分别相等，而且旋向相反。
6. 齿条
7. 仿形法（成形法）　范成法
8. 大于　大

二、判断题

题号	1	2	3	4	5	6	7	8	9	10	11	12
答案	√	×	√	√	×	√	×	√	√	√	√	√

三、选择题

题号	1	2	3	4	5	6	7	8	9	10	11	12	13
答案	D	A	A	C	A	A	A	C	A	B	A	C	B

第五章　其他齿轮传动及轮系

一、判断题

题号	1	2	3	4	5	6	7
答案	×	√	×	√	×	×	√

二、选择题

题号	1	2	3	4	5	6	7
答案	B	B	A	A	A	B	B

第六章　带传动和链传动

一、填空题

1. 不能
2. 摩擦力
3. V(梯)　两个侧面
4. 小
5. 啮合
6. 2　500 r/min
7. 小

二、判断题

题号	1	2	3	4	5	6	7	8
答案	√	×	×	×	√	×	√	√
题号	9	10	11	12	13	14	15	16
答案	×	√	√	×	√	√	√	√

三、选择题

题号	1	2	3	4	5	6	7
答案	A	A	C	C	B	B	C
题号	8	9	10	11	12	13	14
答案	C	B	C	B	B	C	C

第七章 联接

一、判断题

题号	1	2	3	4	5	6	7	8
答案	√	×	√	√	×	√	√	×
题号	9	10	11	12	13	14	15	16
答案	√	×	×	×	√	√	√	√

二、选择题

题号	1	2	3	4	5	6	7	8
答案	C	A	B	C	A	C	B	A
题号	9	10	11	12	13	14	15	16
答案	A	B	C	B	B	C	A	C

第八章 轴及其结构

一、判断题

题号	1	2	3	4	5	6	7	8	9	10	11
答案	√	√	√	√	√	×	×	√	√	×	√

二、选择题

题号	1	2	3	4	5	6	7	8
答案	B	C	A	A	C	A	B	B

第九章 轴承

一、判断题

题号	1	2	3	4	5	6	7	8	9
答案	√	×	√	×	√	√	√	×	×

二、选择题

题号	1	2	3	4	5	6	7
答案	A	B	A	B	B	C	B

第十章　联轴器、离合器和制动器

一、填空题

1. 不同机构中的两根轴　转矩(扭矩)
2. 刚性联轴器　弹性联轴器
3. 牙嵌离合器　摩擦离合器
4. 带式制动器　鼓式制动器　盘式制动器

二、判断题

题号	1	2	3	4	5	6	7	8
答案	×	√	√	√	√	×	×	√

三、选择题

题号	1	2	3	4	5	6	7	8
答案	C	A	B	B	C	A	A	B

附录　模拟试题

模拟试题(一)

一、填空题(每空1分，共18分)

1. 一般将运动副分为________和________两类。

2. 滚动轴承由________、________、________和________四个部分组成。

3. 键联接的主要功能是使轴上零件与轴实行________固定，而轴肩、轴环、轴套等使轴上零件与轴实行________固定。

4. 制动器的功能是________转动件的转速。

5. 带传动是利用________作为中间挠性件，依靠传动带与带轮之间的________传递运动和动力的。

6. 模数是齿轮的重要参数，模数越大，则齿形和强度也越________。

7. 机器一般由________、________、________、自动控制部分组成。

8. 电影放映机上的卷片机构是一种________机构在实际中的应用。

9. 螺纹联接常用的防松办法有________和________等。

二、单向选择题(每题1分，共18分)

1. 用范成法加工标准齿轮时，为了不产生根切现象，规定最小齿数不少于________。

A. 14齿　　B. 15齿　　C. 16齿　　D. 17齿

2. 能保持精确传动比的传动是________。

A. 平带传动　　B. V带传动　　C. 链传动　　D. 齿轮传动

3. 内燃机的气阀机构是一种________。

A. 棘轮机构　　B. 凸轮机构　　C. 变速机构　　D. 双摇杆机构

4. 普通螺纹的牙型角是________。

A. 30°　　B. 55°　　C. 60°　　D. 45°

5. 不能把回转运动变成直线运动的是________。

A. 螺旋传动机构　　B. 凸轮机构　　C. 曲柄滑块机构　　D. 变向机构

6. 两轴平行，传动平稳，存在一定轴向力的传动是________。

A. 直齿圆柱齿轮传动　　B. 齿轮齿条传动

C. 圆锥齿轮传动　　D. 斜齿轮传动

7. 平面四杆机构的联接副是________。

A. 转动副　　B. 移动副　　C. 螺旋副　　D. 高副

8. 当急回特性系数为________时，曲柄摇杆机构才有急回运动。

A. $K<1$　　B. $K=1$　　C. $K>1$

9. 平面四杆机构中，如果最短杆与最长杆的长度之和小于其余两杆的长度之和，最短杆为机架，这个机构叫作________。

A. 曲柄摇杆机构　　B. 双曲柄机构　　C. 双摇杆机构

10. 渐开线上任意一点法线必________基圆。

A. 交于　　B. 垂直于　　C. 切于

11. 一对渐开线直齿圆柱齿轮正确啮合的条件是________。

A. 必须使两轮的模数和齿数分别相等

B. 必须使两轮模数和压力角分别相等

C. 必须使两轮的齿厚和齿槽宽分别相等

12. 链传动作用在轴和轴承上的载荷比带传动的要小，这主要是因为________。

A. 链传动只用来传递较小功率

B. 链速较高，在传递相同功率时，圆周力小

C. 链传动是啮合传动，无需大的张紧力

13. 用于连接的螺纹牙型为三角形，这是因为三角形螺纹________。

A. 牙根强度高，自锁性能好

B. 传动效率高

C. 防震性能好

14. 角接触球轴承承受轴向载荷的能力，随接触角 α 的增大而________。

A. 增大　　B. 减小　　C. 不变

15. 联轴器与离合器的主要作用是________。

A. 缓冲，减振

B. 传递运动和转矩

C. 补偿两轴的不同心或热膨胀

16. 凸轮运动按下列哪种运动规律时，会产生刚性冲击________。

A. 等速运动规律

B. 简谐运动规律

C. 等加速等减速运动规律

17. 欲保证一对圆柱齿轮连续运动，其重合度 ε 应满足的条件是________。

A. $\varepsilon=0$　　B. $\varepsilon\geqslant1$　　C. $0<\varepsilon<1$

18. 只能承受轴向载荷的轴承是________。

A. 推力球轴承　　B. 圆锥滚子轴承　　C. 深沟球轴承

三、判断题(每题1分，共10分)

1. 渐开线的形状取决于基圆的大小。（　）
2. 一对相互啮合的斜齿圆柱齿轮，其旋向相同。（　）
3. 平面四杆机构中，最短杆是曲柄。（　）
4. 键是标准零件。（　）
5. 机床上的丝杠及虎钳、螺旋千斤顶等螺纹都是三角形的。（　）

6. 用滚齿法加工标准齿轮时，为了不产生根切现象，规定最少齿数不少于17齿。（ ）

7. 结构简单、定位可靠的轴向固定方法有轴肩和轴环。（ ）

8. 刚度是指构件抵抗破坏的能力。（ ）

9. 心轴既能承受弯曲作用又能传递动力。（ ）

10. 与滚动轴承相比，滑动轴承负担冲击载荷的能力较差。（ ）

四、说明下列标注的含义（共10分）

1. 6212
2. 71308AC
3. 6203/P3
4. M10×1－5g6g－s
5. 键 10×100　GB/T 1096—2003

五、计算题（共44分）

1. 平面四杆机构曲柄存在的条件是什么？并判断附图1－1中各是什么机构。

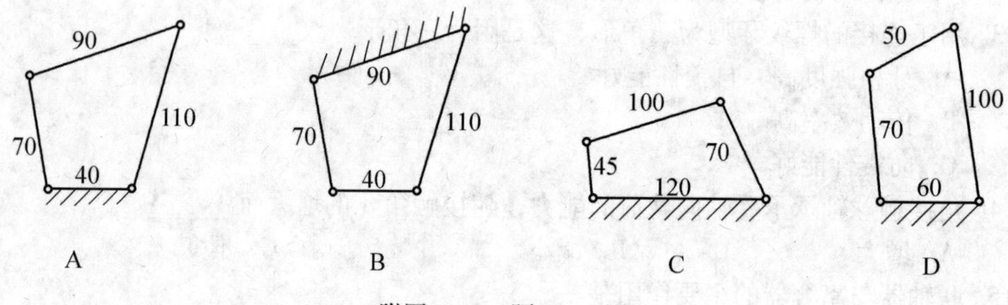

附图1－1　题五－1图

2. 已知一对标准直齿圆柱齿轮传动，其传动比 $i_{12}=2$，主动轮转速 $n_1=400$ r/min，中心距为 $a=168$ mm，模数 $m=4$ mm，求：

(1)传动轮转速 n_2；

(2)齿数 z_1，z_2；

(3)齿顶圆直径 d_a，齿根圆直径 d_f 及全齿高 h。

3. 一压力容器盖螺栓组连接如附图1－2所示，已知容器内径 $D=250$ mm，内装具有

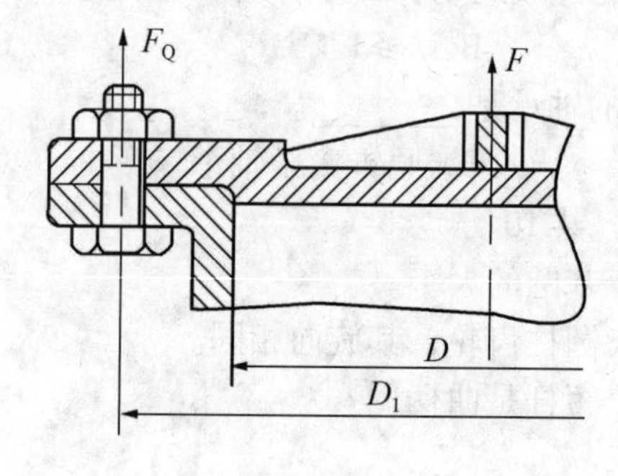

附图1－2　题五－3图

一定压强的液体，沿凸缘圆周均匀分布 12 个 M16（d_1 = 13.835 mm）的普通螺栓，螺栓材料的许用拉应力[σ] = 180 MPa。根据紧密性要求，残余预紧力 $F''=1.65F$，F 为螺栓的轴向工作载荷，F_Q 为总的工作拉力。试计算该螺栓组连接允许容器内的最大压强 p_{max}。

4. 如附图 1－3 所示，某轴由一对深沟球轴承支承，已知轴受径向力 F_r = 8 000 N，轴的转速 n = 450 r/min，轴承工作时载荷平稳，工作温度小于 120℃，预计轴承寿命为 12 000 h。如该轴承的内径为 45 mm，试选择该对轴承的型号。

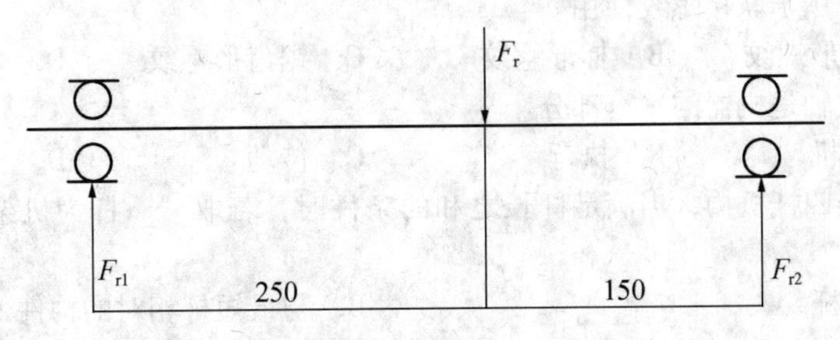

附图 1－3　题五－4 图

模拟试题(二)

一、选择题(每小题 1 分，共 15 分)

1. 下列属于机构的是____。

A. 机床　　B. 纺织机　　C. 千斤顶　　D. 拖拉机

2. 下列____用于联接螺纹使用。

A. 三角形螺纹　　B. 梯形螺纹　　C. 锯齿形螺纹　　D. 矩形螺纹

3. 车床的主轴是机器的____部分。

A. 原动机　　B. 执行　　C. 传动　　D. 自动控制

4. 对于铰链四杆机构，当满足杆长之和的条件时，若取____杆为机架，将得到曲柄摇杆机构。

A. 最短杆　　B. 与最短杆相对的构件

C. 最长杆　　D. 与最短杆相邻的构件

5. 普通平键联接的用途是使轴与轮毂之间____。

A. 沿轴向固定并传递轴向力　　B. 沿周向固定并传递转矩

C. 沿轴向可相对滑动起导向作用　　D. 既沿轴向固定又沿周向固定

6. 互换性的零件应是____。

A. 相同规格的零件　　B. 不同规格的零件　　C. 相互配合的零件

7. 能把转动运动转换成往复直线运动，也可以把往复直线运动转换成转动运动的机构有____。

A. 曲柄摇杆机构　　B. 双曲柄机构

C. 双摇杆机构　　D. 曲柄滑块机构

8. 齿面接触疲劳强度设计准则针对的齿轮失效形式是____。

A. 齿面点蚀　　B. 齿面胶合　　C. 齿面磨损　　D. 轮齿折断

9. 下列联轴器中，能补偿两轴的相对位移并可缓冲、吸振的是________。

A. 凸缘联轴器　　B. 齿式联轴器

C. 万向联轴器　　D. 弹性柱销联轴器

10. 普通平键的长度应____。

A . 稍长于轮毂的长度　　B. 略短于轮毂的长度

C. 是轮毂长度的三倍　　D. 是轮毂长度的二倍

11. 在一般机械传动中，若需要采用带传动时，应优先选用____ 。

A. 圆带传动　　B. 同步带传动

C. V 带传动　　D. 平带传动

12. 与标准直齿圆柱齿轮的复合齿轮形系数 Y_F 值有关的参数是____。

A. 工作齿宽 b　　B. 模数 m　　C. 齿数 z　　D. 压力角 α

13. 对于普通螺栓联接，在拧紧螺母时，螺栓所受的载荷是____。

A. 压力　　B. 扭矩　　C. 拉力　　D. 拉力和扭矩

14. 在曲柄摇杆机构中，为提高机构的传力性能，应该____。

A. 增大传动角　　　　B. 减小传动角
C. 增大压力角　　　　D. 减小极位夹角

15. 在一定转速下，要减轻链传动不均匀性和动载荷，应________。
A. 增大链节距和链轮齿数　　　　B. 减小链节距和链轮齿数
C. 增大链节距，减小链轮齿数　　　　D. 减小链节距，增大链轮齿数

二、判断题(每小题1分，共10分)

1. 构件是运动单元，零件是制造单元。(　　)
2. 链传动能保证较准确的平均传动比，传动功率较大。(　　)
3. 盘状凸轮一般用于从动件行程很大的场合。(　　)
4. 既传递转矩又承受弯矩的轴称之为传动轴。(　　)
5. 与滚动轴承相比，滑动轴承负担冲击载荷的能力较差。(　　)
6. 定轴轮系的传动比等于始末两端齿轮齿数之反比。(　　)
7. 滚动轴承的基本额定动载荷 C 值越大，则轴承的承载能力越高。(　　)
8. 楔键的顶面和底面是工作面。(　　)
9. 蜗杆传动一般用于传动大功率、大速比的场合。(　　)
10. 带传动的最大应力点发生在紧边绕上小带轮处。(　　)

三、分析与问答题(每小题4分，共20分)

1. 常用滚动轴承的类型有哪些？类型代号分别是多少？
2. 简述在什么情况下选用滑动轴承。
3. 简述带传动为什么带速 v 要控制在一定的范围内(在5～25m/s)。
4. 在两轴相互平行的情况下采用什么类型的齿轮传动？并叙述其优点。
5. 带传动中的打滑与弹性滑动有何区别？它们对传动有何影响？

四、计算题(共30分)

1. 指出附图2-1中运动机构的复合铰链、局部自由度和虚约束，计算这些机构自由度，并判断它们是否具有确定的运动(其中箭头所示的为原动件)。

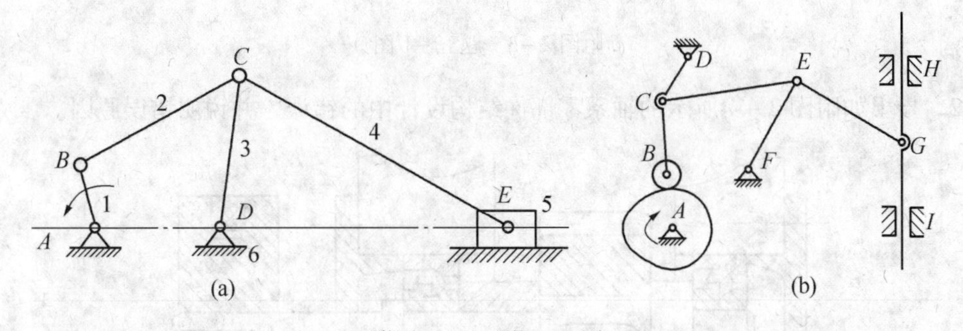

附图2-1　题四-1图

2. 已知某球轴承的预期寿命为 L'_h，当量动载荷为 P，基本额定动载荷为 C。
(1)若转速未变，当量动载荷由 P 变为 $2P$，其寿命为多少？
(2)若当量动载荷不变，而转速由 n 变为 $2n$，其寿命为多少？

3. 附图2-2的轮系中，已知1轮转向 n_1，各轮齿数为：$z_1=20$，$z_2=40$，$z_3=15$，

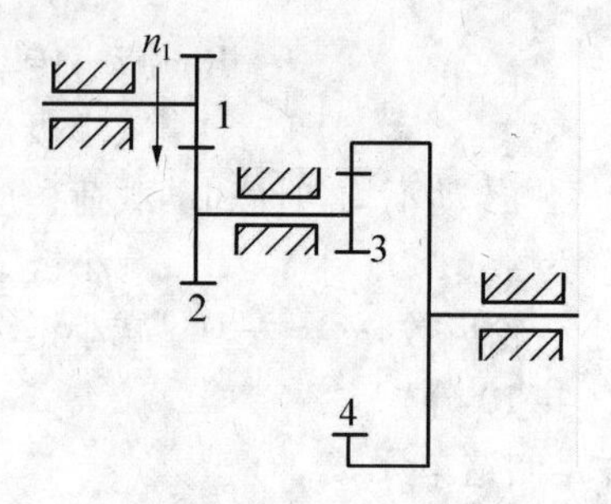

附图 2－2　题四－3 图

$z_4 = 60$。

（1）求传动比 i_{14}，并标出各齿轮的转向；

（2）若 $n_1 = 1\,000$ r/min，试求齿轮 4 的转速 n_4。

五、改错、分析题（共 25 分）

1．如附图 2－3 所示为一两级齿轮减速器，齿轮 1 和 2 为直齿圆柱齿轮，齿轮 3 和 4 为斜齿圆柱齿轮。已知齿轮 4 的转动方向和螺旋线旋向（左旋）。试完成以下问题：

① 标出齿轮 3 的螺旋线旋向；

② 标出其他各齿轮的转动方向；

③ 标出齿轮 1 和 2 啮合处的各分力的方向；

④ 标出齿轮 3 和 4 啮合处的各分力的方向。

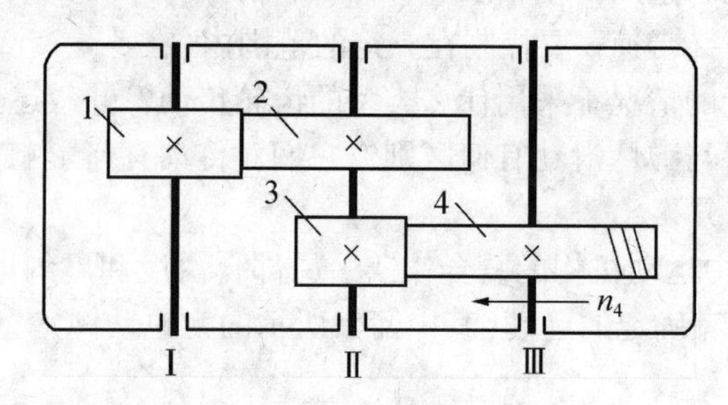

附图 2－3　题五－1 图

2．指出如附图 2－4 所示的轴系零部件结构设计中的错误，并说明错误原因。

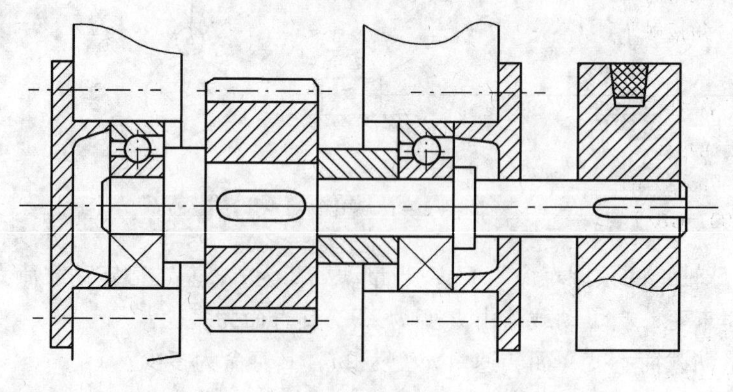

附图 2－4　题五－2 图

模拟试题参考答案

模拟试题(一)

一、填空题

1. 高副　低副
2. 外圈　内圈　滚动体　保持架
3. 周向　轴向
4. 降低
5. 传动带　静摩擦力
6. 高
7. 原动部分　传动部分　工作(执行)部分
8. 槽轮机构
9. 摩擦防松　机械防松

二、单项选择题

题号	1	2	3	4	5	6	7	8	9	10
答案	D	D	B	C	D	D	A	C	B	C
题号	11	12	13	14	15	16	17	18		
答案	B	C	A	A	B	A	B	A		

三、判断题

题号	1	2	3	4	5	6	7	8	9	10
答案	√	×	×	√	×	√	√	×	×	×

四、说明下列标注的含义

1. 6212：深沟球轴承，尺寸系列代号02，内径代号12(内径为60 mm)，P0级公差。

2. 71308AC：角接触球轴承，尺寸系列代号13，内径代号08(内径为40 mm)，接触角25°，P0级公差。

3. 6203/P3：深沟球轴承，尺寸系列代号02，内径代号03(内径为17 mm)，P3级公差。

4. M10×1－5g6g－s：普通螺纹，公称直径10 mm，螺距1 mm，外螺纹中径和大径公差带代号分别为5g、6g，短旋合长度，右旋螺纹。

5. 键 10×100　GB/T 1096—2003：普通平键，键宽10 mm，公称长度100 mm。

五、计算题

1.

解：A：因为 $40+110<70+90$，符合杆长条件，机架为最短杆，故为双曲柄机构。

B：因为 $40+110<70+90$，符合杆长条件，机架为最短杆的相对杆，故为双摇杆机构。

C：因为 $45+120<100+70$，符合杆长条件，机架为最短杆的相邻杆，故为曲柄摇杆机构。

D：因为 $50+100>60+70$，不符合杆长条件，故为双摇杆机构。

2.

解：(1)因为 $i_{12}=n_1/n_2=2$，所以 $n_2=n_1/i_{12}=400/2=200\ \mathrm{r/min}$

(2)因为 $i_{12}=z_2/z_1=2$，所以 $z_2=2z_1$，$m=4$

又因为 $a=m(z_1+z_2)/2=168$，可求得：$z_1=28$，$z_2=56$

(3) $d_{a1}=mz_1+2h^*m=4(28+2)=120\ \mathrm{mm}$

$d_{a2}=mz_2+2h^*m=4(56+2)=232\ \mathrm{mm}$

$d_{f1}=mz_1-2(h^*+c^*)m=4(28-2.5)=102\ \mathrm{mm}$

$d_{f2}=mz_2-2(h^*+c^*)m=4(56-2.5)=214\ \mathrm{mm}$

$h=(2h^*+c^*)m=2.25\times4=9\ \mathrm{mm}$

3.

解：总工作拉力 $F_Q=p\dfrac{\pi D^2}{4}$，每个螺栓承受的轴向工作载荷 $F=\dfrac{F_Q}{z}=\dfrac{p\pi D^2}{4z}$，

每个螺栓承受的轴向总载荷 $F_0=F+F''=2.65F=\dfrac{2.65p\pi D^2}{4z}$

由 $\sigma=\dfrac{1.3F_0}{\frac{1}{4}\pi d_1^2}\leqslant[\sigma]$，得 $\sigma=\dfrac{1.3\times2.65pD^2}{d_1^2z}\leqslant[\sigma]$

所以 $p\leqslant\dfrac{d_1^2z}{1.3\times2.65D^2}[\sigma]=1.92\ \mathrm{MPa}$。

4.

解：由平衡条件可得：$F_{r1}=3\,000\ \mathrm{N}$，$F_{r2}=5\,000\ \mathrm{N}$

因为 $F_{r2}>F_{r1}$，故对轴承 2 进行寿命计算

$L_h\dfrac{10^6}{60}\left(\dfrac{C}{P}\right)^{\varepsilon}$，$P=F_{r2}$，$\varepsilon=3$，故 $C=\sqrt[3]{\dfrac{60nL_h}{10^6}}F_{r2}=34\,341\mathrm{N}$

由轴承的内径为45mm，查轴承手册，选择6309 轴承($C_r=40.8\mathrm{kN}$)。

模拟试题(二)

一、选择题

题号	1	2	3	4	5	6	7	8	9	10
答案	C	A	B	D	B	C	D	A	D	B
题号	11	12	13	14	15					
答案	C	C	D	A	D					

二、判断题

题号	1	2	3	4	5	6	7	8	9	10
答案	√	√	×	×	×	×	√	√	×	√

三、分析与问答题

答：1. 有圆锥滚子轴承，类型代号3；推力球轴承，类型代号5；深沟球轴承，类型代号6；角接触球轴承，类型代号7；圆柱滚子轴承，类型代号N。

2. 滑动轴承的主要应用场合有：工作转速很高、对轴的支承位置要求特别精确、特重载荷、承受巨大的冲击和振动载荷、需要做成剖分式、特殊工作条件和在安装轴承处的径向空间尺寸受到限制等。

3. 由 $P=FV$ 可知，若带传动的带速 V 过低，则需要较大的有效拉力 F，带和带轮间静摩擦力有可能不足以提供所需的有效拉力而出现打滑。若带传动的带速 V 过高，则离心力过大，影响带的张紧，降低静摩擦力。所以带速 V 要控制在 5～25m/s 的范围内。

4. 可采用的齿轮传动类型有直齿圆柱齿轮、斜齿圆柱齿轮、齿轮齿条传动。直齿圆柱齿轮结构简单；斜齿圆柱齿轮传动平稳、重合度高，适合高速传动；齿轮齿条可实现转动和移动的转换。

5. 打滑是由于带和带轮间静摩擦力不足以提供所需的有效拉力而出现的。打滑使带传动失效。弹性滑动是由于带是弹性体、并且紧边松边拉力不相等所导致的主动轮、带、从动轮速度不相等的现象，是带传动正常工作时的固有现象，是不可避免的。弹性滑动使得主动轮的圆周速度高于从动轮。

四、计算题

1. 解：

(1)左图：复合铰链 C

$F=3n-2P_L-P_H=3\times5-2\times7-0=1$

原动件数为1，等于自由度，有确定的运动。

(2)右图：复合铰链 E、局部自由度 B、虚约束 H 或 I

$F=3n-2P_L-P_H=3\times6-2\times8-1=1$

原动件数为1，等于自由度，有确定的运动。

2.

解：(1) $(60L'_h n)P^{\varepsilon}=(60L_h n)(2P)^{\varepsilon}$，所以小时寿命 $L_h=\left(\frac{1}{2}\right)^{\varepsilon}L'_h=\frac{1}{8}L'_h$

(2)依题意，当量动载荷不变，则转数寿命不变，故 $60L'_h n=60L_h(2n)$

所以小时寿命 $L_h=\frac{L'_h}{2}$。

3.

解：(1) $i_{14}=\frac{n_1}{n_4}=-\frac{z_2z_4}{z_1z_3}=-\frac{40\times60}{20\times15}=-8$，齿轮2↑，齿轮3↑，齿轮4↑。

(2) $n_4=\frac{n_1}{i_{14}}=\frac{1\ 000}{-8}=-125$ r/min

五、改错、分析题

1.

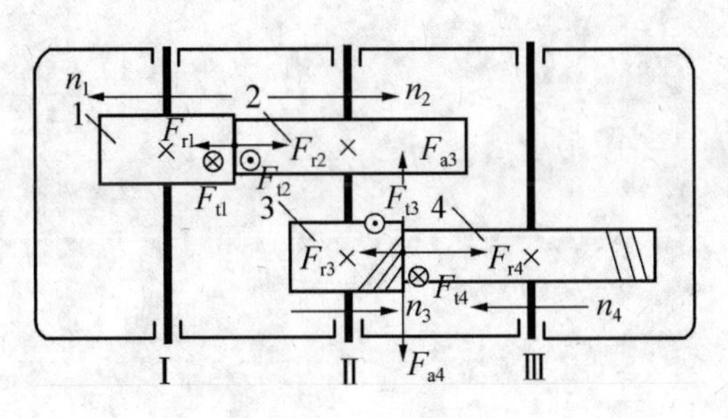

附图2－3　题五－1图

2.

解：错误如下：

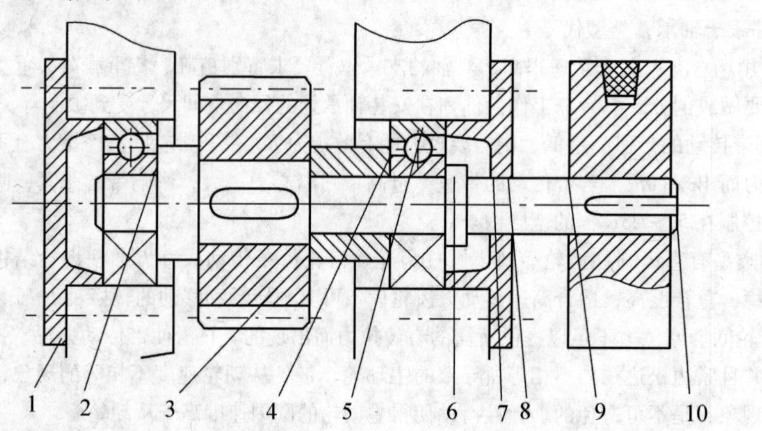

1. 无密封垫片
2. 轴肩高于轴承内圈
3. 轴段长度应比轮毂宽度短 2 ～ 3mm
4. 套筒高于轴承内圈
5. 角接触球轴承装反了
6. 此轴环应去掉，否则轴承无法安装
7. 轴径应比轴承端盖孔径小
8. 无毛毡圈密封
9. 带轮无轴肩定位
10. 带轮未轴向固定

参考文献

[1] 莫海军，梁志广．机械基础[M]．广州：华南理工大学出版社，2009.
[2] 黄平，朱文坚．机械设计教程[M]．北京：清华大学出版社，2011.
[3] 邹慧君，李杞仪．机械原理[M]．2 版．北京：高等教育出版社，2006.
[4] 黄华梁，彭文生．机械设计基础[M]．4 版．北京：高等教育出版社，2007.
[5] 黄平，朱文坚．机械设计基础[M]．广州：华南理工大学出版社，2003.
[6] 柴鹏飞．机械设计基础[M]．2 版．北京：机械工业出版社，2010.
[7] 濮良贵，纪名刚．机械设计[M]．7 版．北京：高等教育出版社，2001.
[8] 吴宗泽．机械零件设计手册[M]．北京：机械工业出版社，2004.